항공우주시스템공학회

2023
세종도서
학술부문

드론
공학
DRONE ENGINEERING

김병규·김중관·문정호·박현철·오경원·이동규·이동헌·조성욱·조영민·최영훈 지음

BM (주)도서출판 성안당

■ 도서 A/S 안내

성안당에서 발행하는 모든 도서는 저자와 출판사, 그리고 독자가 함께 만들어 나갑니다.

좋은 책을 펴내기 위해 많은 노력을 기울이고 있습니다. 혹시라도 내용상의 오류나 오탈자 등이 발견되면 "좋은 책은 **나라의 보배**"로서 우리 모두가 함께 만들어 간다는 마음으로 연락주시기 바랍니다. 수정 보완하여 더 나은 책이 되도록 최선을 다하겠습니다.

성안당은 늘 독자 여러분들의 소중한 의견을 기다리고 있습니다. 좋은 의견을 보내주시는 분께는 성안당 쇼핑몰의 포인트(3,000포인트)를 적립해 드립니다.

잘못 만들어진 책이나 부록 등이 파손된 경우에는 교환해 드립니다.

저자 문의 e-mail : sase@sase.or.kr(항공우주시스템공학회 사무국)

본서 기획자 e-mail : coh@cyber.co.kr(최옥현)

홈페이지 : http://www.cyber.co.kr   전화 : 031) 950-6300

대한민국 드론 산업은 10여 년 전 기술 촉발 이래 빠른 속도로 성장하였다. 가트너의 하이프사이클은 우리 드론 기술이 계몽기에 접어들었음을 알려준다. 산업 발전의 근저는 미디어, 토목건축, 농림수산업, 교통치안, 국방 등이었으며, 해당 분야에서의 활발한 기술 응용에 힘입어 기술 대중화를 이루었다. 다양한 기술이 접목되어 동시다발적으로 성장해 나가는 동안 단일 산업 전문가 양성에 대한 수요가 증가하였다. 전국의 대학 및 전문대학에서 드론 및 무인기 관련 학과가 개설되었고, 다양한 공학 분야의 교수자들이 각자의 전공을 살려 강의를 진행하였다. 시중에는 드론 관련 교재들이 출간되었지만, 주로 매뉴얼 수준의 정보를 다루는 것으로 한계를 보여왔다. 드론은 융합 및 체계 기술의 산물이다. 융합·체계 기술은 근본이 견고해야 학문적 뿌리를 깊이 내릴 수 있고, 그 바탕 위에 튼실한 결실을 볼 수 있다. 교수자들은 항공공학의 전통 이론 체계를 바탕으로 한 드론 관련 전공 지식이 수록된 교재의 부재에 갈증을 느꼈다. 항공공학 기반의 학문적 이론 정립이 필요한 시점에 사단법인 항공우주시스템공학회에서는 드론 산업 발전에 뜻을 함께한 항공 전문가들이 드론교재편찬위원회를 발족하였다.

현직 교수진이 직접 집필에 참여하였고, 다양한 분야의 전문가 도움으로 1년여 만에 결실을 볼 수 있게 되었다. 금번 출간하는 [드론공학]은 항공공학을 바탕으로 드론에 적용되는 모든 응용학문을 다루었다. 그리고 드론 전공자의 입문서로서 역할을 다할 수 있도록 폭넓고 깊이 있는 내용을 담아 대학 교재다운 품위를 도모했다.

본 교재는 드론교재편찬위원회의 심의를 통하여 드론을 이해하는 데 필요한 지식체계를 7개 파트로 나누어 집필하였다. 구성 파트로는 드론 구성 요소, 드론 공기역학, 드론 제어, 드론 통신, 제작, 활용, 법규와 같다.

[Part 1. 드론 구성 요소]에서는 드론을 구성하는 프레임, 추진 시스템, 명령 및 제어계, 센서에 대한 기초 지식을 다루었다. 드론은 국내 항공안전법상 초경량 비행장치로 분류되어 있다. 그 중 대표적인 멀티콥터 형태를 기반으로 구성 요소를 정의하였다. 본 파트는 드론의 설계와 제작에 필요한 기초적인 내용을 프레임, 추진 시스템, 명령 및 제어계, 그리고 센서 측면에서 살펴본다.

[Part 2. 드론 공기역학]에서는 공기역학적 힘을 발생시키는 에어포일과 날개에 대한 기본 개념을 익히고, 이를 바탕으로 회전하는 로터에서 힘이 발생하는 원리를 다루었다. 기존의 드론 교재에서 다루지 않았던 회전익 공기역학(Rotor Aerodynamics)의 이론을 설명하였다. 이를 통해 드론의 제자리 비행, 수직비행, 전진비행 상태에서의 공기역학적 특성을 소개하였다.

머리말

　[Part 3. 드론 제어]에서는 비행체에서 발생하는 공기역학적 요소를 동역학적 요소로 구현하는 원리를 다루었다. 세부적으로 드론에 작용하는 힘과 그에 따른 움직임을 이해하기 위한 비행동역학, 자세 제어 원리를 통해 각각의 프로펠러와 모터 세트를 위한 구동 명령을 생성해내는 비행 제어, 드론의 위치 및 자세각을 측정하기 위한 센서 융합의 원리를 다루고 있다.

　[Part 4. 드론 통신]에서는 드론 시스템을 설계하고 운용하기 위해 필수적으로 알아야 할 통신방식과 원리를 소개하였다. 비행체 내부에 구성된 센서 및 제어계 간 유선으로 연결되는 내부 통신과 지상체와 비행체 간 무선으로 연결되는 외부 통신, 그리고 최근 드론과 관련된 다양한 표준 통신 규약을 다루었다.

　[Part 5. 제작]에서는 드론 설계에 필요한 기본 이론을 학습한 후 실제 제작하고 운용 · 정비하는 과정을 소개하였다. 입문자가 쉽게 접할 수 있는 대중적인 기체를 통해 부품의 특징 및 조립과정을 다루었으며, 대표적인 비행 제어기를 통해 비행 기능 설정 절차를 정리하였다. 또한 드론을 운용하는 데 있어 자주 활용되는 기체 정비 기술도 함께 다루었다.

　[Part 6. 활용]에서는 드론의 대표적인 응용 분야에 대한 이론을 다루었다. 드론은 사람이 접근하거나 수행하기 어려운 복잡한 임무를 대신 수행한다. 이와 관련한 대표 학문이 영상분석학과 측량학, 그리고 기구학이다. 영상촬영에 대한 기법 및 정의, 영상 기반 표적 탐지 및 추적에 대한 이론 소개와 함께 센서 융합 기반 매핑과 드론을 활용한 매니퓰레이션 기술의 기초 지식을 전달하고자 하였다. 드론의 임무 성능 확대를 위한 차세대 추진 시스템의 종류와 특징도 함께 담았다.

　[Part 7. 법규]에서는 드론법과 그 원류가 되는 관련 상위법들을 다루고 있다. 국내외 법 제정의 근거와 함께 특징들을 최신 개정자료를 기반으로 구성하였다.

　이 책은 10인의 항공 및 무인기 분야 현직 교수진들이 1년여 간 공동 집필한 인고의 산물이다. 드론의 급격한 성장 현실을 목도하면서 더 많은 전문가들이 배출되고 4차 산업혁명의 새로운 대항해 시대에 합류하기를 갈망하는 마음 하나로 여기까지 왔다. 집필진들은 전문가의 길로 들어서기까지 받았던 지지와 조력, 혹은 누군가의 기회를 대신했을지도 모른다는 사회적 채무를 인지하고 있다. 우리나라 1세대 항공전문가들은 자주국방의 기틀 하나로 모든 열정을 쏟았고, 집필진은 그 반석 위에서 윗돌을 준비하고 있다. 4차 산업혁명에 뛰어들 다음 세대 전문가들을 맞이하기 위한 소임을 다하고자 미약하지만 기여를 하고자 하였다. 본 교재가 독자들에게 완벽한 만족을 제공할 수는 없다고 본다. 많은 지적과 조언을 바라마지 않는다. 첫 시도라는 점과 순수한 동기로 촉발된 산물이라는 점을 알아준다면 최고의 격려가 될 것이다.

　출판에 도움을 준 성안당 관계자 여러분, 사단법인 항공우주시스템공학회 회장단을 비롯한 여러 이사진, 그리고 애정어린 관심을 아끼지 않은 학계 및 기관 대표들께 감사의 말씀을 전한다.

2023년 봄
복정동에서

대략 십여 년 전까지, 드론이라는 단어는 일부 항공우주 전문가들에게나 통용되어 온 용어였었다. 그때에는 무인 항공기를 군사용으로 많이 쓰던 시대였다. 그로부터 십여 년이 지난 지금, 마음만 먹으면 누구나 쉽게 취미용 드론을 날릴 수 있는 시대가 되었다. 전쟁에서는 일반 병사 개개인이 드론을 운용하며 전투를 수행하는 시대가 되었고, 일상에서는 UAM, PAV 등을 본격적으로 논의하는 시대가 되었다. 이제는 전 국민 누구나 드론이라는 용어에 친숙하며, 드론이 미래 먹거리 중 하나라는 것에 큰 반론이 없다. 이는 우리나라의 항공우주 산업의 파이를 크게 키울 기회이기도 하며, 동시에 대한민국이 선진국 대비 뒤처져 있는 항공우주 분야에서의 역전을 어느 정도 노려볼 기회이기도 하다. 십여 년 전까지만 해도, 중국의 DJI라는 작은 회사가 전 세계 민수용 소형 드론 시장에서 70%가 넘는 점유율을 가질 것이라고 누가 상상이나 했을까? 대한민국에서도 이러한 기업이 나오지 말라는 법은 없을 것이다.

이런 중요한 시점에서, 본서 〈드론 공학〉의 출판은 매우 시의적절하다 하겠다. 십여 년이 넘게 드론을 연구·개발하면서 아쉬웠던 점 중 하나는, 드론의 연구·개발을 시작해 보려는 연구자분들께 추천할 만한, 드론의 기초적인 원리부터 시작하여 실제 운용을 해보기까지의 종합적인 내용을 다룬 개괄서가 별로 없었다는 점이다. 본서는 드론의 구조, 비행 원리, 제어, 통신, 제작, 정비, 활용, 법규 등 드론과 관련된 거의 모든 주제를 다루고 있다. 이런 방대한 주제들을 다루면서도 각각의 주제들은 항공우주 분야의 전문가들로 구성된 저자들에 의해 쉽고 재미있는 설명, 풍부한 예시와 적절한 비유들로 기술되어 있어 독자분들의 이해를 돕고 흥미를 돋우고 있다. 덕분에 드론을 처음 접하는 독자분들이라 할지라도 본서의 구성을 따라가다 보면, 어느새 드론에 대한 이해가 일취월장할 것이라 생각된다. 이에 더해 매니퓰레이션이나 딥러닝과 같은 최신 연구 트렌드가 반영된 고급 주제들에 대한 내용도 충실하게 준비되어 있으므로, 더욱 심화된 내용을 공부하고 싶은 독자분들의 궁금증도 충족시켜 줄 수 있을 것으로 보인다. 저자분들의 이러한 노력 덕분에, 본서는 드론에 대해 가볍게 알고자 하는 일반 독자분들, 드론에 대해 배우고 싶어 하는 초보 연구자분들 및 드론에 대해 어느 정도 알고 있지만, 더 깊게 배우고 싶은 독자분들 모두에게 도움이 될 수 있는 풍부한 내용을 가진 책이 되었다.

본서와 같은 양질의 드론 서적을 읽고 열심히 공부한 연구자분들에 의해 한국에서도 SpaceX, DJI와 같이 시장을 선도하는 항공우주 기업이 나오길 기대하며, 이를 기반으로 대한민국이 항공우주 분야의 선구자가 될 수 있기를 희망해 본다.

– 이병윤 박사 / 니어스랩

지금으로부터 약 15년 전 대학원 과정 때 "쿼드콥터"라는 단어를 처음 접했다. 그 당시에는 "쿼드콥터" 제어에 성공만 해도 석·박사 학위를 주는 시절이었으며, 드론은 연구자들에게는 관심의 대상이었으나 일반인들에게는 생소한 것이었다. 그러나 오늘날 드론은 군사용 무기, 재난구조, 물류 수송, 농업방제, 방송촬영, 과학연구, 문화예술, 취미 등 우리 삶의 영역에 깊숙이 들어와 있으며, 초·중·고 학생들부터 일반 대중들에게도 매우 큰 관심을 받고 있다.

드론에 대한 일반 대중들의 관심이 어느 때보다 높은 지금 드론 전문가로서의 입문서인 〈드론공학〉은 가뭄의 단비와 같은 책으로 드론 입문자부터 조금은 드론에 익숙해진 초급자들이 알아야 할 사항들을 체계적으로 다루고 있다. 지금까지 드론 이론에 관한 몇몇 책들은 있었다. 이론적인 내용에만 집중한 기존 책들과 달리 〈드론공학〉은 드론의 구성 요소, 공기역학, 제어, 통신 같은 이론적인 내용뿐만 아니라, 픽스호크를 이용한 드론 제작, 드론의 활용, 드론 관련 법규 등 실질적인 내용을 담고 있다. 따라서 〈드론공학〉은 이론 및 실험·실습이 연계된 드론 교육 교재로 활용도가 높으며, 드론에 관심 있는 누구나 〈드론공학〉을 통해 관련 이론을 습득하고 실제 드론을 제작해 보면서 스스로 드론 전문가로 성장할 수 있을 거라 기대된다. 마지막으로 이렇게 좋은 책을 펴내 주신 집필진분들께 드론을 연구하는 전문가의 한 사람으로 감사한 마음을 전합니다.

– 이창훈 교수 / KAIST

　제가 공부할 당시만 해도 드론이라는 용어는 미국의 MQ-9 리퍼와 같은 무인기를 지칭하는 말이었는데, 어느 순간부터 우리 일상 속으로 깊게 들어온 회전익 멀티콥터가 되었다. 지금은 어느 매장이든 아이들 장난감 코너에서도 값싼 드론을 볼 수 있으며, 항공촬영이 취미인 사람들을 위해 전문가용 드론도 우리 주변에서 쉽게 구할 수 있는 세상이 되었다. 이런 완구용 드론만 해도 이를 잘 이해하기 위해서는 프레임, 모터, 센서, 제어, 통신 등 다양한 분야에 걸쳐 지식을 확보해야 한다. 드론을 처음 공부하던 시절에는 드론에 대해 알기 위해서 각 파트 별 제조사에서 제공하는 문서들을 알아야 했고, 드론 모델에 대한 제어 알고리즘 및 자율 임무를 수행하기 위한 시스템 구성 등은 논문을 통해서만 알 수 있었다. 앞으로 드론 엔지니어를 꿈꾸는 학생들은 이 책을 통해서 드론 시스템을 더욱 쉽게 이해할 수 있을 것이다.

　이 책에서 다루는 내용들은 드론에 구성되는 프레임, 모터, ESC, 프로펠러와 같은 필수 하드웨어부터 드론을 안정적으로 날리기 위해 필요한 센서 및 제어 알고리즘, 그리고 원격으로 드론 모니터링 및 자율 임무 수행에 필요한 GCS 및 통신 시스템까지 드론을 이해하기 위해 필요한 지식을 총망라하고 있다. 물론 처음 보는 분들은 용어나 내용들이 다소 어려울 수도 있지만, 이 책을 보면서 차근차근 하나씩 따라가다 보면 나중에는 자율 임무를 수행하는 드론 하나쯤은 쉽게 만들 수 있을 것이다.

　앞으로 우리 사회에는 더욱 많은 산업에서 드론을 활용할 것이다. 드론 산불 감시, 드론 택배부터 승객을 태우는 UAM까지 다양한 분야에 걸쳐 드론이 적용되고 있다. 이 책을 공부한 많은 학생이 앞으로 다가올 드론이 활용되는 세상에서 저마다의 꿈을 펼칠 날을 기대합니다. 끝으로 좋은 내용으로 책을 만들어 주신 여러 교수님 및 임직원분들께 진심으로 감사드립니다.

– 이한섭 박사 / ETRI

드론은 기술의 발전에 따라 그 활용처가 앞으로는 더욱더 증가할 것으로 예상된다. 이러한 상황에서 드론에 대한 이해와 관심을 높여줄 수 있는 책, 〈드론공학〉의 출간을 축하드리며, 이 책이 드론 입문자들에게뿐만 아니라, 드론을 사용하는 분야에서 일하는 사람들에게 또한 많은 도움이 되기를 기대합니다.

드론은 현재 많은 분야에서 활용되고 있다. 예를 들면, 산업 분야에서는 영상촬영, 3차원 공간정보 생성 등 드론을 이용한 고난도, 기술 집약적 작업을 수행하고 있으며, 농업 분야에서는 드론을 이용한 작물 상태 모니터링 및 농약 살포 등에 활용하고 있다. 더불어 수색 및 구조작업에도 연구와 개발이 이루어지는 등 드론은 새로운 기술과 서비스에도 활용될 수 있다.

사용자가 드론을 제대로 활용하기 위해서는 다양한 분야의 기술과 지식의 습득이 필요하다. 이 책은 드론에 입문하는 초보자가 이해하기 쉽도록 드론을 구성하는 데 필요한 다양한 분야의 기본개념을 중심으로 한 정보를 담고 있다. 지금까지는 항공기를 다루는 책들의 한 챕터에서 드론에 관한 내용을 접할 수 있었지만, 이 책은 현직의 드론 전문가들이 집필한 현장의 생생한 정보가 담겨 있는 드론만을 전반적으로 설명한 첫 번째 책이다.

책 내용은 드론의 구성 요소, 공기역학, 제어 시스템, 통신, 제작, 활용 및 법규 등 다양한 주제를 다루고 있다. 다양한 예시 및 직접 구현을 통해 설명한 사진 자료, 그리고 방대한 근거 자료들로 내용이 이해하기 쉽고, 설명도 편하게 되어 있다. 이 책을 먼저 읽어보고 그 내용을 따라 실습해 보면, 드론 분야의 초보자라도 어느새 드론공학에 대한 기본개념 및 이론에 대한 이해가 자연스럽게 되어 있을 것이다. 이를 통해 드론공학 분야의 더 깊이 있는 연구와 학습을 진행하는 데 도움이 되기를 바란다.

〈드론공학〉을 통해 드론 입문자들이 그 가능성을 열어갈 수 있기를 기대합니다. 그동안 드론 입문서가 부재했던 상황에서 이 책이 출간됨을 축하드리며, 책을 쓰는 데 힘쓰신 모든 분께 드론 분야 연구자의 한 사람으로서 진심으로 감사드립니다.

– 정성구 박사 / NASA

PART 03 드론 제어

PART 04 드론 통신

PART 05 제작

PART 01

드론 구성 요소

학습목표

드론의 구성 요소를 이해하는 것은 주어진 임무를 수행하는 데 적합한 드론 (drone)을 설계 또는 제작하기 위한 첫걸음이다. 본 파트에서는 드론을 구성하는 프레임, 추진 시스템, 명령 및 제어계, 그리고 센서의 주요 특징을 학습하며 드론 시스템에 대한 전반적인 기초지식을 배운다.

프레임(Airframe)

Unmanned Multicopter

Chapter 01 프레임(Airframe)

Unmanned Multicopter

① 멀티콥터 프레임

멀티콥터(multicopter) 또는 멀티로터(multirotor)는 두 개 이상의 로터를 통해 양력을 얻는 비행체(드론)를 의미한다. 고정익 항공기와 달리 로터의 축이 수직 방향으로 배치되어 프로펠러가 수평으로 회전하고 수직양력을 생성하므로 수직 이착륙(VTOL; Vertical Take-Off and Landing)이 가능하다. 멀티콥터의 세부 명칭은 아래 표와 같이 라틴어로 로터의 "개수+콥터(-copter)"로 각각 다르게 명명한다.

표 1-1-1 로터 개수에 따른 멀티콥터 명명법

로터 개수	명명법	로터의 배열 형태
2	바이(Bi-)	-
3	트리(Tri-)	Y
4	쿼드(Quad-)	I, X
6	헥사(Hexa-)	I, X, IY, Y
8	옥토(Octo-)	I, V, X

프레임의 선택은 효율성(efficiency), 리프팅 파워(lifting force), 비행시간(flight time) 및 안정성(stability) 등과 같이 멀티콥터의 기계적 성능에 영향을 미친다. 특히 존재하는 물리적 로터의 수는 고장 시, 항공기가 대처할 수 있는 능력과 관련 있다. 각각의 특정 설정을 사용하는 데 있어 붐(boom)의 수와 단일(single) 또는 동축(co-axial) 엔진(모터)에 대한 이해는 매우 중요하다.

일반적으로 균형이 잡힌 상태에서 호버링 및 안정적인 비행이 가능하도록 프로펠러의 절반은 시계방향으로 회전하고, 나머지 절반은 시계 반대 방향으로 회전한다. 그림 1-1-1과 같이 대부분의 경우 붐의 수와 로터의 수가 동일한 것을 알 수 있지만, 전방 비행 방향에 따라 로터의 배열은 모든 유형에 대해 다를 수 있으며, 보통 I, X, Y 또는 IY 형상으로 구분한다. 예를 들어, X4 쿼드콥터는 로터 중 2개가 전방을 향하는 반면, I4 쿼드콥터는 45도 위상회전을 통해 하나의 로터가 전방을 향하게 한다. 마찬가지로 V8 옥토콥터와 I8 옥토콥터 역시 22.5도 위상차로 인해 각각 2개의 로터 또는 1개의 로터가 전방을 향하게 된다. 이러한 단일 로터의 배열과 달리 Y6, IY6 또는 X8은 로터의 동축 배열을 통해 트리콥터 형상의 헥사콥터나 쿼드콥터 형상의 옥토콥터를 의미한다.

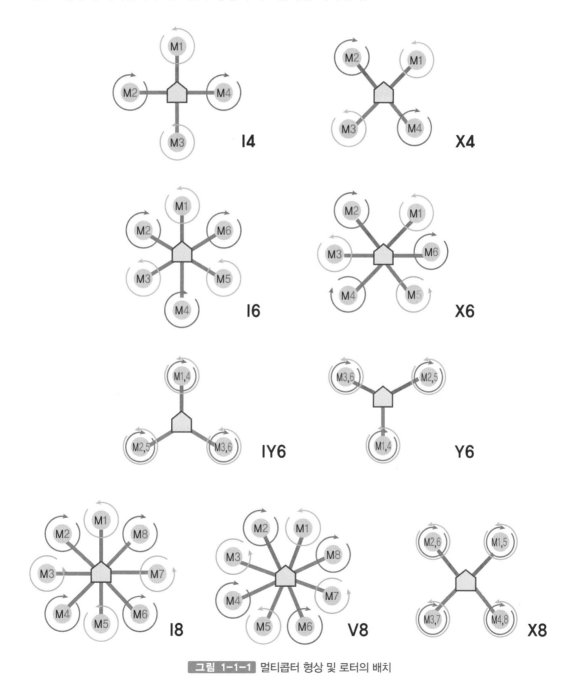

그림 1-1-1 멀티콥터 형상 및 로터의 배치

동축 로터의 배치는 추력 벡터를 프로펠러 아래쪽으로 더 강하게 유지하기 위해 사용되며, 기술적으로 프레임의 반전(inverted frame)을 가능하게 한다. 하지만 대부분의 멀티로터의 프레임은 대칭 구조를 가지고 있기 때문에 프레임 반전은 단지 전방 방향의 변경을 의미한다. 반면, IY6의 경우 모든 방향에 대해 비대칭이며, Y6 구조로 반전 가능하다. 이러한 구조적 특징은 FPV(First Person View)와 같이 전면 방향 카메라의 더 넓은 화각(field of view)을 필요로 하는 설정에 사용되고 있다.

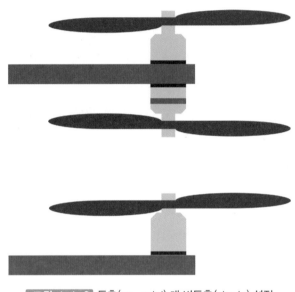

그림 1-1-2 동축(co-axial) 대 **비동축**(single) 설정

Chapter 2에서 자세히 다루겠지만, 동축 반전 프로펠러의 경우 그림 1-1-2와 같이 위, 아래의 프로펠러가 반대로 회전하면서 토크를 상쇄시킴으로써 동체가 특정 방향으로 휨 응력을 받지 않는다. 동시에 제한된 면적에서 추가적인 추력을 얻을 수 있으며, 로터의 출력 대부분을 양력에 사용하게 된다. 그뿐만 아니라 기체의 크기를 줄일 수 있기 때문에 협소한 이착륙 공간에서 운용이 가능한 이점이 있다. 따라서 동축 설정은 안정성과 들어 올릴 수 있는 하중(payload) 측면에서 비동축 설정보다 뛰어나다 할 수 있다. 그런데도 이러한 로터의 배치는 회전 면적을 증가시킬 수 있으며, yaw 방향으로 오버슈트 하는 경향이 있음을 유의하여야 한다. 특히 앞서 언급한 바와 같이 동축 멀티콥터는 표준 멀티콥터에 비해 소형화가 가능하지만, 효율성이 떨어짐을 유의하여야 한다. 이를테면, 동축 Y6 및 X8 멀티콥터는 붐의 길이가 짧기 때문에 표준 헥사콥터 및 옥토콥터에 비해 작은 부피로 설계가 가능하지만, 아래의 프로펠러가 카메라의 시야에 들어오지 않게 하기 위해서는 카메라를 중앙 플랫폼 아래에 보다 낮게 장착해야 한다. 이러한 구조는 랜딩 기어의 높이와 더 긴 짐벌로 보정해야 하는 카메라의 움직임이 증가하게 된다.

반면 비동축 설정의 경우, 동축 설정에 비해 지지대 및 모터를 장착할 수 있는 공간이 줄어들고 더 작은 추력과 하중(payload)의 한계가 존재하지만, 고속에서 효율이 높으며, 특히 혼합 기상 조건과 같이 다양한 환경에서 비행 안정성이 동축에 비해 뛰어나다.

프레임의 형상은 프로펠러 설계(크기, 형상, 동축/비동축 등), 배터리 용량 및 출력에 의한 추력 조건과 별개로 로터의 개수와 목표하는 추력비-중량비에 중대한 영향을 미침을 유의하여야 한다. 다시 말해 로터가 많을수록 더 많은 추력을 발생시킬 수 있음을 의미하지만, 더 큰 용량의 배터리가 필요함을 의미한다. 또한 항공기를 정확하고 안전하게 운용하는 데 각 로터의 힘의 균형을 맞추기가 어려워지며, 결론적으로 항공기의 효율성을 저해할 수 있다. 그런데도 중복성(redundancy) 측면에서 더 많은 수의 로터는 항공기의 생존 가능성을 담보할 수 있다. 이를테면, 쿼드콥터는 단 하나의 엔진 또는 프로펠러의 고장이 중대한 결함으로, 안전한 장소로 회귀하거나 복구될 가능성이 희박하다. 그러나 헥사콥터의 경우, 동일 조건에서 비행 컨트롤러에 따라 yaw 제어가 제한되거나 제로인 상태에서 생존 가능하며, 보통 기능 고장 모터를 보상하기 위해 기체가 회전하게 된다. 나아가 옥토콥터는 하나의 엔진이 분리된 상태에서도 완벽하게 비행이 가능하다.

2 동체

동체(fuselage)는 가볍고 견고한 소재로 만들며, 비행제어장치(FC; Flight Controller)나 통신장치를 포함하는 상판(clean frame)과 동력 및 전원장치를 포함하는 하판(sirty frame)으로 구성된다. 그림 1-1-3과 같이 동체의 치수는 대각선 방향으로 양 끝단에 위치한 물리적 로터의 축 간 거리를 기준으로 한다.

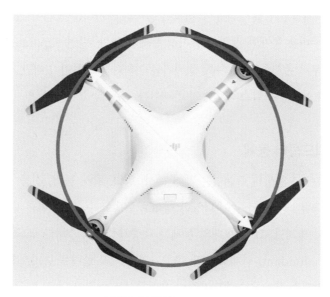

그림 1-1-3 동체의 치수

로터의 개수나 프레임의 형상과 관계없이 가볍고 견고한 동체를 설계하는 것은 고효율의 멀티콥터를 구현하는 데 있어 매우 중요하며, 모터, 전자하위 시스템, 배터리 및 페이로드와 같은 다른 요소에 대해 지원 역할을 수행한다. 이러한 동체는 공기역학적으로 저항이 거의 없는 매끄러운 기하학과 요구되는 항공기의 기계 성능에 대한 절충안을 기반으로 적합한 재료 선정(material selection)과 구조 설계를 통해 제시된다.

1) 동체의 분류

멀티콥터의 동체는 일체 여부에 따라 그림 1-1-4와 같이 Uni-body와 Separate Arms로 분류한다.

(a) Uni-body   (b) Separate arms

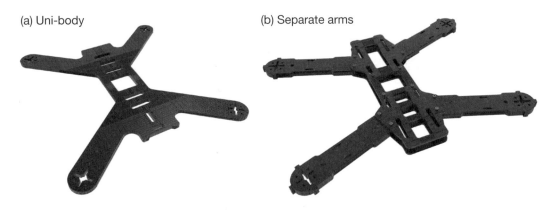

그림 1-1-4 일체 여부에 따른 동체의 분류

Uni-body의 경우 체결부가 없기 때문에 제작이 용이하고 가벼운 장점이 있지만, 파손 시 동체 전체를 교체해야 하는 비용 문제와 정비의 용이성 문제가 있다. 반면 Separate Arms의 경우 Uni-body와 달리 체결부가 존재하고, 파손 시 정비가 용이하다는 장점이 있지만, 기체의 중량이 증가하여 비행 운용시간과 이륙중량 감소의 한계가 존재한다.

2) 수정된 형상의 쿼드콥터 동체

앞서 언급한 I4 또는 X4 형상의 프레임은 제어 특성, 항력, 탑재 능력, 진동 간섭, 난류, 제작 용이성 등을 고려하여 그림 1-1-5와 같이 다양한 형태로 수정할 수 있다. 이를테면, I4 형태는 전방 추돌에 취약한 단점이 있지만, Box 형태의 동체는 내충격성이 우수하다. 그러나 이러한 구조는 불필요한 또는 과잉(redundant) 설계로 인해 항공기의 무게와 항력을 증가시킨다. 한편 H 타입은 I나 X 타입에 비해 탑재 능력이 우수하고 제작이 용이하다는 이점이 있으나, 구조의 부피가 증가하게 된다. X4의 경우 교차 중심이 동일하여 레벨링이 용이하다는 장점이 있지만, 진동 간섭이 발생할 가능성이 있다. 반면 Stretch-X는 X4의 전후방 방향으로 붐을 연장한 형태로서 후류 간섭이 작아지고, 피치 안정성이 높아 레이싱용 드론으로 사용된다. 여기서 좌우 방향으로 붐을 연장하면 Wide-X 형태로서 전후방의 붐 간격이 보다 넓어지게 되고, 이는 프레임 상부에 배터리나 카메라를 설치하기 용이한 구조가 된다. Deadcat 형태는 대형 기체에 적용되는 기체로서 전방 프로펠러의 간섭이 없고, 피치 안정성이 높아 Stretch-X 형태와 함께 레이싱용 드론으로 사용된다.

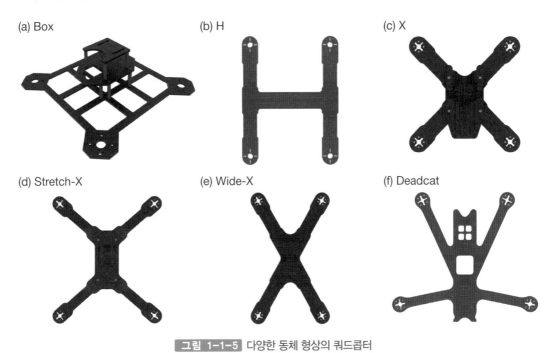

(a) Box   (b) H   (c) X

(d) Stretch-X   (e) Wide-X   (f) Deadcat

그림 1-1-5 다양한 동체 형상의 쿼드콥터

3) 재료 선택

멀티콥터에는 다양한 항공우주 소재가 적용 가능하며, 비용함수(cost function)에 따라 저비용(레저/스포츠용) 항공기부터 고급형(연구개발용) 항공기까지 제작할 수 있다. 따라서 요구되는 항공기의 품질에 따라 플라스틱, 알루미늄, 탄소섬유 등이 사용된다. 일반적으로 가볍고 견고한 동체를 설계하기 위해서는 탄성계수(young's modulus)가 높고, 밀도(density)가 낮은 재료를 고려한다. 또한 리프팅 힘을 제공하는 모터의 지지물(supporting structure)이나 외력에 의한 응력이 집중될 붐의 연결부 등의 부품들은 높은 항복강도(ultimate tensile strength)의 소재가 요구된다. 이러한 설계 조건을 염두하고 상기 설계 조건을 만족하는 재료의 예시로, 에폭시와 카본 섬유의 혼합물로 구성된 카본 판재가 있다. 하지만 카본 판재의 경우 가공이 쉽지 않다는 것과 전도체이기 때문에 부품과 기체의 절연에 신경을 써야 한다는 단점이 있다. 이처럼 카본 판재와 같은 탄소 복합재료(CFRP;

Carbon Fiber Reinforced Polymer)는 그림 1-1-6과 같이 주로 탄소섬유로 만든 직물과 합성수지를 혼합한 복합재료를 통칭하며, 최근 기체 경량화를 위해 많이 사용하고 있다.

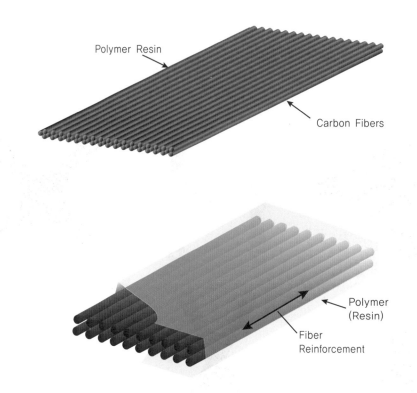

Polymer Resin

Carbon Fibers

Polymer
(Resin)

Fiber
Reinforcement

그림 1-1-6 탄소복합재료(CFRP)의 구성

탄소섬유의 기계적 특징은 플라스틱만큼 가볍고 동시에 탄성계수가 금속만큼 뛰어나며(표 1-1-2 참조), 더 강건(robust)하고 유연한(flexible) 동체 제작에 사용된다.

표 1-1-2 멀티콥터 동체에 사용 가능한 재료의 물성치

	플라스틱	알루미늄	카본 판재	CFRP
Young's modulus	2~2.4GPa	68GPa	125~400GPa	155~165GPa
Density	1.2~1.22g/cm^3	2.7g/cm^3	1.58g/cm^3	1.5~1.6g/cm^3
Ultimate tensile strength	55~75MPa	124~290MPa	4.13GPa	2.7~2.8GPa

4) 구조 설계

앞서 언급한 적절한 재료 선택은 소재의 물성치에 대한 이해를 바탕으로 수행되는 반면, 구조 설계의 핵심은 설계 공간(design space)과 항공기의 기계적 성능 간의 함수를 모델링하여 최적화를 수행하는 것에 있다. 따라서 적합한 소재의 선정과 더불어 가볍고 견고한 구조 설계가 가능한데, 예를 들어 그림 1-1-7과 같이 (i) 체결부를 최소화하기 위한 트러스 구조와 모노코크 구조를 결합한 세미모노코크(semi-monocoque) 형태로 하중을 지지하는 얇은 표피(skin)와 프레임을 이용해 일체형으로 제작하여 경량화가 가능하다.

혹은 (ii) 공기역학 측면에서 동체의 항력(drag force)을 최소화하기 위한 매끄럽고 유선형 형태의 형상설계(morphological design)가 있으며, (iii) 구조역학 측면에서는 위상최적화(topological optimization)를 통한 주기적 또는 비주기적 테셀레이션(regular or irregular tessellation)이 있으며, 이러한 위상 변환(topological transformation)은 구조의 경량화를 비롯하여 재료 손실 절감 및 균일한 응력분포를 통한 견고하고 높은 신뢰성의 구조 설계가 가능하다.

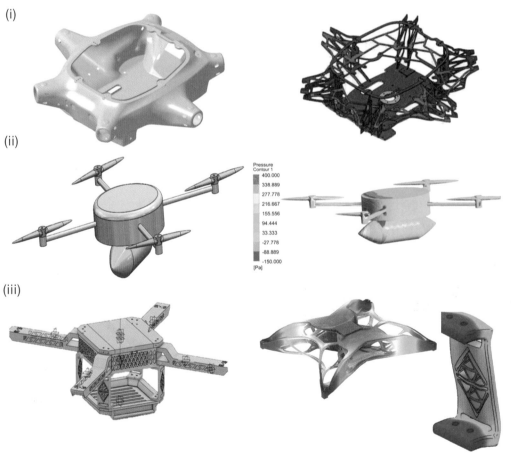

그림 1-1-7 멀티콥터의 구조 설계

③ 랜딩 기어(Landing Gear)

랜딩 기어는 지상에서 항공기를 지지해 주고 이륙, 착륙을 위해 사용되는 기구이다. 드론과 같은 무인 항공기에서는 지상에서 항공기를 지지하는 것과 더불어 수직 착륙 시 외부 충격으로부터 기체를 보호하고 기체 하부에 임무 수행 장치 설치를 위한 공간을 확보하는 역할을 한다. 랜딩 기어의 종류로는 그림 1-1-8과 같이 (a) 레그, (b) 스키드, (c) 플로트 3종류로 나뉜다.

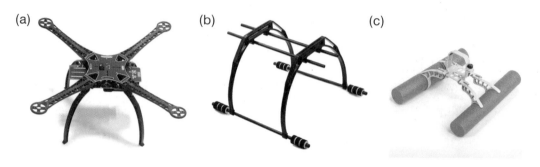

그림 1-1-8 다양한 종류의 랜딩 기어 형태

레그 타입은 4개의 발로 구성되어 있으나 깨지기 쉽다는 단점이 있다. 이러한 문제를 해결하고자 개발된 형태가 랜드 스키드이며, 최근에는 대부분의 드론 랜딩 기어가 랜드 스키드로 교체되고 있다. 플로트 타입은 물 위에 안전한 이/착륙을 수행하거나 진동감쇠(damping)를 위해 고안된 형태로, 스펀지 형태의 다공성 물질(porous materials)이나 부력을 위한 중공 형태의 구조가 활용된다. 또한 최근 넓은 화각을 확보하고 기동 시 항력을 줄이기 위해 이/착륙 시 접고 펼치는 것이 가능한 랜드 스키드 형태의 개폐식 랜딩 기어가 있다. 이러한 고정된 형태의 보편적인 랜딩 기어는 경사가 있는 지면에서 이/착륙을 수행하기 어려운 단점이 있다. 특히 험지 착륙 시 수평 유지가 어려우므로 flip over가 발생할 수 있다.

그림 1-1-9 개폐식 랜딩 기어

출처: https://youtu.be/8aC9Z7-Qxwk, https://www.enjoydrone.com/bbs/board.php?bo_table=product&sca=type4&wr_id=259

4 덕트(Duct)

덕트(duct)는 공기 또는 가스 등 유체의 이송 및 환기용 관로를 말하며, 이를 멀티콥터에 적용 시 프로펠러의 효율을 향상할 수 있다. 아래 그림과 같이 베르누이 법칙에 따르면, 양력은 프로펠러 위, 아래로 흐르는 작동유체의 속도 차를 통해 발생한 압력의 차에 의해 발생한다.

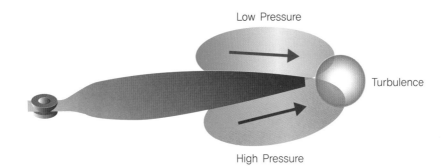

그림 1-1-10 와류 및 난류로 인한 프로펠러 팁의 양력 손실

하지만 작동유체가 프로펠러의 끝단에 도달 시 유체의 불규칙한 흐름, 즉 와류(vortex)와 난류(turbulence)가 발생할 수 있으며, 이는 프로펠러의 팁 손실을 야기하고 소음 및 진동 발생을 유발한다.

따라서 이러한 공기역학적 손실을 최소화하기 위해 덕티드 팬(ducted fan) 또는 덕트 팬(duct fan)을 사용한다. 그림 1-1-11과 같이 덕트는 입구(inlet)와 직선(straight) 또는 끝이 가늘어지는(tapered) 디퓨저 섹션(diffuser section)으로 구성된다.

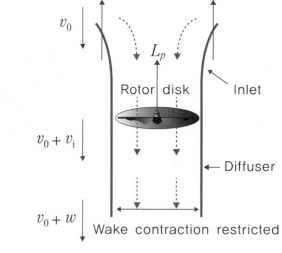

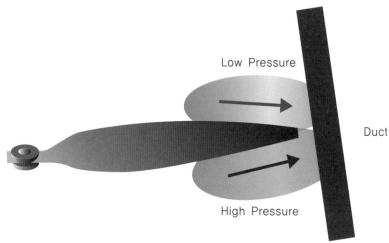

그림 1-1-11 덕트의 구조와 프로펠러 팁 손실 감소

덕트의 입구에서 유체의 속도는 프로펠러의 회전에 의해 가속되어 양력을 발생하고, 디퓨저 끝단에서 속도는 더욱 가속되어 추가적인 추력을 발생한다. 따라서 이러한 덕트의 활용은 비슷한 지름의 대류 프로펠러보다 효율적인 추진력을 생성할 수 있음을 유의하여야 한다.

정리하면, 덕트는 프로펠러의 팁 손실을 줄임으로써 엔진의 기능을 용이하게 하고, 원치 않는 yaw 모멘트를 감소시킬 수 있다. 또한 프로펠러를 보호하며, 고속에서 더욱 효율적으로 작동할 수 있고, 더 높은 추력을 생성할 수 있다. 그런데도 이러한 덕트 팬은 항공기가 지면과 가까운 공간을 비행할 때, 호버링과 전진 비행 사이의 과도 모드(transient mode)나 또는 돌풍에 노출될 때, 기수가 올라가는 피칭 모멘트에 반응하여 불안정하다는 단점이 있다. 이러한 불안정한 움직임은 그림 1-1-12와 같이 더 높은 받음각(AoA; Angle of Attack)에서 발생하여 공기역학적 항력을 유발하고 전진비행을 방해한다. 또한 구조의 복잡성 및 동체의 높은 진동과 무거운 페이로드에서 오는 불안정성이 증가하는 단점이 존재한다.

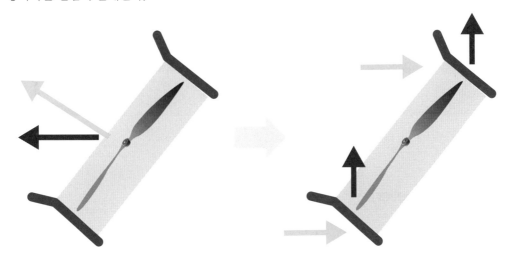

그림 1-1-12 과도 모드 시 받음각에 따른 항력으로 인한 전진비행의 어려움

추진 시스템

Unmanned Multicopter

1 프로펠러(Propeller)

1) 프로펠러 일반

프로펠러는 회전을 통해 공기를 움직여 추력을 만들어 낸다. 동력원(모터 또는 엔진)의 토크를 추력으로, 회전속도(rpm)를 선형 속도로 변환한다. 전기모터와 프로펠러의 조합은 전류(current)를 추력으로, 전압을 속도로 바꾼다.

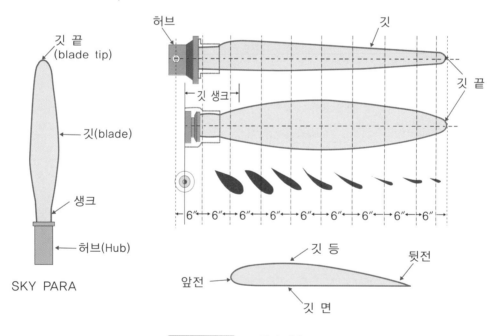

그림 1-2-1 프로펠러 기본 구조

프로펠러 기본 구조는 허브(hub)와 블레이드(blade)로 구분된다. 프로펠러 중심에 있는 것을 허브라고 하며, 추력을 발생시키는 것을 블레이드라고 한다. 허브에서 블레이드 끝단까지를 프로펠러 길이라고 한다.

모든 프로펠러에서 가장 중요한 특성을 나타내는 것은 지름(diameter)과 피치(pitch)이다. 프로펠러 지름은 실제로 프로펠러가 회전하는 원의 지름이다. 이는 프로펠러 허브 중심에서 한 블레이드의 끝까지 길이의 두 배에 해당한다. 블레이드 수가 짝수인 프로펠러의 경우 팁에서 반대쪽 팁까지의 거리이다.

그림 1-2-2 프로펠러 단면 에어포일

출처: http://www.stefanv.com

블레이드를 가로로 단면을 자르면 에어포일이 나타난다. 프로펠러는 길이에 따라 다른 에어포일을 사용한다. 이는 블레이드 전반적으로 고른 추력을 내기 위한 최적의 형상이다.

피치는 일반적으로 나사 형태로 프로펠러가 1회전 할 때 앞으로 얼마나 멀리 이동할 수 있는지를 측정하는 것이다. 피치 측정은 마치 나사 형태와 유사하게 측정한다.

프로펠러의 크기는 일반적으로 '지름×피치' 형식으로 표시된다. 예를 들어, 8×4 프로펠러는 지름이 8인치이고 피치가 4인치이다. 개략적으로 프로펠러의 지름은 생성된 추력을 제어하고, 피치는 프로펠러 뒤쪽에서 나오는 공기의 속도를 제어한다. 실제로 피치도 추력에 어느 정도 영향을 미친다.

2) 드론 프로펠러 피치(Pitch)

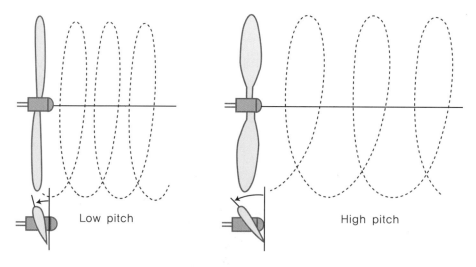

그림 1-2-3 드론 프로펠러 피치 컨트롤

피치는 프로펠러가 사용되는 일반적인 항공기와 사용하는 원리가 동일하다. 그러나 드론에만 관련된 몇 가지 적용되는 사항들이 있다. 피치는 드론 프로펠러가 1회전(360°) 시 이론적으로 이동하는 거리이다. 인치 단위로 측정되며 속도(프로펠러를 떠나는 공기의 속도)와 난기류를 대부분 제어한다.

예를 들어, 4인치 피치의 프로펠러는 블레이드가 1회전 할 때마다 4인치 앞으로 이동한다. 다른 비행장치도 동일한 개념이 적용된다. 피치는 재료에 나사를 드라이버로 조일 때, 1회전 시 이동하는 길이와 같이 나타낼 수 있다. 즉 1회전 시 나아갈 수 있는 추력을 생성한다. 드론에서 많은 양의 추력은 비행 안정성을 높이고 추가 탑재량을 증가시킬 수 있다.

프로펠러 피치 각도는 추력의 크기와 관계있다. 일반적으로 높은 각도의 프로펠러는 낮은 각도의 프로펠러에 비해 더 많은 추력을 생성한다. 그러나 블레이드 각도에 따라 공력 차이가 있기 때문에 절대적이라고 할 수 없다. 추력 생성은 프로펠러 블레이드 에어포일 형태와 공기를 받은 각의 차이에 따라 발생한다. 특히 추력은 프로펠러의 지름에 큰 영향을 받으며, 프로펠러 피치는 블레이드 길이에 비해 작은 영향을 준다. 추진력은 프로펠러당 블레이드 수에 영향을 받는다. 그리고 피치와 지름 모두 드론의 모터 출력과 배터리 용량에 의해 제한된다. 따라서 더 많은 추진력을 얻기 위해 모터와 기체 크기를 고려하지 않고 무리하게 크기를 키울 수 없다. 따라서 모터 출력, 기체 크기 등을 고려하여 최적의 프로펠러 선정이 필요하다.

3) 피치 측정

대부분의 프로펠러는 피치와 지름을 표준화하여 시판하고 있다. 따라서 프로펠러는 별도의 제작 없이 원하는 추력과 사용되는 모터 성능 등을 반영하면, 시중에 판매되는 프로펠러를 쉽게 선택하여 구매할 수 있다. 이는 소형 드론의 경우 대부분 제품 표준화가 이뤄지고 있기 때문이다.

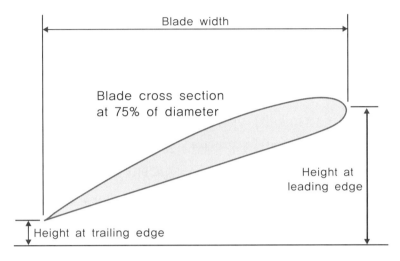

그림 1-2-4 프로펠러 기본 구조

프로펠러의 피치를 결정하는 데 필요한 측정은 허브에서 팁까지의 3/4 지점에서 수행해야 한다. 피치를 측정하려면 프로펠러를 테이블 위에 평평하게 놓고 허브에서 팁까지의 75%를 측정하고 프로펠러 블레이드를 가로지르는 선을 그린다. 테이블 표면을 따라 이 지점에서 블레이드의 너비를 측정한다. 다음으로 블레이드의 앞면과 뒷면의 높이를 측정하고 이 둘의 차이를 계산하여 높이를 결정한다.

피치 공식은 다음과 같다.

$$피치 = 2.36 \times 지름\ 높이/너비$$

지름의 75%에서 피치를 측정하는 이유는, 드론에 사용되는 일반적인 프로펠러의 피치는 길이에 따라 공력 특성에 맞게 꼬여 있으며, 블레이드를 따라 각 지점에서 서로 다른 최적의 선형 속도를 위해 허브에서 팁까지 피치가 다르게 적용되고 있다. 75%의 피치는 대략 프로펠러의 평균 유효 피치에 해당한다. 프로펠러는 75% 지점에서 유효 피치 블레이드 폭과 높이를 측정할 수 있다.

4) 모터 전력 요구 사항

프로펠러에 요구되는 RPM으로 회전시키기 위해서 모터 출력 선정은 피치와 지름에 영향을 받는다. 다음은 프로펠러에 따른 모터의 출력에 관한 식이다. 모터 출력(축 전력 또는 프로펠러 입력 전력이라고도 함), RPM, 피치 및 지름 간의 관계식이다.

$$모터\ 출력 = k \times rpm^3 \times 지름^4 \times 피치$$

계수 k는 동력, 피치, 지름을 표현하는 데 사용되는 단위와 사용하는 에어포일, 전체 모양, 두께 등과 같은 프로펠러의 특성에 따라 달라진다. 전력(와트), 지름 및 피치(인치)의 경우 평균 모델 비행기 프로펠러의 k는 약 5.3×10^{-15}이다. 이 식을 통해 RPM은 전력에 정비례하지 않고, 모터 출력을 두 배로 늘리고 피치와 지름을 동일하게 유지하면 1.26배(2의 세제곱근)만큼 RPM이 증가한다. 또한 피치를 약간 높이면 필요한 모터 출력이 약간 증가하는 반면, 지름을 약간 늘리면 동일한 RPM을 유지하는 데 필요한 모터 출력이 많이 증가한다. 예를 들어, 10인치 프로펠러에서 같은 피치의 11인치 프로펠러로 변경하려면 동일한 RPM을 유지하는 데 1.46배의 동력이 필요하다(11/10의 4승). 또는 축 동력이 동일하게 유지되면 RPM은 원래의 88%(이전 결과에서 1.46의 세제곱근의 역수)로 떨어진다.

피치는 모터 출력 요구사항에 약간의 영향을 미친다. 모터 전류 증가에 대해 큰 고려사항 없이 모델 성능을 개선하기 위해 피치를 약간 변경할 수 있다. 예를 들어 이륙 및 상승 성능은 좋지만 고속 성능이 좋지 않은 10×7 프로펠러 모델이 있는 경우, 10×8 프로펠러(피치 상승)로 전환하고 필요한 전력을 약 14% 늘릴 수 있다. 모터가 최대 효율에 가깝다고 가정하면 전류도 25A에서 29A로 약 14% 증가한다. 하지만 동일 수준으로 추력을 유지하기 위해서는 프로펠러 지름을 약간 축소해야 한다. 실제 프로펠러로 변경하면 RPM과 출력 모두 변경된다. 이는 모터 출력을 변경하면 RPM이 변경되고, 이에 따라 필요한 전력이 변경되는 방식으로 이어진다. 모터와 프로펠러 조합은 요구되는 프로펠러 성능과 이 성능을 충족할 수 있는 모터 출력을 선정하는 과정 간에 조율이 필요하다. 즉 프로펠러 또는 모터 출력의 우선순위에 따라 상호 조정이 가능하다.

일반적으로 프로펠러 피치 각도를 높이면 더 많은 공기가 이동하여 최고 속도가 빨라진다. 동시에 저음 속도가 감소하고 더 많은 난기류가 생성된다. 모터는 더 많은 전류가 소모되며, 배터리 소모량이 많아진다. 따라서 낮은 각도의 피치 프로펠러가 장착된 드론은 높은 각도의 피치 드론보다 일반적으로 모터 회전을 빠르게 반응시킬 수 있다.

피치 설정은 블레이드가 공기를 접하는 각도 설정으로 블레이드의 코드와 회전면 사이의 각도이다. 회전하는 블레이드에서는 회전면 사이의 각도, 즉 받음각이 작은 경우가 낮은 피치이며, 반대로 받음각이 클수록 높은 피치, 그리고 90°로 받음각인 경우가 있다.

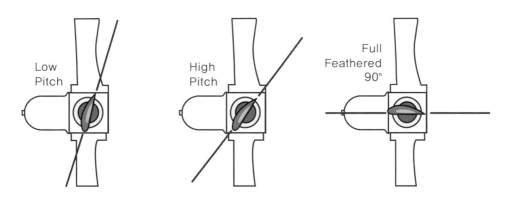

그림 1-2-5 프로펠러 피치 각도

피치 각도 분포는 프로펠러 블레이드의 루트에서 팁까지의 피치 각도가 점진적으로 변화한다. 프로펠러 블레이드는 피치를 일정하게 할 수 있지만, 최적의 공력 특성을 얻기 위해 길이 방향으로 피치를 다르게 한다. 이는 길이 방향에 따라 각속도가 다르기 때문에 프로펠러 루트에서는 피치각이 크고, 팁으로 갈수록 피치각이 낮아진다. 이를 통해 허브에서 팁으로의 트위스트를 주면서 프로펠러 블레이드의 전체 길이에 걸쳐 일관된 양력을 생성할 수 있도록 한다. 일반적으로 드론에 사용되는 프로펠러가 동일한 피치 각도를 갖는다면 프로펠러 효율성이 낮다고 본다.

5) 프로펠러 공기의 흐름

프로펠러는 실제로 회전하는 날개이므로 날개와 동일한 공기역학적 효과를 받는다. 프로펠러가 회전하면서 블레이드가 공기의 유동을 만든다. 공기가 프로펠러를 향해 얼마나 빨리 움직이는지와 프로펠러가 얼마나 빨리 회전하는지에 대한 상관관계 함수이다.

프로펠러 블레이드에 대한 기류의 상대적인 받음각은 블레이드의 회전속도와 유입되는 기류의 속도에 따라 달라진다. 드론에 사용되는 블레이드는 상대적으로 낮은 각도, 즉 받음각이 낮다. 다른 날개와 마찬가지로 받음각이 너무 높으면 프로펠러 블레이드에서 추력이 떨어질 수 있지만, 상대적으로 빠른 기동을 위한 목적으로 받음각을 낮춰 모터의 출력 부하를 용이하게 사용한다.

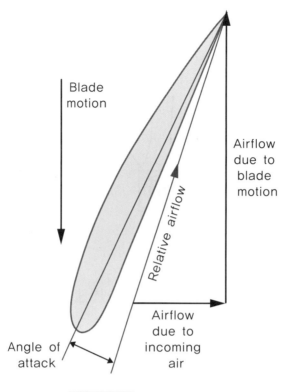

그림 1-2-6 프로펠러 기본 구조

6) 프로펠러 블레이드 수

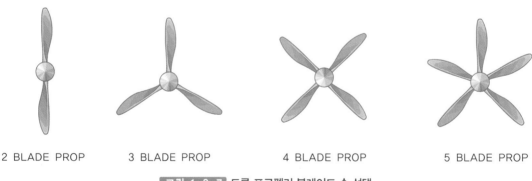

그림 1-2-7 드론 프로펠러 블레이드 수 선택

프로펠러는 1개 축에 일반적으로 최소 2개에서 최대 8개의 블레이드를 가질 수 있다. 일반적으로 드론은 비행 성능의 균형을 유지하기 위해 프로펠러당 2개, 3개 또는 4개의 블레이드를 사용한다. 일부 응용 분야에서는 프로펠러당 5개 또는 6개의 블레이드를 적용하는 경우도 있다. 8개 블레이드 프로펠러는 시중에서 구할 수 있지만 거의 사용되지 않는다. 프로펠러에 블레이드가 많을수록 반드시

좋은 것은 아니다. 블레이드가 더 많은 프로펠러는 진동과 소음이 적다. 그리고 주어진 RPM에서 더 많은 추력을 생성한다. 그러나 블레이드 수가 더 적은 프로펠러보다 더 무겁고 비효율적이다.

강력한 모터를 사용하는 드론은 일반적으로 블레이드 수가 많은 프로펠러를 사용한다. 이 모터는 배터리를 더 빨리 소모하지만, 다수의 블레이드를 통해 주어진 RPM에서 더 많은 추진력을 생성할 수 있다. 즉 프로펠러의 블레이드 수가 적으면 드론은 동일한 양의 에너지를 소비하지만, 양력은 적게 발생한다. 추가 추력은 궁극적으로 더 안정적인 비행성을 가지지만, 모든 상황에서 프로펠러당 더 많은 블레이드를 고려하지 않는 이유가 있다. 일반적으로 프로펠러의 효율은 블레이드가 추가될수록 감소한다. 배송과 같은 부분에 이용되는 드론은 무거운 탑재물을 운반하기 위해 더 많은 추력이 필요하기 때문에 프로펠러당 더 많은 블레이드가 필요하다. 그러나 프로펠러 효율성에 대해서는 추가로 생성된 양력의 효율적 가치가 비례적으로 상승한다고 볼 수 없다. 이러한 이유로 6, 8블레이드("엽", "날" 명칭으로도 표기됨) 프로펠러가 일반적으로 적용되지 않은 이유이다. 효율성 저하의 경우, 드론의 프로펠러는 빠른 회전으로 인해 후류의 영향이 크게 작용하기 때문이며, 이외에도 하중의 증가, 이동 편의성 저하 등이 있다.

드론은 효율성과 휴대성 때문에 일반적으로 2블레이드 프로펠러를 사용하는데, 휴대하기 쉽고 유연성이 있어 충돌 시 놀라울 정도로 내구성이 높다. 2블레이드 프로펠러는 초경량이므로 RPM 변경에 더 빠르게 반응하며, 가격이 저렴하다. 실제로 2블레이드 프로펠러는 3블레이드 프로펠러보다 빠른 RPM에서 사용된다.

3블레이드 프로펠러는 양력을 더 빠르게 생성하지만, 더 무겁고 작동 속도가 느리다. 이것이 속도를 우선시하는 조종사들이 일반적으로 드론에 2블레이드 프로펠러를 사용하는 이유이다. 3블레이드 프로펠러는 드론용 2블레이드 프로펠러보다 비행 안정성 측면에서 더 좋은데, 더 많은 추력을 생성하고 바람의 영향을 덜 받고 진동 문제도 없다. 하지만 효율성과 휴대성을 고려한다면 2블레이드 프로펠러가 유리하다. 3블레이드 프로펠러와 4블레이드 프로펠러의 차이점은 주로 최고 속도와 추력과 관련 있다. 3블레이드 프로펠러는 더 빠르고 더 높은 최고 속도 성능을 제공하는 반면에, 4블레이드 프로펠러는 더 많은 추진력 및 큰 가속과 안정성을 제공한다. 4블레이드는 표면적이 더 크기 때문에 더 많은 공기와 접촉한다. 이 효과는 이륙하는 동안 특히 더 확인될 수 있지만, 단가가 보다 비싸진다. 더 많은 제어가 필요한 응용 프로그램의 경우 4블레이드 프롭이 3블레이드보다 낫다. 공중에서 더 많은 그립으로 진동 없는 비행을 제공하여 상업용으로 인기가 있다. 그러나 3블레이드 프롭은 대중적으로 이용되고 있으며 상대적으로 더 작은 모터를 사용하는 드론에 더 적합하다. 블레이드 수만 변경하고 프로펠러의 크기와 피치를 건드리지 않으면 RPM이 감소하며, 이 중 하나 이상을 변경하면 RPM이 변경되지 않은 상태로 유지될 수 있다. 4블레이드 프로펠러는 날 수가 적은 프로펠러에 비해 효율성이 떨어지고, 블레이드 수가 많을수록 더 많은 전류를 소모한다. 결과적으로 프로펠러는 배터리에 더 집중적으로 사용된다.

GWS 9×5 2블레이드 프로펠러와 3블레이드 프로펠러를 비교하면 다음과 같다. 2블레이드와 3블레이드의 성능은 거의 동일하지만, 소비 전력은 더 높다.[1] 절댓값으로 볼 수 없지만, 프로펠러 개수가 추력과 비례하지 않음을 확인할 수 있다.

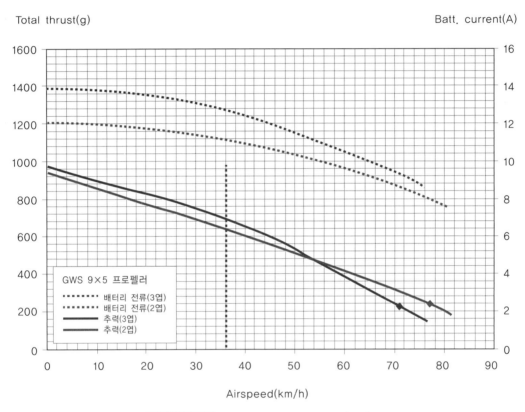

그림 1-2-8 블레이드 개수와 추력의 변화(예시)

7) 고정 피치 프로펠러

고정 피치 프로펠러는 제조 단계에서 피치가 설정된 프로펠러로, 비행 중에는 변경할 수 없다. 설정된 피치는 일반적으로 균형된 추력을 제공한다. 그러나 고정 피치 프로펠러는 적용되는 최적의 성능이 이륙/상승 또는 순항 용도로 달리 적용될 수 있다. 이러한 프로펠러의 단점은 효율성이 고정되어 있다는 것이다. 소형 드론은 고정 피치 프로펠러를 대부분 적용하고 있으며, 가격 대비 성능이 우수하다.

---

1) http://aerotrash.over-blog.com/2015/02/2-blade-vs-3-blade-and-4-blade-propellers.html

8) 가변 피치 프로펠러

가변 피치 프로펠러는 최적 추력 성능을 위해 비행 조건에 따라 피치를 변경할 수 있다. 이륙, 상승 및 순항에는 모두 다른 프로펠러 피치가 필요하며, 이에 가변 피치 프로펠러를 사용하여 이상적인 성능을 만들 수 있다. 가변 피치 프로펠러는 기구가 복잡하고 무게가 늘어나기 때문에 대부분 비행 기와 상업용 항공기 등에 사용되지만, 소형 드론에는 사용되지 않는다.

9) 드론 프로펠러 표기

드론의 프로펠러는 드론의 추력과 성능에 직접적인 영향을 준다. 드론 프로펠러는 다양한 성능의 제품을 대부분 상용품으로 구매할 수 있으며, 드론 프로펠러는 표준화된 표기법(번호)으로 주요 성 능을 확인할 수 있다.

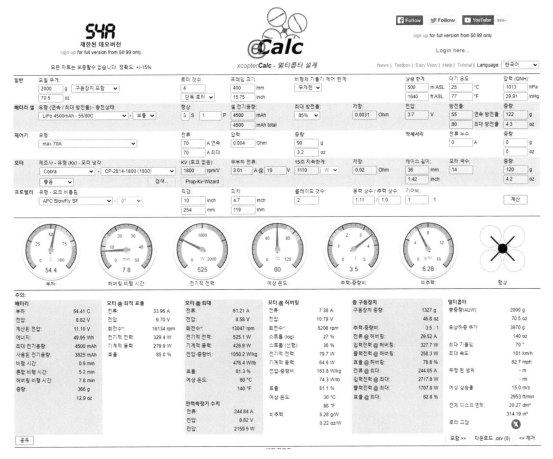

그림 1-2-9 멀티콥터 설계 예시

출처: https://www.ecalc.ch/xcoptercalc.php

드론 프로펠러 번호는 프로펠러를 설명하는 데 사용되는 일련의 숫자로, 이 숫자는 길이, 피치, 회전 및 블레이드 구성을 포함하는 프로펠러 사양의 전부는 아니더라도 대부분을 식별한다. 프로펠러 번호를 통해 성능을 예측할 수 있는 충분한 정보를 제공하고 있다. 프로펠러의 최적 피치는 적용 분야와 시스템의 나머지 구성 요소에 따라 적용해야 한다. 높은 피치의 프로펠러는 양력과 속도에 이상적이며, 낮은 피치의 프로펠러는 미세한 제어와 가속에 더 좋다. 그러나 일반적으로 요구되는 성능과 목적에 맞게 균형 잡힌 옵션을 선택하는 것이 좋다. 예를 들어 드론 프로펠러 선택에 있어서 인터넷(예 https://www.ecalc.ch/xcoptercalc.php) 자료를 입력하여 드론 성능에 대한 값을 쉽게 계산할 수 있다.

② 모터(Motor)

① 모터는 자력(또는 전자력)의 극에 따라 미는 힘과 당기는 힘을 이용해 회전하는 장치이다. 자력은 영구자석을 이용하고, 전자력은 일반적으로 전기가 구리선을 통과할 때 발생하는 전자기력을 이용한다.

② 모터는 전력 에너지를 동력(회전) 에너지로 변환하는 전동기로, 자장 내에서 전류를 흐르게 하여 전기적 에너지를 회전 에너지로 전환하는 것이다. 모터는 도체가 축을 중심으로 회전운동을 하는 것을 일반적인 모터라고 하며, 직선으로 움직이는 것을 리니어(linear) 모터라고 한다.

③ 모터는 자석과 자력을 통해 회전한다. 자력을 가진 회전축이 고정된 영구자석의 주변에서 회전시키면(회전자계), N극과 S극이 밀거나 당기는 힘이 생기고, 회전축을 지닌 자선은 축을 중심으로 회전하게 된다. 이때 자력을 생성하는 것이 모터 구동 방식이 되며, 회전하는 부분에 전자기력을 생성하는 방법과 고정되는 부분에 전자기력을 생성하는 방법이 있다.

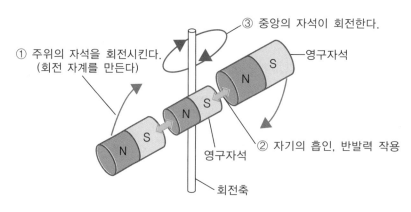

③ 중앙의 자석이 회전한다.

① 주위의 자석을 회전시킨다.
　(회전 자계를 만든다)

영구자석

영구자석

② 자기의 흡인, 반발력 작용

회전축

그림 1-2-10 모터의 회전 원리

1) 전자기력 생성 원리

구리 등 도선에 전류를 흐르게 하면 그 주변에 자계를 발생시켜 회전 자계(자력)를 만든다.

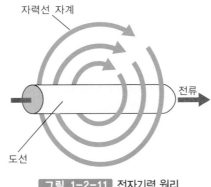

그림 1-2-11 전자기력 원리

또한 도선을 코일 상태로 감으면, 자력의 합성을 통해 큰 자계(자속)가 형성되어 N/S극이 발생한다. 코일 상태의 도선 속에 철심을 넣으면, 자력선이 통과하기 쉬워 보다 강한 자력을 발생시킬 수 있다.

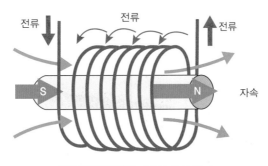

그림 1-2-12 자력선 형성 원리

2) 모터 분류

모터는 전원의 종류에 따라 직류(DC) 모터와 교류(AC) 모터로 구분된다.

그림 1-2-13 모터 분류

① 직류(DC) 모터

많은 모션 제어장치는 영구자석 직류 모터를 사용한다. 직류 모터는 교류(AC) 모터에 비해 제어
시스템을 구현하기가 쉽고 속도, 토크 또는 위치 제어가 필요할 때 자주 사용된다. 일반적으로
사용되는 직류 모터는 Brush 모터, Brushless(또는 BLDC 모터) 모터, 스테핑 모터로 분류된다.
Brush 모터는 일반적으로 많이 사용되는 모터로, Brush(고정자 측)라는 전극을 정류자(전기자
측)로 순차 접속시키면서 전류를 전환하여 회전 동작을 시킨다.

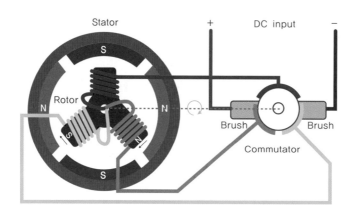

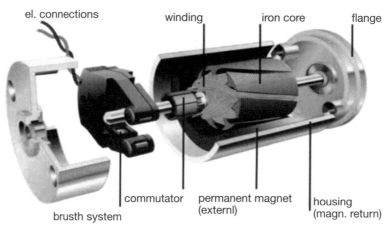

그림 1-2-14 DC Brushed Motors

출처: image by maxon group

Brushless 모터는 Brush와 정류자를 사용하지 않고 트랜지스터 등의 스위칭 기능을 통해 전기적
으로 전류를 전환하여 회전 동작시키는 모터로, 기계식 정류자와 Brush 대신 전자 정류를 사용하여
고정자의 자기장을 생성하여 회전시킨다. Brushless 모터에서 로터에는 영구 자석이 부착되어 있
고 고정자에 권선이 있고, 내부에 회전자가 있거나 권선 외부에 회전자가 있는 구조로 구성할 수 있
다. 모터 내부에 전자석을 순차적으로 자력을 가지게 하기 위해서 별도의 ESC(Electronic Speed
Control)가 필요하다.

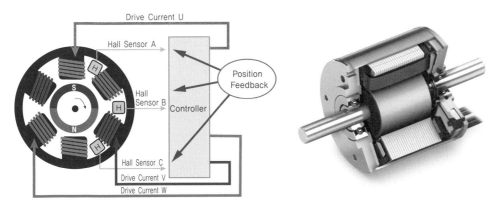

그림 1-2-15 Brushless DC Motors(출처: image by maxon group)

Brush 모터와 Brushless 모터 특징 비교는 다음과 같다.

표 1-2-1 Brush 모터와 Brushless 모터의 특징

구분	Brush 모터	Brushless 모터
내구성	중간(Brush 마모)	좋음(Brush 없음)
속도와 가속	중간	높음
능률	중간	높음
전기 노이즈	시끄러움(부시 아크)	조용함
음향 잡음 및 토크 리플	나쁨	중간(사다리꼴) 또는 양호(사인)
비용	저렴	중간(전자 장치 추가)

스테핑 모터는 펄스에 동기화하여 동작화하는 모터로, 정확한 위치 제어 동작을 위해 사용되는 모터로 사용되며, 주로 자세 제어 목적에 사용되는 모터류이다.

② 교류(AC) 모터

교류 모터는 계자의 자기력과 전기자 코일의 유도전류, 그리고 교류에 대한 작동 특성이 좋고 부하 감당 범위가 넓으며, 브러시와 정류자가 없다.

교류 모터에는 유도 모터와 동기 모터가 있다.

㉠ 유도 모터: 유도 모터의 작동 원리는 스테이터의 코일에 전류가 흐르면 회전하는 자기장이 생성되고, 이 회전 자기장이 회전자의 코일에 전자기 유도를 일으킨다. 회전자 코일에 유도된 전류는 다시 자기장을 생성하고, 이 자기장이 스테이터의 자기장과 상호작용하여 회전력이 발생한다. 회전자는 스테이터의 자기장에 미치지 못하는 속도로 회전하며, 이를 슬립이라고 부른다.

ⓛ 동기 모터: 동기 모터의 원리는 3상 교류전원이 스테이터에 공급되면, 스테이터의 코일에서 생성된 회전 자기장이 회전자를 밀어 움직이게 한다. 회전자는 전류가 흐르는 동시에 자기장을 생성하고, 이 자기장과 스테이터의 자기장이 상호작용하여 회전력이 발생한다. 이때, 회전자의 속도가 동기 속도와 일치하면 동기 모터가 정상적으로 작동하게 된다.

③ 드론에 사용되는 모터류

일반적으로 드론에 사용되는 모터는 Brushless DC 모터를 주로 사용한다. 모터는 크게 모터 회전축에 전자기를 이용하고 외곽에 영구자석으로 구성된 아웃러너 모터, 회전축에 영구자석이 있고 외곽에 전자기로 구성되어 있는 인러너 모터가 있다. 인러너 모터는 자력이 발생하는 위치와 샤프트의 거리가 짧아 큰 토크를 만들기 어렵지만, 빠른 회전속도를 만들기 유리하다. 아웃러너 모터는 자력의 위치와 샤프트의 거리가 커 상대적으로 큰 토크를 만들 수 있다.[2]

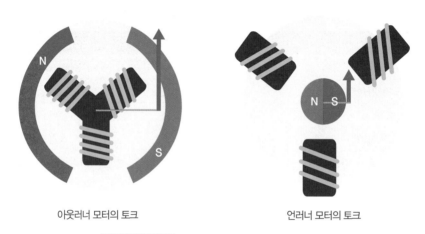

아웃러너 모터의 토크   언러너 모터의 토크

그림 1-2-16 아웃러너, 인너러 모터 작동 방법

영구자석의 위치와 구조뿐만 아니라 전자석의 특성에 따라 모터의 성능을 좌우한다. 전자선은 긴 전선을 감아서 코일을 만들고 이를 권선이라고 하는데, 많이 감을수록 더 큰 토크를 만들 수 있는 대신 회전속도가 줄어들고, 한정된 공간에서 권선이 이뤄져야 하므로 권선의 두께도 고려해야 한다.

3) 드론 모터 표기법

시중에서 판매되는 FPV 드론의 Brushless 아웃러너 모터의 표기법은 다음과 같다.

> AABB/CC-DDDD kv motor(**예** 2204 2300kv motor)

---

2) https://brunch.co.kr/@matthewmin/67

- AA : 모터 내부 스테이터의 지름, 모터의 외곽 지름을 표시하는 경우도 있다.

- BB : 모터 내부 스테이터의 두께, 모터의 외곽 두께나 영구자석의 크기를 표시하는 경우도 있다.

- CC : 권선 수(표시하지 않는 경우도 많다.)

- DDDD : 모터에 아무것도 연결하지 않은 상태에서 1V당 회전수, 예를 들어 1960kV 모터라면 프로펠러를 연결하지 않고 3.7V를 연결한다면 1960×3.7=7252RPM의 속도로 회전한다는 의미이다.

AA와 BB 값이 클수록 모터 내부 전자석이 커지기 때문에 크고 힘이 좋은 모터라고 판단할 수 있고, DDDD 값이 클수록 빠른 속도를 가진 모터로 판단할 수 있다.

Brushless 모터 이름에 같이 있는 CW(Clockwise : 시계방향)와 CCW(Counterclockwise : 반시계 방향)는 모터의 회전 방향을 의미하는 것이 아니라 프로펠러를 고정하는 나사 방향을 의미한다. Bruchless 모터는 3개의 전선에 순차적으로 전류를 공급해서 회전을 발생시키기 때문에 순서를 바꾸면 쉽게 회전 방향을 바꿀 수 있다. CW와 CCW를 표시한 경우는 모터가 회전할 때 프로펠러를 고정하는 너트가 풀리는 방향으로 회전하지 않게 하기 위해 분류하는 경우이다.

표 1-2-2 드론 모터 표기 방법(예시)

Cobra CM-2204/28 Motor Specifications

Stator Diameter(스테이터 지름)	22.0mm(0.866in)
Stator Thickness(스테이터 두께)	4.0mm(0.157in)
Number of Stator Slots(스테이터 숫자)	12
Number of Magnet Poles(영구자석 숫자)	14
Motor Wind(스테이터 권선 수)	28 Turn Delta
Motor Kv Value(전압당 RPM)	2300RPM per Volt
No Load Current(Io) (프로펠러를 연결하지 않고 8V 인가했을 때 전류)	0.66Amps @ 8Volts

Motor Resistance(Rm) per Phase(펄스당 저항)	0.126Ohms
Motor Resistance(Rm) Phase to Phase(펄스와 펄스 사이 저항)	0.084Ohms
Maximum Continuous Current (최대 전류, 보통 모터의 최대 전류보다 20% 높은 사양의 ESC를 허용해야 함)	17Amps
Max Continuous Power(2-cell Li-Po) (2S 배터리를 사용하였을 때 최대 소비전력)	125Watts
Max Continuous Power(3-cell Li-Po) (3S 배터리를 사용하였을 때 최대 소비전력)	190Watts
Motor Weight(모터의 무게)	24.6grams(0.87oz)
Outside Diameter(모터의 외곽 지름)	27.0mm(1.063in)
Motor Shaft Diameter(모터 축의 지름)	3.00mm(0.118in)
Prop Shaft Diameter(프로펠러 연결축의 지름)	5.00mm(0.197in)
Motor Body Length(모터 길이)	14.2mm(0.559in)
Overall Shaft Length(모터 전체 길이)	32.5mm(1.146in)
Motor Timing (스테이터 중심과 영구자석 중심의 각도 차이, 값이 작으면 낮은 RPM에서 큰 힘을 갖고, 값이 크면 높은 RPM에서 큰 힘을 가짐)	5~10degrees
PWM Frequency(모터가 받는 최대 신호 속도)	8KHz

❸ ESC(Electronic Speed Control)

전자 속도 제어장치(ESC; Electronic Speed Control)는 전기모터의 속도를 제어하고 조절하는 전자회로로, 모터의 역회전과 동적 제동을 할 수 있다. brush DC 모터와 brushless DC 모터는 서로 다른 유형의 속도 제어가 필요하다.

ESC의 기본 기능은 추력 조절 레버 위치에 따라 배터리에서 전기모터로 공급되는 전력량을 변경하는 것이다. 이전에는 가변 저항을 사용하여 모터 스피드를 제어하는 컨트롤러가 사용되었다. 이 기술은 배터리가 모터에 직접 연결되기 때문에 전체 추력 조절에서 합리적으로 작동하지만, 부분 추력 조절 상황에서는 저항을 통한 전류 흐름이 열의 형태로 손실되기 때문에 매우 실용적인 전력 제어 수단이 아니다.

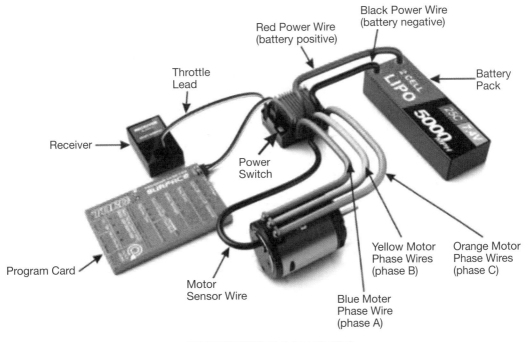

그림 1-2-17 전자 속도 컨트롤러

출처: https://www.elprocus.com

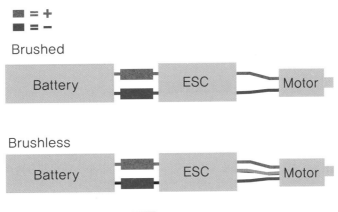

그림 1-2-18 전자 속도 제어의 종류

1) Brush ESC

Brushed ESC는 최초의 전자식 속도 컨트롤러로, 다양한 RTR(Ready To Run) 전기 추진에 사용하기에 저렴하다. Brush DC 모터는 전기자의 전압을 변경하여 속도를 제어할 수 있다(산업적으로 영구자석 대신 전자석 계자 권선이 있는 모터는 모터 계자 전류 강도를 조정하여 속도를 제어할 수도 있다).

2) Brushless ESC

Brushless ESC는 전자 속도 제어장치에 관한 최신 기술을 적용하였다. Brush ESC에 비해 더 비싸지만, Brushless 모터에 연결되어 Brush 모터에 비해 더 높은 성능을 발휘하고 더 오래 사용할 수 있다. Brushless DC 모터에는 다른 작동원리가 필요하며, 모터의 여러 권선에 전달되는 전류 펄스의 타이밍을 조정하여 모터의 속도를 변경한다.

3) ESC 회로

현재 속도 컨트롤러는 전원을 빠르게 켜고 끄는 방식으로 모터의 전원을 다르게 사용한다. 여기서 스위치는 기계적인 장치가 아닌 MOSFET(Metal Oxide Semiconductor Field Effect Transistor) 트랜지스터를 사용하는데, 스위칭 되는 횟수는 1초에 약 2,000회 정도이다. 따라서 지정된 주기에서 ON 시간과 OFF 시간을 변경하여 모터에 공급되는 전원이 다양하다. 그림 1-2-19 는 설명에 도움이 될 수 있는 파형 다이어그램이 있는 간단한 ESC 회로이다.

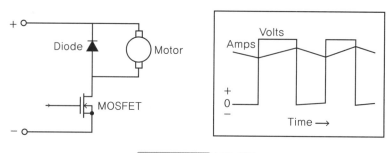

그림 1-2-19 ECS 회로

4) 드론용 ESC

드론은 취미, 산업 및 상업, 군사 응용 분야까지 다양한 분야에서 빠르게 확산하고 있다. 일반적으로 고사양 드론은 주로 BLDC 모터를 탑재하는데, 탑재된 모터는 상대적으로 회전 방향에 대해 빠른 속도 조절이 필요하며, 이러한 모터 제어는 ESC 회로가 담당한다. 따라서 ESC 설계에는 주로 다음과 같은 기능이 포함되어야 한다.

㉠ 모터 제어에 사용되는 위상(topology)

㉡ 효율성과 비용의 타협

㉢ 드론에 사용되는 배터리의 종류

㉣ 필요한 성능

㉤ EMC(전자파 적합성) 및 간섭에 대한 내성

4 배터리

배터리(battery)는 사전적 의미로 건전지이며, 특성에 따라 일차 전지, 이차 전지, 연료전지로 나누는 화학전지를 말한다. 화학전지는 화학반응을 일으켜 전기를 얻는 장치이다.

화학전지 원리는 반응성이 다른 두 금속을 전해질에 담그고 두 금속을 도선으로 연결하면 전류가 흐르게 된다. 반응성이 큰 금속이 이온화되면서 전해액에 녹고, 이때 발생하는 전자가 이동하여 전류가 형성된다. 통상 전극과 전해액으로 구성되는 완전한 전지를 '셀(Cell)'이라고 하며, 셀의 전압 크기는 사용된 화학 재료(전해액, 금속)에 따라 달라진다. 1셀은 화학 재료에 따라 각각 1.2V, 1.5V, 2.0V 3.7V의 전압을 갖고 여러 셀을 직렬로 연결하여 6V, 9V, 12V 등 필요 전압과 전류를 구성한다.

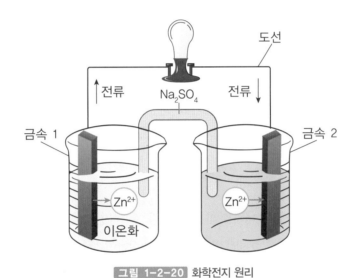

그림 1-2-20 화학전지 원리

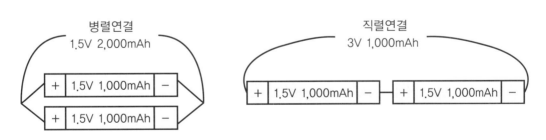

그림 1-2-21 전지의 병렬연결과 직렬연결

1) 전지 전압과 전류 구성

전지는 필요한 전압과 전류에 따라 직렬과 병렬로 연결하여 구성한다. 병렬연결은 전지 여러 개를 같은 극끼리 연결하여 전류를 올리는 방법이며, 직렬연결은 전지 여러 개를 서로 다른 극끼리 연결하여 전압을 올리는 방법이다. 배터리에 표기된 1~6S는 셀의 직렬연결 개수에 따라 표시된 것이며, 일반적으로 리튬이온 폴리머 전지의 경우 1S=3.7V, 4S=14.8V, 6S=22.2V로 표기된다. 배터리의 용량은 암페어시(Ah : A/H) 혹은 더 작은 값인 밀리암페어시(mAh)로 나타낸다. (1Ah=1,000mAh)암페어시는 전기량의 단위로 1A의 전류가 1시간 동안 흘렀을 때의 전기량이다. 1A의 전류가 1초 동안에 흐르는 전기량이 1C(쿨롱)이므로 1Ah는 3,600C에 해당한다. 이것은 0.03731F(패럿)에 해당하는 양이다. 따라서 전지 성능은 전압과 전류량(전지 용량), 그리고 쿨롱(C)을 통해서 확인할 수 있다. 동일 전압과 전지 용량일 경우 쿨롱(C)이 클수록 전하 방전량이 많아서 전기 부하에 대한 대응력이 높다.

2) 전지 종류

일차 전지는 일반적으로 일회용 전지라고 불리며, 저장된 전기에너지를 모두 사용하면 폐기되는 전지이다. 주요 특징으로는 기전력이 크고 일정한 전압이 오랫동안 유지되며, 일반적인 저장 시 자기방전이 적고, 가볍고 저렴하지만, 배터리 용량이 작다. 대표적인 일회용 전지로 알카라인 전지, 망간전지, 탄소아연 전지 등이 있다.

이차 전지는 화학에너지를 전기에너지로 바꿔 여러 번 충전하면서 재사용할 수 있는 전지다. 주요 특징으로는 충전할 수 없는 일차 전지에 비해 여러 번 충전하여 사용할 수 있으며, 크기, 모양 등 다양한 전지와 일차 전지에 비해 용량이 큰 전지를 제작할 수 있다. 대표적인 이차 전지로 리튬이온, 리튬이온 폴리머, 납축전지, 니켈카드뮴, 니켈수소 등이 있다.

연료전지는 수소(H)와 산소(O) 결합을 통해 전기에너지를 생산하는 방법이다. 일반적으로 수소와 산소 결합을 통해 전기와 물(H_2O)만 생성되기 때문에 친환경 에너지라고 불린다. 주요 특징으로는 중금속을 사용하는 전지와 다르게 수소, 산소가 주재료이기 때문에 무공해, 친환경이며, 실용화를 위해 연료전지 가격의 경쟁력과 수소의 생산 단가를 절감할 필요가 있다. 연료전지의 에너지 밀도와 수소 저장 방식의 기체, 액체, 고체 저장과 수소 생산을 위한 개질 방안 등 보편적 상용화를 위한 기술 개발이 필요하다.

표 1-2-3 전지 종류

분류		전지	기전압	메모리효과	가격 (순위)	충전 (일반적 수명)
화학 전지	일차 전지	탄소아연	1.5V	해당 사항 없음	1 (낮을수록 저렴함)	일회용
		망간			1	
		알카라인			2	
	이차 전지	납축전지	2V	거의 없음 완전 방전 시 수명 대폭 감소	–	길다. 완전 방전 시 수명 대폭 감소
		니켈카드뮴	1.2V	있음	3	300~500회
		니켈수소		많이 사라짐	4	
		리튬이온	3.7V	거의 없음 완전 방전 시 수명 대폭 감소	5	500회
		리튬이온 폴리머				

※ 납축전지의 전압은 한 셀당 2V, 12V는 셀을 6개 직렬로 연결해서 얻는 전압이다.
  – 2V 충전전압 2.4V / 3S일 때 6V 충전전압 7.2V / 6S일 때 12V 충전전압 14.4V
※ 리튬 인산철 배터리 전압은 한 셀당 3.2V이다.
※ 리튬 이온 배터리에 표시된 S는 셀 수로, Li-Po 3S라고 기재되어 있는 경우
  – Li-Po 3.7V×3셀=11.1V
  – 1S일 때 3.7V 충전전압 4.2V / 3S일 때 11.1V 충전전압 12.6V / 6S일 때 22.2V 충전전압 25.2V
  충전기로 리튬 계열 배터리를 충전할 때는 배터리에 표시된 셀 수와 충전기 셀 수를 반드시 같도록 설정해야
  정상적인 충전 실행이 될 수 있다.
※ 배터리 12V 100AH로 기재되어 있는 경우
  충전기 10A로 배터리 용량 100AH를 충전 시 이론상 예상 시간은 약 10시간이며, 20A로 충전할 때 약 5시간
  이 소요되며, 충전기 배터리의 출력 전류(A)가 높을수록 충전 속도가 빨라진다. 입력 전류보다 충전기 배터리
  의 출력 전류가 낮을 경우 충전이 안 되거나 매우 느릴 수 있다.

3) 전지 충전

이차 전지는 충전 후에 자가방전(self discharge)에 의해서 에너지를 잃는 속도가 일차 전지에 비해
서 매우 높기 때문에 사용하기 전에 충전해야 하며, 일회용 전지에 충전을 시도하면 전지 폭발의 가
능성이 있으니 주의해야 한다. 어떠한 종류의 이차 전지(**예** 리튬이온 전지)는 완전히 충전되었을 경
우 역 충전이라는 위험에 노출되며, 또 다른 종류의 이차 전지(**예** 니켈-카드뮴 전지)는 용량을 유지

하기 위해 주기적으로 충분히 방전해 주어야 한다. 이차 전지는 현재 높은 전력을 사용하는 곳에 쓰인다.

① 방전 전류 및 속도

리튬 배터리의 방전 전류와 속도도 현재 사용하는 라이트에 적합한지를 판단하는 중요한 지표가 된다. 배터리를 구입할 때는 먼저 방전 용량이 사용하는 모델에 충족하는지 확인 후 선택해야 한다.

방전 전류는 연속 방전 전류와 피크 방전 전류로 나뉘는데, 연속 방전은 표준 환경에서 배터리를 장시간 방전할 수 있음을 의미한다. 피크 전류는 배터리가 순간적으로 견딜 수 있는 전류이며, 피크 전류에서 장시간 방전될 수 없다.

방전 전류 외에 일부 배터리 매개 변수 표에는 5C 및 10C과 같은 방전 속도가 나와 있다. 즉 방전 속도 C 번호=배터리 용량/1,000(예 3,000m) aH 리튬 배터리, 5C는 5×(3000/1000)=15A 방전 전류, 10C은 10×(3000/1000)=30A 방전 전류이다. 방전 속도 C가 높을수록 배터리 가격은 비싸다.

② 보호판이 있는 배터리

배터리 보호 기능이 내장되어 있지 않은 DIY 제품(또는 저가 상품)이 많이 있다. 이는 배터리의 전원이 우발적으로 방전되어 폐기되거나 수명에 영향을 줄 수 있다.

③ 저장소 및 유지 관리

리튬 배터리 보관에는 고도의 환경 조건이 필요하지 않으며, 서늘하고 건조한 곳에 보관하되 장기간 보관하지 않는 것을 권고하고 있다. 배터리는 단일 셀을 구성하는 경우보다는 다수의 셀을 직렬로 연결하여 전압을 높여 사용하는 경우가 많다. 이 때문에 각 셀의 전압을 동일하게 유지해야 한다. 특히 각 셀당 전압의 불균형 상태에서 충전하면, 특정 셀에만 과전압이 가해져서 폭발 위험성이 있다. 전압의 균형이 맞지 않은 상태에서 배터리를 사용하면, 전압이 낮은 쪽의 셀이 과방전될 수 있으며, 다수의 충/방전을 이용한 배터리는 셀밸런스를 이용하여 각 셀의 전압 레벨을 통일시킬 필요가 있다.

배터리는 오랫동안 사용하지 않는 경우 저장 전압으로 전압을 조절하여 저장해야 하며, 장시간 방전된 상태로 전지를 보관하게 되면 재충전이 되지 않는 경우가 발생한다.

표 1-2-4 주요 이차 전지 특징

구분	리튬 폴리머	리튬 이온	니켈 수소	니켈 카드뮴
용량	크다.	작다.	크다.	작다.
자연 방전	거의 없다.	거의 없다.	보통	많다.
메모리 효과	없다.	거의 없다.	보통	많다.
특징	• 저온에서 자연 방전 가능성 • 디자인 변형이 자유로움	• 폭발 사고 위험 존재 • 저온 방전 가능성 적음	저렴한 가격	급속 충/방전에 유리
용도	무선전화기, 전자사전	디지털카메라, 휴대전화	AA건전지에 사용	전동드릴, RC카 등

현재 중소형 드론용으로 사용되는 이차 전지는 대부분 리튬 폴리머 전지이며, 전지 용량이 크고 자연 방전이 거의 없어 널리 사용되고 있다.

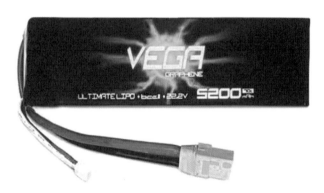

그림 1-2-22 상용 드론용 배터리(6셀 5200mAh 70C XT90S)

Chapter 03
명령 및 제어계

Unmanned Multicopter

드론은 조종자의 명령에 따라 비행하거나 사전에 전달받은 임무에 대한 정보를 바탕으로 자율적으로 비행한다. 본 챕터에서는 이 두 가지 제어 방법으로 드론이 동작하는 데 필요한 구성 요소들을 소개한다.

각 구성 요소를 알아보기 전에 제어 방법에 따라 정보가 이동하는 과정을 살펴보자. 사용자의 명령에 따라 비행하는 드론은 그림 1-3-1과 같이 기존의 RC 비행기나 RC 자동차와 동일한 과정으로 동작한다. 조종자가 드론에 명령을 전달하기 위해서 조종기가 필요한데, 조종기는 조종자의 명령을 전기신호로 변환하는 역할을 한다. 전기신호로 변환된 명령은 조종기 내의 송신기에 의해 무선통신에 적합한 신호로 바뀐 뒤 공기 중으로 전파된다. 이 신호를 드론의 수신기가 전달받고 다시 조종기의 송신기가 바꾼 신호를 되돌린다. 이 명령 신호는 비행 제어장치(FC; Flight Controller)에 전송되어 조종자의 명령이 드론에 전달된다. 비행 제어장치 안에는 비행 소프트웨어(FSW; Flight Software)가 작동하고 있는데, 조종기가 전달한 명령을 해석하고 드론이 명령에 따라 작동할 수 있도록 구동부(추진 시스템) 제어를 위한 명령을 생성한다. 생성된 명령은 ESC(Electronic Speed Controller)를 통해 모터의 회전속도를 변화시킨다. 모터의 회전속도가 변하면 모터에 연결된 프로펠러가 생성하는 양력의 크기가 달라지고 각 프로펠러가 생성하는 양력의 조합에 따라 드론의 자세가 달라진다.

반면 전체 임무를 사전에 전달받고 주어진 임무에 따라 비행하는 자율비행의 경우, 임무를 미리 저장하고 있는 상태로 비행을 시작할 수도 있고, 그림 1-3-2와 같이 비행 중에 지상운용시스템(GCS; Ground Control System)으로부터 무선통신을 통하여 전달받을 수도 있다. 여기서 임무 명령과 조종기 명령의 차이점을 살펴보면, 조종기의 명령은 각 순간순간의 드론 자세를 제어하지만, 임무 명령은 드론이 수행하는 비행에 필요한 전반적인 정보를 한 번에 전달하고 임무를 수행하는 동안의 제어는 비행 소프트웨어에 위임하여 드론을 제어한다.

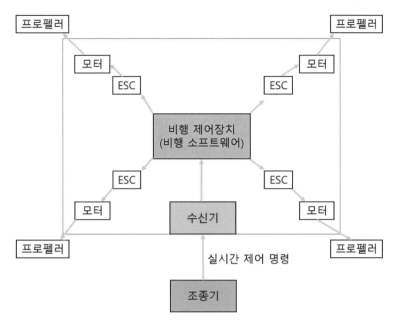

그림 1-3-1 조종기를 이용한 비행의 명령 흐름도

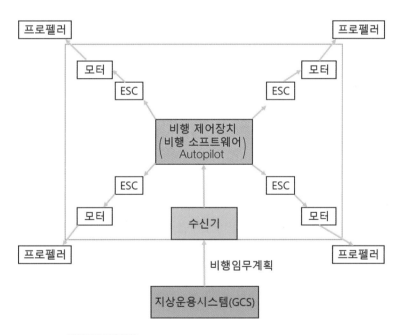

그림 1-3-2 비행 임무 계획을 이용한 비행의 명령 흐름도

임무 계획은 그림 1-3-3과 같이 임무 수행을 위해 필요한 여러 세부 명령의 조합으로 이루어져 있다. 비행 소프트웨어의 자율비행 모듈은 한 번에 하나의 세부 명령을 수행하는데, 세부 명령의 수행 완료 여부를 지속적으로 판단하여 현재의 명령을 계속 수행할지 또는 다음 명령을 수행할지 결정한다.

```
임무 계획
    세부 명령 리스트              수행상태           비고
    1. 이륙                      완료              -
    2. 고도 z_0에 도달            완료              -
    3. (x_1, y_1, z_1) 지점으로 이동   진행 중          현재위치 (x', y', z')
    4. 영상촬영 시작              대기              -
        ⋮                      ⋮                ⋮
```

그림 1-3-3 임무 계획의 예

비행 소프트웨어의 자율비행 모듈은 현재 드론의 위치와 자세를 파악하고, 수행해야 하는 세부 임무 명령을 기준으로 각 순간의 제어 명령을 생성하여 비행 소프트웨어 안의 비행제어 모듈에 전달한다. 이 제어 명령이 앞서 살펴본 조종기를 통해 전달되는 조종사의 명령과 동일하게 드론을 제어한다. 즉 비행 소프트웨어의 자율비행 모듈은 임무 계획을 기반으로 임무를 수행하는 동안 조종기를 통하여 전달되는 제어 명령을 내부적으로 생성하여 드론이 자율비행을 할 수 있게 해준다.

본 챕터의 나머지 부분에서는 앞서 제어 방식을 알아보면서 언급된 조종기, 수신기, 비행 제어장치 및 지상운용시스템을 소개한다.

1 조종기와 수신기

1) 조종기

조종기는 조종자의 물리적인 입력을 전기신호로 변환한 뒤 드론에 전송하는 역할을 한다. 조종자의 입력을 표현하기 위해서 그림 1-3-4와 같이 버튼, 스위치, 스틱 등의 여러 입력 장치들이 조종기에 부착되어 있다. 조종기의 성능을 나타내는 규격을 살펴보면 채널이라는 항목이 있는데, 이는 해당 조종기에서 동시에 표현할 수 있는 명령의 숫자를 나타낸다. 예를 들어 16채널 조종기라고 하면 최대 16개의 명령에 대한 정보를 드론에 전송할 수 있다. 일반적인 드론 조종기는 각 입력 장치에 조종자가 임의로 명령을 할당할 수 있다. 즉 대상이 되는 드론의 조종에 필요한 명령들을 조종자의 조종 편의성에 맞추어 커스터마이징을 할 수 있다. 또한, 하나의 조종기로 여러 드론을 조종할 수 있도록 명령 할당 정보를 모델 정보로 저장해두었다가 필요할 때 불러와 사용할 수 있다. 조종기의 성능 규격에는 해당 조종기가 몇 가지 모델을 저장할 수 있는지 명시되어 있다.

여러 입력 장치를 통해 조종자의 명령을 전기신호로 변환한 뒤에는 무선통신을 이용하여 드론에 정보를 전달한다. 무선통신을 하기 위해서 조종기의 송신 주파수와 드론에 부착된 수신기의 통신 주파수가 일치해야 한다. 무선통신에 대한 자세한 내용은 Part 4.에서 다루도록 한다.

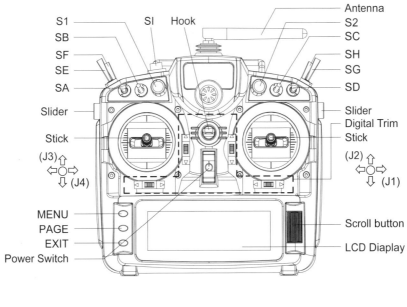

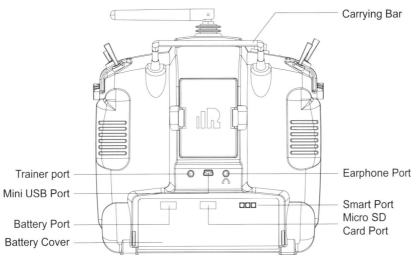

그림 1-3-4 조종기 구조의 예(Taranis X9D Plus 2019 조종기) (X9D Plus 2019 X9D Plus SE 2019 – Manual.pdf)

조종기에서 가장 기본적인 명령은 드론의 비행을 제어하는 명령이다. 비행을 직접 제어하기 위해 조종기에는 스로틀(throttle), 에일러론(aileron), 엘리베이터(elevator), 러더(rudder)의 4가지 조종 입력이 있다. 이 명칭들은 고정익 항공기 조종면의 이름에서 유래한 것으로 드론이 움직이는 동작에 맞추어 사용하고 있다. 스로틀은 모든 프로펠러의 회전속도를 동시에 높이거나 낮추기 위해 사용한다. 에일러론, 엘리베이터, 러더는 그림 1-3-5와 같이 드론 기체를 기준 축으로 회전시키기 위해 사용하고, 각각 드론의 롤(roll), 피치(pitch), 요(yaw)의 회전운동을 제어한다. 즉 에일러론은 드론이 바라보는 방위는 유지하고 무게중심을 기준으로 드론을 좌우로 회전시킨다. 엘리베이터는 드론이 바라보는 방위는 유지하고 무게중심 기준으로 드론을 앞뒤로 회전시킨다. 러더는 드론이 바라보는 방향을 변경한다. 드론의 비행 소프트웨어는 조종자의 명령에 따라 각 프로펠러의 회전속도를 다른 조합으로 조절하여 드론의 자세를 변경한다.

그림 1-3-5 롤(roll), 피치(pitch), 요(yaw) 회전운동

조종기에서 비행을 제어하는 명령은 스틱 입력 장치에 할당하는데, 할당하는 방식에 따라 4가지 제어 모드가 있다. 하지만 대부분 모드 1과 모드 2로 설정하여 사용하는데, 멀티콥터형 드론의 경우 모드 2를 더 많이 사용하고 있다. 모드 2에서는 그림 1-3-6과 같이 좌측 스틱의 상하 방향에 스로틀, 좌우 방향에 러더가 매칭되어 있고, 우측 스틱의 상하 방향에 엘리베이터, 좌우 방향에 에일러론을 매칭하여 사용한다. 반면, 모드 1에서는 각 스틱의 좌우 방향 기능은 동일하나 그림 1-3-7과 같이 각 스틱의 상하 방향 기능이 서로 바뀌어 있다. 즉 좌측 스틱의 상하 방향이 엘리베이터, 우측 스틱의 상하 방향이 스로틀과 매칭되어 있다. 스로틀 입력의 경우 가장 아래쪽이 0% 스로틀을 의미하고, 위쪽으로 조절할수록 100% 스로틀을 향한다. 나머지 세 입력은 가운데 위치가 0 입력을 의미하고, 가운데에서 멀어질수록 더 큰 제어 입력을 의미한다. 조종의 편의성을 위해 스로틀은 사용자가 스틱을 제어한 후 손을 떼더라도 위치를 유지하고, 나머지 스틱은 제어 후 손을 떼면 가운데 위치로 돌아가도록 구성하는 것이 일반적이다. 따라서 본인이 사용하는 제어 모드에 알맞은 조종기를 선택해야 편안하게 드론을 제어할 수 있다.

그림 1-3-6 조종기의 기능(Mode 2)

그림 1-3-7 조종기 모드 비교

2) 수신기

수신기는 조종기에서 전송한 조종자의 명령을 무선통신으로 수신받아 비행 제어장치에 있는 비행 소프트웨어에 전달한다. 무선통신을 통하여 데이터를 수신하기 때문에 조종기의 송신 주파수와 수신기의 수신 주파수가 일치해야 사용할 수 있다. 또한 근접한 지역에서 동일한 주파수를 통하여 여러 장치가 무선통신을 하면 간섭현상이 발생하는데, 이를 방지하기 위하여 송신기와 수신기를 1:1로 연결하는 바인딩(binding) 작업이 필요하다. 바인딩의 종류로는 자동 바인딩과 수동 바인딩이 있다. 자동 바인딩은 송신기와 수신기에 전원을 인가할 때 자동으로 바인딩 작업을 진행한다. 자동 바인딩은 편리하기는 하지만 여러 개의 조종기가 동시에 연결되는 것과 같이 의도하지 않은 연결이 발생할 수 있기 때문에, 주로 장난감 드론에 많이 사용된다. 반면, 취미용 드론 이상의 성능을 갖는 드론은 대부분 수동 바인딩을 이용한다. 수동 바인딩은 제조사마다 바인딩하는 방법이 달라서 제품 설명서를 참고하여 바인딩 작업을 진행해야 한다. 수신기는 그림 1-3-8에서와 같이 조종기에서 수신한 데이터를 비행 제어장치로 전달하기 위한 출력 포트들이 있는데, 주로 PWM(Pulse Width Modulation), PPM(Pulse Position Modulation), SBUS(Serial BUS) 통신 방법 등을 사용한다.

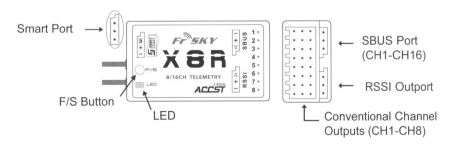

그림 1-3-8 수신기 구조의 예(X8R 수신기)

② 비행 제어장치(FC; Flight Controller)와 비행 소프트웨어(FSW; Flight Software)

1) 비행 제어장치

비행 제어장치는 드론을 제어하기 위한 논리 연산을 수행하는 하드웨어, 즉 물리적인 장치이다. 비행 제어장치는 드론의 현재 위치와 자세를 기반으로 주어진 명령 또는 임무를 수행하기 위해 다음 위치와 자세를 생성하여 구동부를 제어한다.

드론의 현재 위치와 자세를 판단하려면 여러 가지 센서를 통하여 필요한 정보를 수집해야 한다. 센서는 물리량을 전기적인 신호로 변환하는 장치이므로 센서에서 출력하는 데이터를 비행 제어장치가 전달받기 위해 물리적인 통신 포트가 필요하다. 센서는 제조사에 따라 다양한 통신 규약을 사용하기 때문에 사용하고자 하는 비행 제어장치가 해당 통신 규약을 지원하는지 확인하는 작업이 중요하다. 통신 규약에 대한 내용은 Part 4.에서 자세히 언급하겠지만, 통신 규약에 따라 하나의 센서가 하나의 물리적인 통신 포트를 이용하여 1대 1로만 데이터를 송수신해야 할 수도 있고, 여러 개의 센서를 하나의 통신 포트를 통해 데이터를 송수신할 수도 있다. 따라서 사용하고자 하는 센서들이 모두 비행 제어장치에 연결하여 사용할 수 있는지 확인하여야 한다.

센서에서 측정한 여러 데이터를 기반으로 구동기의 제어 명령을 생성하는 일련의 작업은 비행 제어장치에서 동작하는 비행 소프트웨어에서 담당한다. 즉 비행 제어장치는 컴퓨터 하드웨어의 역할을 하고, 비행 소프트웨어는 컴퓨터의 소프트웨어 역할을 수행한다. 구동기의 제어 명령으로 실제 구동기가 작동하는데, 이 구동기 명령을 전달할 수 있는 물리적인 포트가 비행 제어장치에 필요하다. 앞서 언급한 센서의 연결과 동일하게 구동기에 대한 물리적인 인터페이스도 확인하여야 한다.

비행 제어장치는 제조사에 따라 다양한 형태로 제작되는데, 오픈소스 기반의 Pixhawk 4의 하드웨어 인터페이스를 그림 1-3-9에 나타내었다. Pixhawk 4의 인터페이스를 살펴보면 앞서 언급한 센서와 구동기를 위한 연결 포트들이 있고, 그 외에도 전원, 송수신기, AUX 등의 다양한 연결 포트들이 있다. 비행 제어장치를 선택할 때 소프트웨어는 제품에 따라 사용자가 수정할 수 있지만, 하드웨어 인터페이스는 변경하기 쉽지 않기 때문에 신중하게 선택해야 한다.

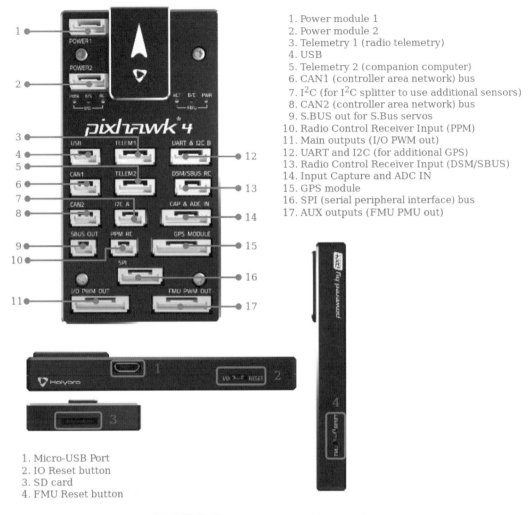

1. Power module 1
2. Power module 2
3. Telemetry 1 (radio telemetry)
4. USB
5. Telemetry 2 (companion computer)
6. CAN1 (controller area network) bus
7. I^2C (for I^2C splitter to use additional sensors)
8. CAN2 (controller area network) bus
9. S.BUS out for S.Bus servos
10. Radio Control Receiver Input (PPM)
11. Main outputs (I/O PWM out)
12. UART and I2C (for additional GPS)
13. Radio Control Receiver Input (DSM/SBUS)
14. Input Capture and ADC IN
15. GPS module
16. SPI (serial peripheral interface) bus
17. AUX outputs (FMU PMU out)

1. Micro-USB Port
2. IO Reset button
3. SD card
4. FMU Reset button

그림 1-3-9 비행 제어장치의 예(Pixhawk 4)

출처: https://docs.px4.io/main/en/flight_controller/pixhawk4.html

최근 카메라나 LiDAR(Light Detection And Ranging) 센서의 활용이 늘어나면서 드론 시스템에서 수행해야 하는 계산량이 급격하게 증가하였다. 그래서 비행 제어장치 외에 Mission Computer 또는 Companion Computer를 추가로 장착하여 드론 시스템의 컴퓨팅 성능을 높이는 방법을 활용한다. 그림 1-3-10은 MAVLink라는 메시지 전송 프로토콜을 사용하여 비행 제어장치와 임무 컴퓨터(Mission Computer)를 함께 사용한 예를 보여주는데, 데이터 처리량이 많은 카메라와 뎁스(depth) 카메라를 Mission Computer에 연결한 것을 볼 수 있다.

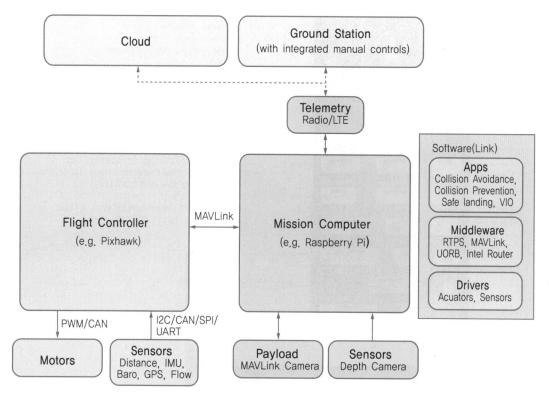

그림 1-3-10 임무 컴퓨터와 비행 제어장치의 연결

2) 비행 소프트웨어

비행 소프트웨어는 조종자로부터 전달받은 명령이나 임무를 수행하기 위해 드론을 제어하는 소프트웨어이다. 간단한 드론 시스템은 비행 제어장치에 펌웨어 형태로 비행 소프트웨어가 동작하지만, 취미용 드론 이상의 드론 시스템에 사용하는 비행 제어장치에는 RTOS(Real-Time Operating System)가 있고, RTOS의 응용프로그램으로써 비행 소프트웨어가 동작한다.

RTOS는 일반적인 컴퓨터에서 동작하는 Windows, OS-X, Linux 등과 같은 운영체제(operating system)의 한 부류(category)로 각 Task 처리에 소요되는 시간을 일정하게 유지하는 것에 초점을 맞추어 개발되었다. 또한, CPU의 시간관리 측면에서 사용자가 프로세스의 우선순위 제어에 대한 권한을 확대하여 드론 시스템에서 요구하는 실시간 응답성 확보에 중요한 역할을 한다.

비행 소프트웨어는 비행 제어장치 제조사에서 개발하거나 오픈소스 비행 소프트웨어 중 Ardupilot과 PX4가 많이 활용되고 있다. 두 오픈소스 비행 소프트웨어는 모두 Pixhawk 시리즈 비행 제어장치에서 사용 가능한데, Ardupilot은 ChibiOS라는 RTOS 환경에서 동작하는 반면, PX4는 NuttX

라는 RTOS 환경에서 동작한다. 또한 두 비행 소프트웨어는 라이선스 정책이 다르다. Ardupliot은 GPLv3 라이선스를 적용하여 Ardupilot 기반으로 개발한 비행 소프트웨어를 상업화할 경우, 변경한 코드에 대한 공개 요청을 받으면 코드를 공개해야 하는 의무를 진다. 반면, PX4는 BSD 3-Clause 라이선스를 적용하고 있는데, 이는 GPLv3와 달리 변경한 코드에 대한 공개 의무가 없다. 따라서, 오픈소스 비행 소프트웨어를 선택할 때 개발하는 목적에 따라 적절한 라이선스를 가진 비행 소프트웨어를 선택해야 한다. 오픈소스 비행 소프트웨어를 기반으로 드론 시스템을 상용화하려는 제조사의 경우 기술의 특허나 기밀 유지를 위해 PX4를 선호한다. 여기에서는 PX4를 기준으로 비행 소프트웨어의 세부 내용을 살펴보고자 한다.

비행 제어장치 내의 소프트웨어는 그림 1-3-11과 같이 RTOS에서 하드웨어 드라이버를 제공하고 CPU를 비롯한 비행 제어장치의 리소스를 관리한다. PX4 비행 소프트웨어는 크게 두 레이어(layer)로 이루어져 있는데, 비행에 직접 관련된 Flight Stack과 일반적인 로보틱스 기능을 지원하기 위한 센서 드라이버, 통신 모듈 및 uORB(ubiquitous Object Request Broker) 메시지 버스가 포함된 Middleware가 있다.

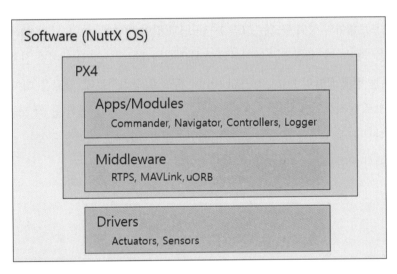

그림 1-3-11 비행 소프트웨어의 구성

Flight Stack의 구조를 한 단계 더 살펴보면 그림 1-3-12와 같다. 즉 Flight Stack은 드론의 자율 비행을 위해 필요한 유도, 항법 및 제어 알고리즘의 집합체로 볼 수 있다. Estimator는 센서의 데이터를 받아 드론의 위치와 자세를 추정한다. 제어기(controller)는 Estimator에서 추정한 결과와 Navigator 및 RC로부터 전달받은 제어 명령값(setpoint)을 비교하여 드론의 위치와 자세를 제어 명령값과 일치하도록 모터의 출력 명령을 생성한다. Mixer는 제어기에서 전달된 명령을 조합하여 각 모터가 동작해야 하는 제어 명령값을 생성하여 구동기에 전달한다.

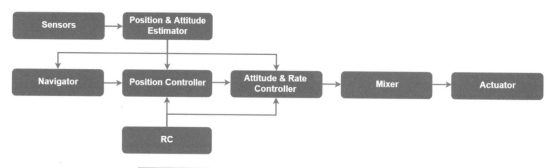

그림 1-3-12 비행 제어 소프트웨어 내 Flight Stack의 구성

PX4 비행 소프트웨어의 상위 구조는 그림 1-3-13과 같이 나타낼 수 있다. 각 블록은 하나의 소프트웨어 모듈을 의미하며, 화살표는 데이터의 흐름을 나타내는데 uORB 메시지 전송 프로토콜을 이용한다. PX4는 전체 모듈이 Publish-Subscribe 구조로 동작하는데, 새로운 데이터가 생길 때마다 비동기식으로 동작한다. 또한, 모든 연산과 통신은 병렬형태로 작동한다. 각 모듈은 독립적으로 동작하므로 다른 모듈에 영향을 주지 않고 업데이트할 수 있는데, 이러한 구조는 소프트웨어의 유지보수 측면에서 이점을 갖는다.

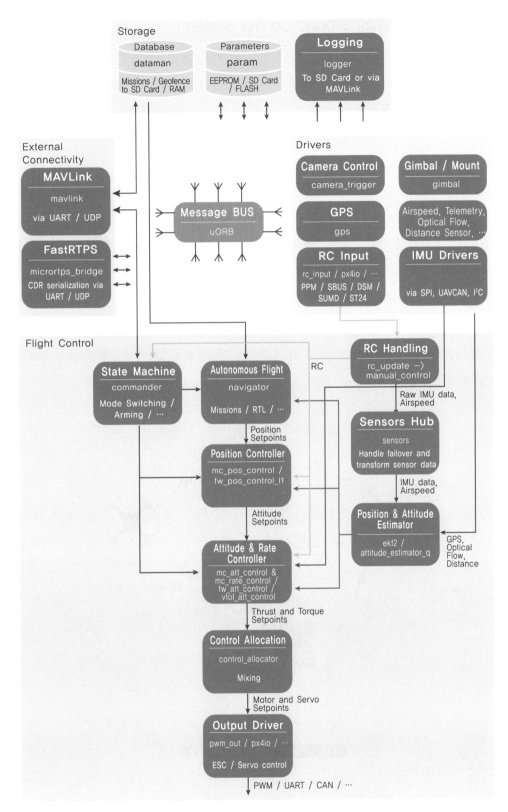

그림 1-3-13 비행 소프트웨어 구조의 예(PX4)

❸ 지상운용시스템(GCS; Ground Control System)

드론을 운용하기 위해서는 그림 1-3-14와 같이 세 가지 구성 요소가 필요하다. 첫째, 비행체로써 실제 동작하는 드론이 필요하다. 둘째, 비행체에 명령을 전달하고 비행체에서 생성한 임무 데이터 또는 텔레메트리를 수신할 수 있는 지상운용시스템이 필요하다. 마지막으로 비행체와 지상운용시스템 또는 비행체 사이에 데이터를 송수신할 수 있는 데이터링크가 확보되어야 한다. 실제 항공 분야에서도 드론을 의미하는 용어로 UAV(Unmanned Aerial Vehicle), RPAV(Remotely Piloted Aerial Vehicle) 등을 사용하다가 현재는 UAS(Unmanned Aircraft System) 또는 RPAS(Remotely Piloted Aircraft System) 용어를 일반적으로 사용하고 있다. 그리고 이 System이라는 용어에 비행체, 지상운용시스템과 데이터링크가 포함된다. 이러한 경향은 드론이라는 분야가 단지 비행체에만 국한된 것이 아님을 의미한다.

지상운용시스템은 초기에 건물 형태의 지상운용시스템이 사용되었는데, 드론 시스템의 소형화와 함께 그림 1-3-15와 같이 휴대용 지상운용시스템 또는 차량형으로 제작된 이동형 지상운용시스템도 사용되고 있다. 여기에서는 노트북 형태의 휴대용 지상운용시스템에서 사용할 수 있는 오픈소스 지상운용 소프트웨어인 Mission Planner와 QGroundControl에 대해 알아보자.

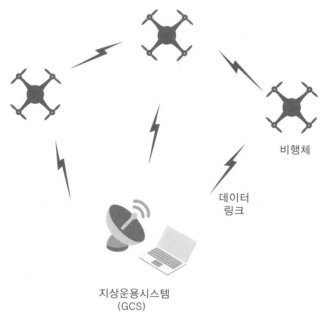

비행체

데이터
링크

지상운용시스템
(GCS)

그림 1-3-14 드론 시스템의 개념도

휴대용 지상운용시스템	차량형 지상운용시스템

그림 1-3-15 이동형 지상운용시스템의 예

출처: https://en.wikipedia.org/wiki/UAV_ground_control_station

1) Mission Planner

Mission Planner는 Ardupilot을 위한 Windows 기반 오프소스 지상운용 소프트웨어로써 고정
익기, 회전익기, 멀티콥터 또는 로버 등의 자율이동체(autonomous vehicle)와 함께 사용할 수 있
다. Mission Planner를 이용하면 비행제어 소프트웨어에서 사용하는 자율이동체의 형상 파라미
터 설정, 자율임무계획 작성(그림 1-3-16), 운용 중인 자율이동체에 실시간 명령 전달 등의 기능을
수행할 수 있다. 또한, 이동체의 텔레메트리(telemetry) 로그를 저장하고 분석할 수 있다. Mission
Planner는 초기에 Windows 기반으로만 개발되었으나 지금은 일부 기능을 Linux에서도 사용할
수 있으며, 안드로이드 OS에서 동작하는 버전도 개발 중이다.

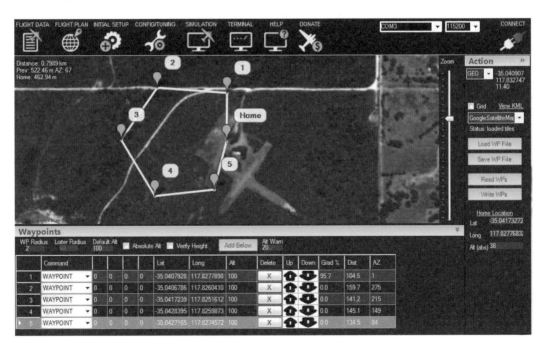

그림 1-3-16 Mission Planner를 이용한 자율임무계획 작성의 예

출처: https://ardupilot.org/planner/index.html

2) QGroundControl

QGroundControl(그림 1-3-17)은 Mission Planner보다 범용성을 높인 오픈소스 지상운용 소프트웨어이다. PX4와 ArduPilot에 모두 사용할 수 있을 뿐만 아니라 MAVLink 프로토콜을 사용하는 다른 비행제어 소프트웨어와도 같이 사용할 수 있다. 또한, QGroundControl이 동작하는 소프트웨어 플랫폼도 Windows, OS X, Linux, iOS 또는 안드로이드 OS로 다양하다. QGroundControl은 Mission Planner와 같이 고정익, 회전익, 멀티콥터 및 로버 등과 함께 사용할 수 있다.

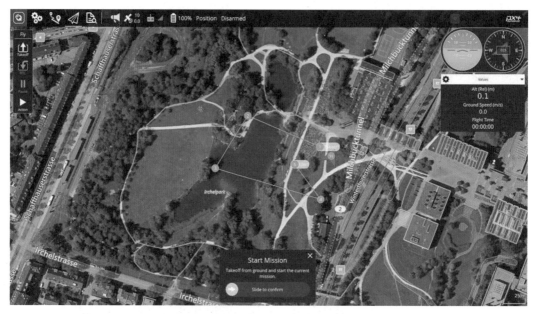

그림 1-3-17 QGroundControl의 실행 화면

출처: https://docs.qgroundcontrol.com/master/en/

Chapter 04 센서

드론이 안정적인 비행을 한다는 것은 드론의 위치와 자세각이 조종자의 의도대로 움직인다는 것을 뜻한다. 이를 위해서는 드론의 정확한 위치와 자세각을 지속적으로 알아낼 필요가 있으며, 모든 종류의 드론은 본체에 센서를 탑재함으로써 지표면에 대한 자기 자신의 위치와 자세각을 알아낸다.

본 챕터에서는 가속도 센서, 각속도 센서와 같은 관성센서, 지자기 센서, 거리 측정 센서(range finder), 카메라와 같이 독립적으로 작동하는 센서부터 위성항법 시스템에 이르기까지 드론의 위치 및 자세각 측정에 사용되는 센서들의 종류별 사용 목적 및 동작 원리에 대해 알아보자.

1 가속도계

드론의 위치와 자세각을 알아내기 위해 사용되는 가장 대표적인 센서는 관성센서이다. 관성센서는 뉴턴의 물리법칙 중 관성의 법칙에 의해 작동하며, 기본적으로는 질량을 가진 물체가 현재의 운동 상태를 유지하고자 하는 과정에서 발생하는 구조물의 변형을 전기신호로 변환해 낸다. 이와 같은 관성센서는 외부와 단절된 상태에서, 또는 외부의 도움 없이 드론의 움직임을 측정해 내는 것이 가능하기 때문에 작동 중 신호 교란 또는 날씨 등과 같은 외부 환경 요인의 영향을 거의 받지 않도록 만들 수 있다는 장점이 있다. 제2차 세계대전의 촉발에 따른 군사적 요구에 의해 1940년대부터 개발이 시작되었고, 독일의 V-2 로켓에 처음으로 적용되었다. 현재는 각종 선박, 잠수함, 항공기, 무인 항공기, 우주 발사체, 유도무기, 지상 차량에 이르기까지 다양한 분야에서 응용되고 있다. 관성센서는 가속도 센서와 각속도 센서 두 종류로 구분되며, 본 장에서는 가속도 센서의 사용 목적과 종류별 작동 원리에 대해 알아보자.

그림 1-4-1 관성센서가 활용되는 분야

1) 사용 목적

드론에는 일반적으로 전후 방향, 좌우 방향, 상하 방향의 3축 가속도를 측정할 수 있는 가속도 센서가 설치되며, 이와 같은 가속도 센서가 사용되는 목적은 크게 두 가지가 있다. 첫 번째는 드론의 위치를 파악하는 것이다. 드론이 안정적인 비행을 하는 과정에서 조종자가 궁극적으로 필요로 하는 기능 중 하나는 정확한 위치 제어일 것이다. 이를 위해서는 드론의 정확한 위치정보, 즉 지표면에 서 있는 조종자에 대한 드론의 상대적 위치를 정확히 파악하는 것이 우선 해결되어야 한다. 드론에 탑재된 가속도 센서를 이용한다면 드론의 가속도 정보를 파악할 수 있다. 가속도는 시간에 따른 속도의 변화량을 나타내고, 속도는 시간에 따른 위치의 변화량을 나타낸다. 따라서 드론에 탑재된 가속도 센서를 통해 측정되는 가속도 정보를 시간에 대해 두 번 적분하게 된다면 조종자에 대한 드론의 상대적 위치를 파악할 수 있다.

변위
위치
→ 미분 →
← 적분 ←
속도
→ 미분 →
← 적분 ←
가속도

그림 1-4-2 위치, 속도, 가속도의 관계

다만, 이론과 달리 실제 비행제어 컴퓨터를 이용하여 일정 시간 간격으로 가속도를 측정하게 되면 실제 가속도와는 조금 다른 계단식의 신호가 얻어지고, 이러한 계단식 신호를 두 번 적분하게 될 경우 발생하는 적분 오차가 시간이 지남에 따라 누적되어 계산된 위치의 정확도가 낮아진다.

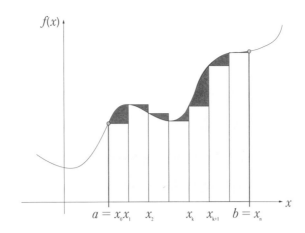

그림 1-4-3 일정 시간 간격으로 측정되는 계단식 신호와 실제 신호 간의 차이

드론에서 가속도 센서가 사용되는 두 번째 목적은 드론의 자세각을 파악하는 것이다. 정확한 위치 제어를 통한 드론의 안정적인 비행을 구현하기 위해서는 우선 안정적인 자세각 제어가 이루어져야 하며, 이를 위해서는 드론의 자세각을 정확히 측정해야 한다. 드론에 설치된 가속도 센서는 기본적으로 지구에 의한 중력가속도를 측정한 신호를 출력하며, 지면에 대한 드론의 자세각에 따라 중력가속도 성분이 드론에 설치된 3축 가속도 성분으로 분기되어 측정된다. 이러한 사실을 바탕으로 드론에 설치된 3축 가속도 센서로부터 출력되는 각 방향의 가속도 신호를 활용하면 드론의 자세각 중 앞뒤 방향 기울어짐(피치 자세각, pitch angle), 좌우 방향 기울어짐(롤 자세각, roll angle)을 측정할 수 있다.

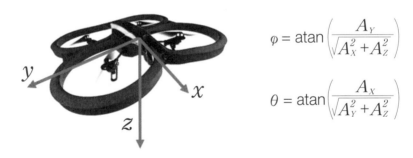

$$\varphi = \text{atan}\left(\frac{A_Y}{\sqrt{A_X^2 + A_Z^2}}\right)$$

$$\theta = \text{atan}\left(\frac{A_X}{\sqrt{A_Y^2 + A_Z^2}}\right)$$

그림 1-4-4 3축 가속도 신호를 이용한 자세각 측정

3축 가속도 신호를 이용하여 자세각을 측정하는 데는 몇 가지 제약사항이 있다. 먼저 드론이 등속운동에 가까운 상태에서만 적용하는 것이 가능하다. 만약 드론이 특정 방향으로 큰 가속운동을 할 경우 중력가속도 이외의 가속도 성분이 가속도 센서를 통해 측정되어 자세각을 계산하는 과정에서 큰 오차를 만들어 낼 수 있다. 또한 드론의 자세각이 큰 범위로 변화하는 경우에는 이처럼 단순한 방식

으로 자세각을 측정할 경우 마찬가지로 큰 오차가 발생할 수 있다. 한편 노이즈를 포함하는 가속도 신호 간의 나눗셈 계산을 하는 과정에서 계산된 결과에 노이즈 성분이 증폭될 수 있다.

2) 종류별 동작 원리

① 기계식 가속도계

버스 천장에 매달린 손잡이와 같이 진자의 움직임을 통해 가속도를 측정하는 방식이다. 가속도 센서 전체가 가속운동을 할 경우 관성의 법칙에 의해 진자는 반대 방향으로 움직이려 하며, 이와 같은 움직임에 의해 자성체로 이루어진 진자 아래쪽에 위치한 코일에 유도전류가 발생한다. 이 때 발생하는 유도전류를 통해 진자의 움직임을 감지하고, 진자의 좌우에 위치한 코일(전자석)에 적정한 전류를 입력하여 자기력을 발생시켜 진자가 원래의 자리에 위치하도록 하며, 이때 좌우 코일(전자석)에 의해 발생하는 자기력의 크기는 진자의 관성력과 같다. 코일에 의해 발생하는 자기력의 크기는 코일에 입력되는 전류의 크기에 비례하므로, 코일에 입력되는 전류의 크기와 진자의 질량정보를 바탕으로 가속도를 계산해낼 수 있다. 이와 같은 기계식 가속도 센서는 과거에 많이 사용되었으나 기계적으로 복잡하고 진자의 위치를 제어하기 위한 별도의 회로가 필요로 하는 등 전기적으로도 복잡한 구성을 가지고 있어 소형화하기 쉽지 않아 최근에는 잘 사용되지 않고 있다.

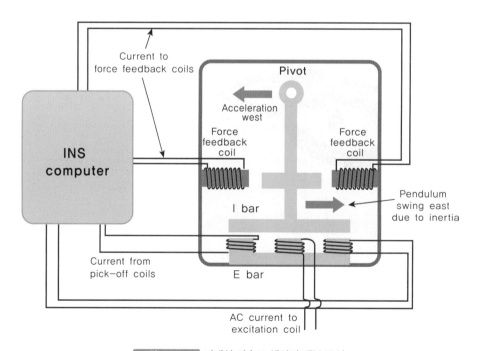

그림 1-4-5 기계식 가속도 센서의 내부 구성

② 압전형 가속도계

외력에 의해 변형될 때 전압차가 발생하는 압전재료(piezoelectric material)를 이용하여 가속도를 측정하는 방식이다. 그림 1-4-6은 압전형 가속도 센서의 내부 구성을 나타낸다. 한쪽 끝이 고정된 외팔보(cantilever)의 끝단에 정확한 크기의 질량이 설치되어 있고, 외팔보가 고정된 위치 근처에 압전재료가 붙어있다. 전체 가속도 센서가 가속운동에 노출될 경우 관성의 법칙에 의해 외팔보에 변형이 일어나게 되며, 이러한 변형은 외팔보에 부착된 압전재료에 고스란히 전달되어 압전재료의 변형으로 이어진다. 압전재료는 변형에 의해 전압차를 만들어내는 특성이 있으므로 이때 발생하는 전압차를 측정하여 압전재료와 외팔보의 변형량을 측정할 수 있으며, 외팔보의 변형량은 끝단의 질량에 의한 관성력에 비례하므로 압전재료로 측정되는 전압차와 외팔보 및 끝단 질량의 구조적 특성 정보를 바탕으로 가속도를 측정해 낼 수 있다.

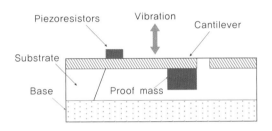

그림 1-4-6 압전형 가속도 센서의 내부 구성

기계식 가속도 센서와는 달리 실제 압전형 가속도 센서는 그림 1-4-7과 같이 MEMS(Micro Electro-Mechanical Systems; 미소 전자 기계시스템) 타입으로 제작되며, 소형화가 가능하여 여러 분야에서 가속도 신호를 측정하는 목적으로 많이 사용된다.

그림 1-4-7 압전형 가속도 센서의 제작 예시

③ 정전용량형 가속도계

커패시터를 이루는 도체 간의 거리에 따라 커패시터의 정전용량이 변화한다는 특성을 이용하여 가속도를 측정하는 방식이다. 그림 1-4-8은 정전용량형 가속도 센서의 내부 구성을 나타낸다. 정확한 크기의 중심질량이 스프링 역할을 하는 가느다란 구조물에 의해 고정되어 있고, 중심질량에는 커패시터를 구성하는 도체 중 가동부가 부착되어 있으며, 그 주변에 커패시터를 구성하는 도체 중 고정부가 설치되어 있다. 가속도 센서가 가속운동을 하게 되면 관성의 법칙에 의해 가속운동과 반대 방향으로 중심질량이 움직인다. 이때 중심질량에 연결된 커패시터 도체 가동부도 함께 이동하며, 커패시터 도체 고정부와의 상대적 움직임이 발생함에 따라 도체 간의 거리가 변화한다. 이에 따라 커패시터의 정전용량이 변화하며, 이는 전압신호 변화의 형태로 외부에서 측정할 수 있다. 따라서 커패시터로부터 측정되는 전압신호와 중심질량 및 주변 구조물의 질량, 탄성 정보 등을 통해 가속도를 측정해낼 수 있다.

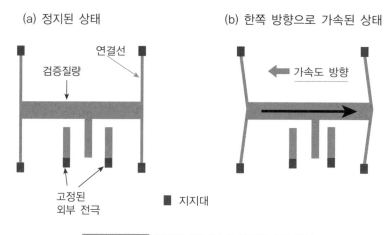

그림 1-4-8 정전용량형 가속도 센서의 내부 구성

정전용량형 가속도 센서도 압전형 가속도 센서와 마찬가지로 MEMS 타입으로 제작됨에 따라, 소형화 및 대량생산이 가능하여 여러 분야에서 가속도 측정을 위해 사용되며, 특히 소형 드론의 가속도 측정에 널리 활용되고 있다.

2 각속도계

본 장에서는 관성센서의 나머지 종류인 각속도 센서의 사용 목적과 종류별 작동원리에 대해 알아볼 것이다.

1) 사용 목적

드론에는 전후 방향 축, 좌우 방향 축, 상하 방향 축을 중심으로 회전하는 3방향의 각속도를 독립적으로 측정할 수 있는 각속도 센서 또한 설치되며, 각속도 센서를 설치하는 주된 목적은 드론의 자세각을 측정하기 위함이다. 드론의 안정적인 위치 제어를 위해서는 안정적인 자세각 제어가 먼저 이루어져야 한다. 각속도는 시간에 따른 각도의 변화량을 나타내므로 각속도 센서를 통해 측정된 신호를 시간에 대해 한 번 적분하면 각도값, 즉 드론의 자세각 정보를 측정해낼 수 있다. 앞서 설명한 가속도 신호의 적분과정과 마찬가지로, 비행제어 컴퓨터를 통해 일정 시간 간격으로 측정된 각속도 신호를 적분하는 과정에서는 계단식 측정 신호와 실제 신호 간의 차이에 따른 적분오차가 발생하며, 시간이 흐름에 따라 적분오차의 절댓값이 증가한다. 따라서 각속도 신호를 적분하여 얻게 되는 각도 값만을 이용하여 드론의 자세각을 측정할 경우 시간이 흐름에 따라 드론의 자세각이 특정한 방향으로 기울어지는 것처럼 관찰되며, 드론의 자세각 제어를 통한 안정적인 비행을 유지하는 것이 어려워진다. 이와 같은 문제를 해결하기 위해 그림 1-4-9와 같이 가속도 신호를 이용하여 측정한 자세각 정보와 각속도 신호를 한 번 적분하여 계산한 자세각 정보의 융합을 통해 드론의 정확한 자세각을 안정적으로 측정하는 기법이 사용되기도 한다.

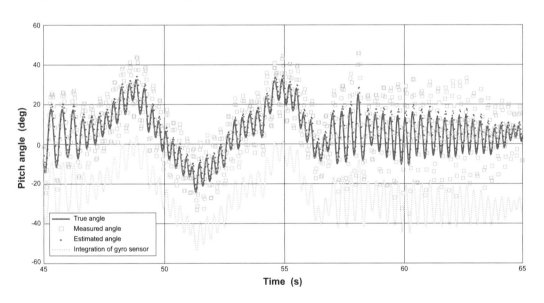

그림 1-4-9 가속도 신호와 각속도 신호의 융합을 통한 드론의 자세각 측정 예시

2) 종류별 동작원리

① 정전용량형 각속도계

정전용량형 가속도 센서와 유사하게 커패시터를 이루는 도체 간의 거리에 따라 커패시터의

정전용량이 변화한다는 특성을 이용하여 각속도를 측정하는 방식이다. 단, 정전용량형 가속도 센서의 경우 관성력에 의한 중심질량의 움직임을 직접적으로 측정하는 반면에, 정전용량형 각속도 센서는 회전하는 물체 위에서 움직이는 중심질량에 작용하는 코리올리힘에 의한 움직임을 측정하여 회전속도를 측정한다. 코리올리힘이란 1835년 프랑스 과학자 코리올리(G. de Coriolis, 1792-1843)가 설명한 현상으로, 회전하는 물체 위에 있는 관찰자가 바라봤을 때 움직이는 물체의 진행 방향이 오른쪽 또는 왼쪽으로 휘어지는 것처럼 관찰되며, 이때 움직이는 물체에 작용하는 가상의 힘을 코리올리힘이라고 한다. 코리올리힘의 크기는 회전하는 물체의 회전속도와 움직이는 물체의 속도에 각각 비례한다. 그림 1-4-10의 왼쪽은 정전용량형 각속도 센서의 내부 구성을 나타낸다. 여기서 가장 바깥쪽의 박스는 회전하는 물체에 고정된 관찰자의 역할을 하며, 가장 안쪽의 중심질량은 상하 방향으로 진동 움직임을 유지한다. 이 센서가 그림 1-4-10의 아래쪽과 같이 회전하는 물체에 부착될 경우 상하 방향으로 진동하는 중심질량은 좌우 방향의 코리올리힘을 받고, 이 코리올리힘에 의해 중간층의 박스가 좌우로 움직인다. 이때 가장 바깥쪽 박스에 설치된 커패시터 도체 고정부와 중간층의 박스에 설치된 커패시터 도체 가동부 사이의 거리가 변하며, 이는 커패시터의 정전용량 변화에 따른 전압신호 변화의 형태로 변환되어 이를 통해 회전하는 물체의 각속도를 측정할 수 있다.

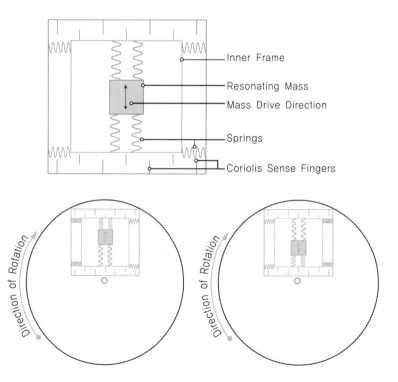

그림 1-4-10 정전용량형 각속도 센서의 내부 구성(좌) 및 회전하는 물체 위에 설치된 정전용량형 각속도 센서(우)

정전용량형 가속도 센서와 마찬가지로 정전용량형 각속도 센서도 MEMS 타입으로 제작되며, 소형화 및 대량생산이 가능함에 따라 소형 드론의 각속도 측정을 위한 목적으로 널리 활용되고 있다. 최근에는 MEMS 타입의 3방향 가속도 센서와 3방향 각속도 센서가 통합된 6방향 관성센서도 쉽게 찾아볼 수 있다.

② 광학식 각속도계(Ring Laser Gyro)

질량의 존재에 의한 관성의 법칙을 통해 각속도를 측정하는 방식은 아니지만, 빛의 속도가 일정하다는 점을 활용하여 광학적 방법을 통해 각속도를 측정하는 센서도 있다. 회전하는 물체에 부착된 폐루프 형태의 광학 경로에 시계방향과 반시계 방향으로 투입된 레이저 빔의 일주 거리 변화를 측정하여 각속도를 측정하는 방식이다. 그림 1-4-11은 광학식 각속도 센서의 내부 및 폐루프 형태의 광학 경로를 나타낸다.

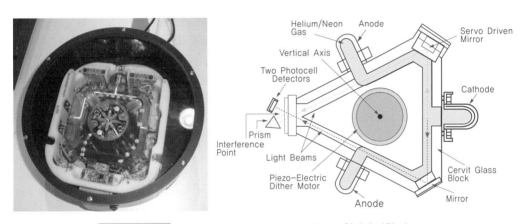

그림 1-4-11 광학식 각속도 센서의 내부 및 폐루프 형태의 광학 경로

빛의 속도는 일정하며, 각속도 센서가 부착된 물체가 회전하지 않을 경우 시계방향과 반시계 방향으로 투입된 레이저 빔의 일주 거리는 동일하지만, 각속도 센서가 부착된 물체가 회전할 경우 회전속도에 의해 시계방향과 반시계 방향으로 투입되는 레이저빔의 일주 거리에 차이가 발생하며, 이에 따라 광 계측부에 도달하는 시점에서 그림 1-4-12와 같이 두 신호 간의 위상차가 발생한다. 이때 발생하는 위상차는 회전하는 각속도에 비례하므로 위상차 측정을 통해 각속도를 계산해 낼 수 있다. 기계적으로 움직이는 부품 없이 측정 대상 구조물에 부착되어 구조물의 움직임을 그대로 따라 움직이며 각속도를 측정하기 때문에 상대적으로 고장이 적고 안정적인 각속도 측정이 가능하지만, 레이저 빔의 충분한 일주 거리를 확보하기 위한 물리적 공간이 필요하여 소형화하는 데 한계가 있으며, 레이저를 발생시키고 측정하기 위해 다수의 부품이 사용되어 상대적으로 가격이 비싸기 때문에 일반적인 소형 드론 또는 무인기보다는 높은 성능을 요구하는 무인 이동체의 각속도 측정을 위해 주로 사용된다.

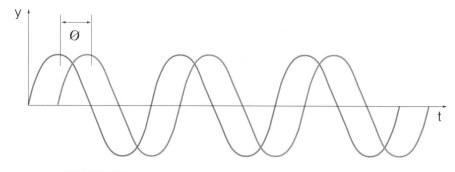

그림 1-4-12 일주 거리 차이에 의해 발생하는 두 광학 신호 사이의 위상차

③ 지자계

1) 사용 목적

가속도계와 각속도계로 이루어진 관성센서만을 사용할 경우 드론의 앞뒤 방향, 좌우 방향으로 기울어지는 각도는 일정한 조건 내에서 가속도계와 각속도계 신호의 융합을 통해 비교적 높은 정확도로 측정하는 것이 가능하지만, 드론의 시선각(요 자세각, yaw angle)은 각속도 값의 적분을 통해서만 구할 수 있기 때문에 시간이 지남에 따라 적분오차가 누적되어 시선각이 시계방향 또는 반시계 방향으로 계속 증가하는 것처럼 측정될 것이며, 이와 같은 문제를 보완하기 위해 드론의 시선각을 측정할 수 있는 다른 종류의 센서가 필요하고, 지자계는 드론의 시선각을 측정할 수 있는 대표적인 센서이다. 나침반은 원시적인 형태의 지자계로, 수백 년 동안 항법용으로 사용해온 방위측정장치이며, 최근에는 가동부가 없는 반도체 소재를 이용한 자기력계가 주로 사용되고 있으며, 이를 통해 단순히 북극 방향이 아니라 지구 자기장의 방향을 3축으로 측정하는 것이 가능하다.

2) 동작 원리

북극(north pole)은 지구의 자전축과 지표면이 만나는 지점으로 지리적 북극(geographic north pole) 또는 진북(true north)이라고 한다. 자북(magnetic north pole)은 진북에 매우 가깝게 위치하고 있지만, 정확히 일치하지는 않으며 지구의 자전 등 여러 영향으로 해마다 미세하게 이동 중이다. 그림 1-4-13은 지구의 진북과 자북의 위치 및 지구를 에워싸고 있는 자기장의 방향을 나타낸다. 지표면 상의 위치에 따라 측정되는 자기장의 크기가 다르며, 일반적으로 0.2~0.8 가우스 범위에 있고 한국에서 측정되는 자기장의 크기는 약 0.5 가우스 정도이다. 영구자석으로 제작된 지침을 자유롭게 놔두면 지침의 방향은 지구 자기장의 방향과 일치하며, 이 원리를 바탕으로 원시적인 나침반이 발명되어 사용되었다.

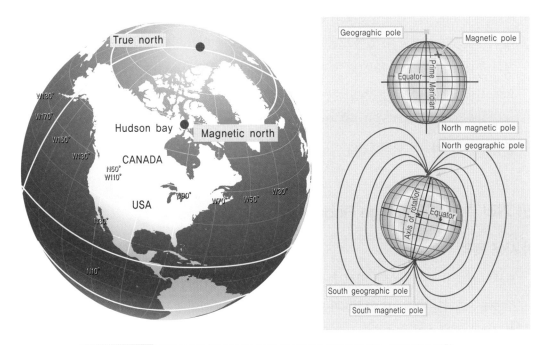

그림 1-4-13 지구의 진북과 자북의 위치 및 지구를 에워싸고 있는 자기장의 방향

최근에는 기계적인 구동부가 없는 반도체 형태의 지자기 센서가 널리 활용되고 있다. 지자기 센서는 자기장을 측정하는 방식에 따라 크게 2종류로 구분된다. 하나는 자기저항효과(magnetoresistor effect)를 활용하는 방식으로, 자기장에 따라 반도체 또는 금속재료의 저항이 변하는 현상을 이용하며, 자기장과 저항의 관계를 통해 지구 자기장의 크기를 측정해낼 수 있다. 또 다른 방식으로는 홀효과(hall effect)를 활용하는 것으로, 그림 1-4-14와 같이 반도체 재료에 자기장과 수직 방향의 전류를 흘림으로써 자기장과 전류에 각각 수직인 전압이 발생하는 원리를 이용하며, 이때 발생하는 전압과 자기장의 관계를 통해 마찬가지로 지구 자기장의 크기를 측정해낼 수 있다. 최근에는 자기저항효과를 활용한 방식보다는 홀효과를 이용한 방식이 더욱 널리 활용되고 있으며, 홀소자를 서로 수직한 3개의 방향으로 배치함으로써 3방향의 지구 자기장 크기를 측정할 수 있다.

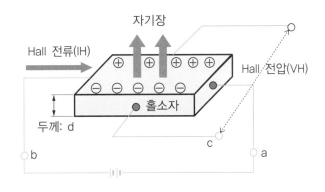

그림 1-4-14 홀효과에 의한 전압 발생 원리

한편 지자기 센서는 센서 주변의 자성체 존재 및 주변 전자계기들의 동작에 의한 전자기장의 영향에 의해 오차가 발생할 수 있어 드론에 설치 시 모터 등에 의한 영향을 받지 않는 곳을 잘 선택하는 것이 중요하다. 또한 일반적으로 지구 자기장의 성분이 대부분 수평면상에 존재하여 이를 통해 드론의 시선각 또는 방위각을 측정하는 것이 가능하지만, 그림 1-4-13의 오른쪽과 같이 남극이나 북극에 가까워질수록 지구 자기장의 성분이 수직 방향으로 변화하여 지자기 센서를 통해 시선각 또는 방위각을 측정하기가 어려워진다.

４ 거리 측정 센서(Range Finder)

1) 사용 목적

드론의 정확한 위치 제어를 위해서는 조종자에 대한 상대위치를 정확히 측정하는 것이 필요하며, 주변에 존재하는 장애물로부터의 거리 파악을 통해 장애물과의 충돌을 방지하는 것 또한 중요하다. 관성센서 중 가속도 센서로부터 측정되는 신호를 두 번 적분하면 드론의 위치정보를 계산해낼 수 있지만, 적분오차의 누적으로 인해 시간이 지날수록 조종자에 대한 상대위치 정확도가 낮아지며, 특히 지면으로부터의 정확한 거리 정보를 확인할 수 없어 일정한 고도로 비행하기가 어려워진다. 드론에 거리 측정 센서를 탑재할 경우 누적 오차에 대한 고민 없이 지면으로부터의 거리 또는 주변 상애물로부터의 거리를 성확하게 측성할 수 있어 일성한 고도로 비행 또는 착륙을 안성적으로 수행할 수 있으며, 센서 배치 방향에 따라 주변 장애물과의 충돌을 방지하는 데에도 활용할 수 있다.

2) 동작 원리

비행 중인 드론에 설치된 거리 측정 센서가 비접촉식으로, 주변 물체와의 상대적 거리를 측정하기 위해 기본적으로는 특정한 종류의 신호를 송출하고 주변 물체에 의해 반사되는 신호를 수신하는 방식이 사용된다. 송출되는 신호의 종류에는 대표적으로 펄스 신호와 연속적인 주파수 변조 신호가 있다. 그림 1-4-15는 펄스 신호를 이용한 거리 측정 방식을 나타낸다. 송출된 펄스 신호가 지면 또는 주변 장애물에 반사되어 되돌아오기까지 걸리는 시간을 측정하여 거리를 측정하며(TOF; Time Of Flight), 초음파 신호를 사용할 경우 음파의 속도, 전파 또는 레이저를 사용할 경우 빛의 속도 정보를 함께 활용하여 거리를 계산한다.

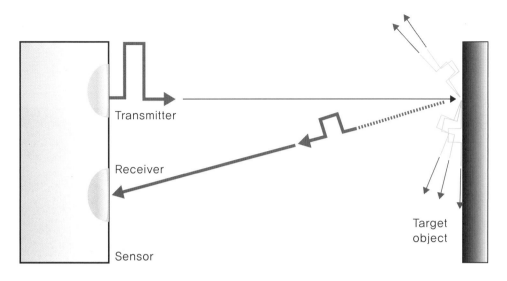

그림 1-4-15 펄스 신호를 이용한 거리 측정 방식

비교적 단순한 형태의 신호를 다루면 된다는 장점이 있지만, 제어 컴퓨터의 동작시간간격 (sampling time)에 대비하여 펄스의 이동시간(delay)이 길지 않을 경우 거리 측정 해상도에 문제 가 발생할 수 있다.

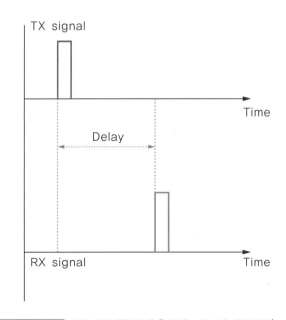

그림 1-4-16 제어 컴퓨터를 통해 측정되는 펄스의 이동시간(delay)

펄스 신호를 이용한 거리 측정 방식의 단점을 보완하기 위해 연속적인 주파수 변조 신호를 사용할 수 있다. 그림 1-4-17의 왼쪽과 같이 주파수가 시간에 따라 연속적으로 변화하는 신호에 대해 시간대별 주파수 변화를 가시화하면 그림 1-4-17의 오른쪽과 같은 결과를 얻을 수 있다.

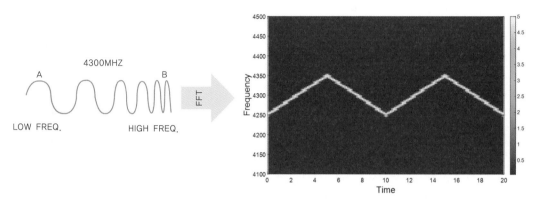

그림 1-4-17 연속적인 주파수 변조 신호의 특성

이러한 신호를 송출하고 주변 장애물에 의해 반사되어 되돌아오는 신호를 수신할 경우 신호처리 과정을 통해 그림 1-4-18과 같은 결과를 얻을 수 있으며, 실선(송출된 신호)과 점선(수신된 신호) 사이의 시차를 통해 송출된 신호가 반사되어 돌아오기까지의 시간 및 주변 장애물과의 거리를 계산할 수 있다.

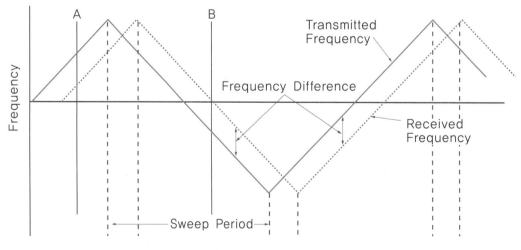

그림 1-4-18 연속적인 주파수 변조 신호를 이용한 송수신 시간차 계산

5 카메라

1) 사용 목적

영상정보 취득을 목적으로 드론에 카메라가 탑재되기도 하지만, 영상정보에 기반하여 드론과 주변 사물의 상대적 위치 인식을 통해 드론의 안정적인 비행을 위한 상태정보(위치, 속도 등)를 제공할 수 있다.

2) 동작 원리

① 스테레오 방식

인간을 비롯한 동물들이 두 개의 눈을 통해 입력되는 시각정보를 바탕으로 3차원 공간정보를 인식하는 것과 동일한 원리로 두 개 이상의 카메라를 이용하여 드론 주변의 영상정보를 취득하고, 이를 통해 거리를 포함하는 3차원 공간정보를 계산하는 방식이다. 기본적인 원리는 한쪽 카메라로부터 촬영된 영상정보를 분석하여 특정한 패턴을 찾아내고, 다른 카메라로부터 촬영된 영상정보 패턴과의 비교 분석을 통해 동일한 지점 간의 패턴 매칭을 한 후 삼각기법을 사용하여 3차원 공간상의 정보를 알아내는 것이다.

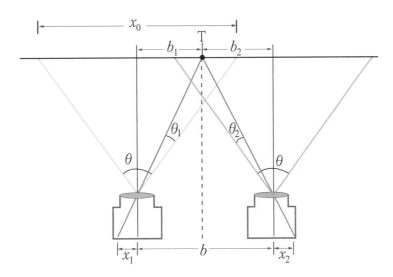

그림 1-4-19 양안 카메라 패턴 매칭 및 삼각기법을 사용한 3차원 공간 정보 측정 원리

② 구조광 방식

촬영 대상의 위치에 특정한 패턴의 적외선을 투사하고 카메라를 통해 이를 측정하여 3차원 공간 정보를 인식하는 방식이다. 투사된 특정한 패턴의 적외선은 촬영 대상의 3차원 형상에 의해

왜곡된 형태로 반사되어 카메라를 통해 측정되며, 투사된 패턴과 반사되어 촬영된 패턴 사이의
비교를 통해 왜곡된 패턴으로부터 촬영 대상의 3차원 형상을 계산해 낼 수 있다.

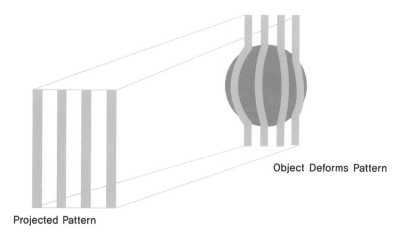

Object Deforms Pattern

Projected Pattern

그림 1-4-20 촬영 대상의 3차원 형상에 의한 적외선 패턴 왜곡 예시

③ LiDAR(Time of Flight) 방식

자율주행자동차 등에서 널리 활용되고 있는 LiDAR 센서는 기본적으로 레이저를 이용하여 대상
물체와의 거리를 측정한다는 점에서 앞서 설명된 거리 측정 센서와 유사하다고 할 수 있다. 다른
점은 카메라를 통해 촬영되는 전체 영역을 가로세로 방향의 일정 간격으로 나누고, 나누어진 각
각의 위치에 대한 거리 측정을 모두 수행하여 이를 종합함으로써 3차원 공간정보를 구성한다는
것이다.

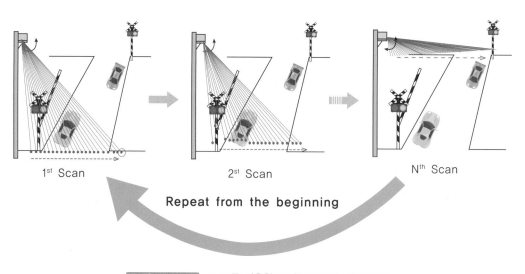

1st Scan

2st Scan

Nth Scan

Repeat from the beginning

그림 1-4-21 LiDAR를 이용한 3차원 공간정보 측정 원리

⑥ 위성항법 시스템

1) 사용 목적

위성항법 시스템은 우주 궤도를 돌고 있는 인공위성에서 발신하는 전파를 이용하여 지구상에서 움직이는 물체의 위치, 속도를 계산하는 시스템이다. 드론의 위치를 파악하는 목적으로 활용되며, 거리 측정 센서, 카메라 등을 통해서는 드론 주변의 비교적 가까운 거리에 위치한 물체로부터의 상대적 거리 또는 자세각 정보를 취득할 수 있는 반면에, 위성항법 시스템을 이용할 경우 주변 사물의 존재 여부와 무관하게 드론의 위치정보를 확보할 수 있고, 이를 통해 드론의 안정적인 위치 제어 또는 자세각 정보 보정이 이루어질 수 있다.

2) 종류별 동작 원리

① GNSS(Global Navigation Satellite System)

지구 주변을 돌고 있는 다수의 인공위성으로부터 방송되는 전파를 수신하여 지구상의 어디에서든지 정확한 위치를 측정할 수 있는 시스템이다. 일반적으로 GPS(Global Positioning System)로 알려져 있으나 이는 미국에서 구축한 GNSS 시스템의 이름이며, 미국 이외에도 러시아(GLONASS), 유럽(Galileo), 중국(Beidou) 등 강대국들은 대부분 자체적인 GNSS를 구축하고 있다.

GNSS를 구성하는 각각의 인공위성은 특정한 주파수 대역으로 특정한 코드와 함께 인공위성의 위치와 시간정보를 방송하며, 드론에 설치된 수신기에서도 특정한 코드를 동시에 생성한다. 그림 1-4-22와 같이 인공위성으로부터 방송된 신호의 특정 코드와 수신기에서 생성된 특정 코드의 비교를 통해 인공위성으로부터 방송된 신호의 생성 시간과 수신기 신호의 생성 시간 차이를 계산할 수 있으며, 이를 바탕으로 수신기와 인공위성 사이의 거리를 계산하는 것이 가능하다.

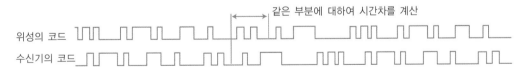

그림 1-4-22 인공위성 코드와 수신기 코드의 비교를 통한 시간차 계산

3개의 인공위성과의 거리를 각각 계산하면 각 인공위성의 위치정보를 통해 3차원 공간상에 3개의 구를 그릴 수 있으며, 3개의 구가 공유하는 2개의 점 중 지표면과 가까운 위치가 안테나가 설치된 드론의 위치인 것으로 확인할 수 있으며, 시간 오차 보정까지 고려한다면 최소 4개의 위성으로부터 신호를 수신해야 한다.

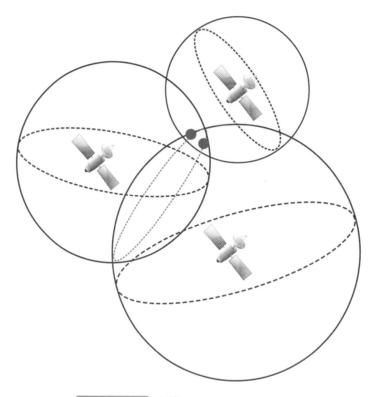

그림 1-4-23 위성항법 시스템의 위치 결정 원리

② RNSS(Regional Navigation Satellite System)

GNSS와 유사한 원리로 동작하지만, 일반적인 궤도의 인공위성이 아닌 Quasi-Zenith Satellite Orbit과 같은 특별한 궤도의 인공위성 및 정지궤도 위성 등을 활용하여 국부적인 지역 내에서만 위치정보 제공이 가능한 시스템이다. 대표적으로는 중국의 베이더우 1, 일본의 QZSS, 인도의 IRNSS 등이 있으며, 우리나라에서도 이와 유사한 방식으로 한국형 위성항법 시스템(KPS) 구축이 진행되고 있다.

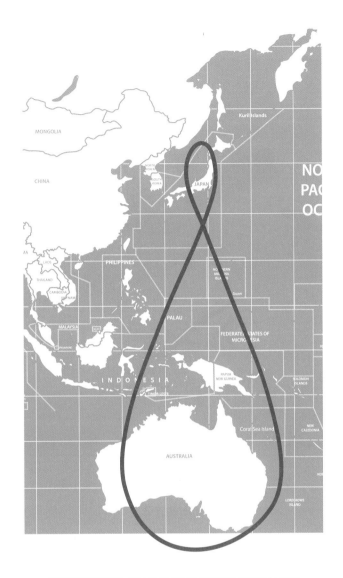

그림 1-4-24 일본의 RNSS인 QZSS의 인공위성 궤도

③ SBAS(Satellite–Based Augmentation System)

독립적인 위성항법 시스템이 아닌, 정지궤도 위성을 이용하여 보강정보가 담긴 항법신호를 방송함으로써 기존의 GNSS 또는 RNSS 시스템의 위치 측정 정확도를 향상하는 시스템이다. 지표면에 고정된 지상 기준국을 다수 설치하고 각 지상 기준국의 실제 위치와 위성항법 시스템으로부터 측정된 위치 사이의 오차 정보를 계산하여 이를 정지궤도 위성을 통해 주변 지역에 방송함으로써 특정 지상 기준국 주변에서 위성항법 시스템을 사용할 경우, 정지궤도 위성으로부터 방송되는 오차 정보를 활용하여 조금 더 정확한 위치정보를 확보할 수 있다. 대표적으로는 미국의

WAAS(Wide Area Augmentation System), 유럽의 EGNOS(European Geostationary Navigation Overlay Service), 일본의 MSAS(Multi-functional Satellite Augmentation System)가 있으며, 우리나라에서도 KASS(Korea Augmentation Satellite System)를 구축하여 운영 중이다.

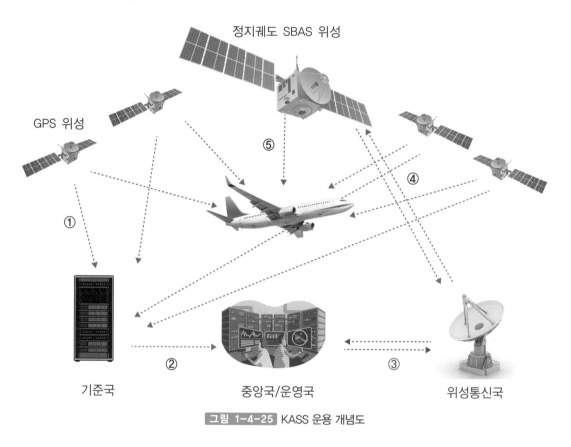

그림 1-4-25 KASS 운용 개념도

PART

02

드론 공기역학

학습목표

드론을 공중에 떠오르게 하고 공간상에서 원하는 위치로 움직일 수 있게 하는 힘은 드론에 장착된 모터와 회전하는 프롭로터에서 발생하는 공기역학적 원리에 의해서 발생한다. 이번 파트에서는 양력 및 항력과 같은 공기역학적 힘을 발생시키는 에어포일과 날개에 대한 기본 개념을 익히고, 이를 바탕으로 회전하는 로터에서 힘이 발생하는 원리를 이해한다. 또한 드론의 제자리 비행, 상하 방향의 수직 비행, 전후 방향의 전진 비행 상태의 공기역학적 특성에 대하여 간략하게 알아본다.

Unmanned Multicopter

에어포일 및 날개

Unmanned Multicopter

본 챕터에서는 '공기보다 무거운 비행체'가 어떻게 공중에 떠 있을 수 있는지에 대해 공기역학 (aerodynamics)적인 시각에서 살펴볼 것이다. 이와 관련된 학문은 유체역학(fluid mechanics 또는 fluid dynamics)이 있는데, 유체역학은 공기와 같은 유체에 작용하는 힘이 무엇이며, 이에 따라 유체가 어떻게 거동하는지를 알아보는 학문이다. 공기역학은 이러한 공기가 항공기에 어떤 힘을 주게 되는지를 다룬다. 따라서 유체역학이 좀 더 기초역학에 가까운 반면, 공기역학은 좀 더 응용역학에 가깝다.

본 챕터에서는 2차원의 에어포일에 대한 공기역학을 시작으로 3차원의 고정익 공기역학으로 확장하고, 이를 다시 확장하여 회전익 공기역학까지 다뤄볼 것이다.

1 양력, 항력 및 모멘트

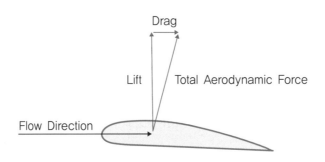

그림 2-1-1 에어포일에 만들어지는 두 가지 힘 [3]

그림 2-1-1은 에어포일로 바람이 불어 들어올 때 만들어지는 두 가지 힘을 보여주는데, 이를 정리해 보자.

① 양력(lift, 揚力, L)

에어포일을 위로 떠오르게 하는 힘을 뜻한다. 한자로 '날릴 양'과 '힘 력'을 쓰는데, 말 그대로 항공기를 날리는 힘을 뜻하는 적절한 단어이다. 반면 영어 'lift'는 단순히 '무언가를 높은 곳으로 옮겨놓는 것'이라는 뜻에 더 가까운데, 이런 면에서는 원어인 lift보다 양력이 좀 더 적합한 것으로 보인다. 양력의 방향은 물리적 정의대로 에어포일로 불어 들어오는 공기의 수직 위쪽으로 작용하는 것을 기준으로 한다. 다만, 양력은 물리적으로 양(positive)과 음(negative)의 값이 정의될 수 있는데, 음의 값은 에어포일을 아래로 내리 누르는 힘으로 작용한다.

② 항력(drag, 抗力, D)

항력은 에어포일이 앞으로 나가는 것을 방해하는 힘이다. 영어 'drag'는 '끌다'라는 뜻을 가지고 있는데, 에어포일을 전진하지 못하게 뒤로 끄는 힘으로 이해하면 된다. 한자 '겨룰 항'은 '저지하다'는 뜻을 가지고 있어 영어와 한자 모두 항력의 뜻을 잘 표현한다. 항력의 방향은 공기가 불어 들어오는 방향이고, 물리적으로 항력은 음의 항력이 존재하지 않는다.

③ 모멘트(Moment)

모멘트란 에어포일의 앞쪽과 뒤쪽에서 받는 힘의 불균형으로 인해 에어포일이 회전하려는 회전력을 뜻한다. 이는 앞서 설명한 양력 및 항력과 같은 힘의 성분은 아니고, 모멘트를 정의하는 중심(center)에서부터 각 힘이 작용하는 작용점까지의 수직거리와 그 힘의 크기를 곱하는 것으로 정의된다. 따라서 모멘트는 양력 및 항력에 길이가 곱해진 물리량을 가진다.

2 2차원 에어포일

그림 2-1-2는 항공기 날개의 내부 구조를 도식화한 것이다. 여기서 우리가 살펴볼 것은 날개의 외피 부분인데, 유선형과 같이 생긴 형상을 우리는 에어포일(airfoil)이라고 부른다. 한글로는 익형(翼型)이라고 하는데, '날개 익'과 '모형 형'을 써서 날개 형상이라는 뜻이 된다. 정확히는 날개의 단면(section) 형상으로 설명하는 것이 맞으며, 여기서는 에어포일이라고 표현하겠다.

에어포일(airfoil)은 영어 'air'와 'foil'의 합성어인데, 여기서 foil은 금속 재질의 얇은 박편을 뜻한다. 그 어원은 명확하지 않으나 그림 2-1-2에서 보는 것과 같이 날개의 외피 부분이 얇은 금속으로 이루어져 있다. 에어포일이라는 단어는 여기서 기원한 것으로 추측된다. 에어포일의 'air'를 'aero-'로 변형하여 'aerofoil'이라고 부르기도 한다.

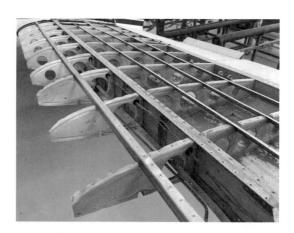

그림 2-1-2 항공기 날개 내부 구조

1) 에어포일 관련 단어 정리

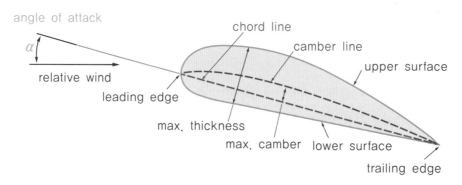

그림 2-1-3 에어포일의 부위별 용어 [1]

이제 그림 2-1-3을 참고하여 에어포일의 각 부위에 대한 용어를 알아보자. 참고로 항공기는 바람이 없는 상태에서 정지된 공기를 가르며 앞으로 나가지만, 항공기 입장에서는 공기가 날개의 앞쪽에서 불어 들어와 뒤쪽으로 흘러 나가는 상대적인 관점으로 이해할 수 있다.

① 앞전(Leading Edge)

에어포일 가장 앞쪽의 꼭짓점을 말한다. 에어포일로 불어 들어오는 공기와 가장 먼저 부딪힌다는 뜻을 가지고 있어 '선행하다'의 'leading'이라는 단어와 끝부분이라는 뜻의 'edge'를 붙여 만들어졌다. 다만 'edge'라고 해서 주위 형상이 뾰족하지는 않으며, 오히려 완만한 곡선 형상을 가진다. 이 곡선을 따라 원을 그릴 수 있는데, 이 원의 반경을 앞전 반지름(leading edge radius)이라고 부른다. 앞전 반지름이 작을수록 앞전은 더 뾰족하게 그려지며, 클수록 뭉툭한 앞전이 그려진다.

② 뒷전(Trailing Edge)

앞전과는 반대로, 흘러 들어온 공기가 가장 마지막으로 맞닿는다는 뜻에서 '후행하다'는 뜻인 'trailing'을 붙였다. 앞전과는 다르게 뾰족한 형상을 가지는데, 공기가 뒷전을 통해 부드럽게 흘려보내기 위함이다.

③ 윗면(Upper Surface)

앞전과 뒷전 사이를 잇는 곡선 중 위쪽에 해당하는 면이라는 뜻이다. 윗면은 또 다른 말로 흡입면(suction surface)이라고도 부르는데, 이는 에어포일로 불어 들어오는 공기의 압력보다 낮은 압력이 윗면에 작용하면서 에어포일을 위로 빨아올리는 효과를 발생시키기 때문이다.

④ 아랫면(Lower Surface)

윗면과는 반대로 앞전과 뒷전 사이를 잇는 곡선 중 아래쪽에 해당하는 면이다. 또 다른 말로 압력면(pressure surface)이라고도 부르는데, 흡입면과 반대로 불어 들어오는 공기의 압력보다 높은 압력을 통해 에어포일을 위로 밀어 올리는 효과를 발생시키기 때문이다.

⑤ 코드(Chord, c)

앞전과 뒷전을 잇는 직선을 뜻하며, 코드선(chord line)이라고도 부른다.

⑥ 캠버(Camber)

에어포일 윗면과 아랫면의 평균 위치를 선으로 나타낸 것으로, 캠버선(camber line) 또는 두 면의 평균 위치라는 뜻에서 평균 캠버선(mean camber line)이라고도 부른다. 캠버선을 명확히 정의하기 위해서 코드선에 수직 방향으로 직선을 그어보자. 그러면 직선은 윗면과 아랫면에 각각 한 점에서 만나게 되는데, 이 점 사이의 중간 점을 캠버선이 지나가게 된다. 이 위치는 현재 코드선의 어느 위치를 고려하는가에 따라 달라지는데, 이러한 위치를 선으로 이은 것이 캠버선이다. 캠버는 캠버선과 코드선 사이의 높이값으로 정량적인 표현이 가능하며, 코드선에 따라 변화하는 캠버 중 최댓값을 대푯값으로 설정하여 최대캠버(maximum camber, δ)로 정의한다. 캠버는 에어포일이 얼마나 위로 구부러져 있는지를 나타내는 형상 정보인데, 캠버가 없는 경우 캠버선은 직선이 되며, 두 면의 형상이 완전히 동일하게 된다. 이를 대칭 에어포일(symmetric airfoil)이라고 부른다. 반면 양의 캠버가 있는 경우 캠버선이 위쪽으로 구부러지며 윗면과 아랫면 형상이 달라지는데, 이를 비대칭 에어포일(asymmetric airfoil)이라고 부른다.

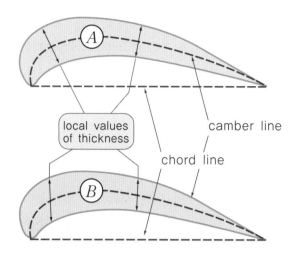

그림 2-1-4 에어포일 두께를 정의하는 두 가지 방식 [1]

⑦ 두께(Thickness)

에어포일이 얼마나 두꺼운지를 나타내는 형상 정보이다. 두께를 정의하는 방법은 그림 2-1-4 와 같이 두 가지가 있다.

㉠ 미국식 관습: 캠버선에 수직한 선이 윗면, 아랫면과 만나는 두 점 사이의 거리

㉡ 영국식 관습: 코드선에 수직한 선이 윗면, 아랫면과 만나는 두 점 사이의 거리

이러한 두께는 앞전에서 뒷전까지 어느 위치에서 정의하는가에 따라 달라지며, 최대캠버와 유사하게 두께의 최댓값을 대푯값으로 설정하여 최대두께(maximum thickness, t)라고 부른다. 보통 코드 대비 두께비(thickness-to-chord ratio)로 표현하며, 짧게 't/c'로 표기하고 "t over c"라고 발음한다. 이는 에어포일의 최대 두께가 코드 대비 얼마나 되는지를 나타내는 것으로, %로 표기한다.

⑧ 받음각(Angle of Attack, AoA, α)

에어포일로 불어 들어오는 공기의 방향과 코드선 사잇각으로 정의한다. 한자로는 '영각(迎角)'이라고도 부르는데, 迎은 '맞이할 영'이다. 즉 에어포일이 공기를 받아들이는 각도라는 뜻이며, 영어로 'attack'이라는 표현은 공기 입장에서 에어포일로 불어닥친다는 의미로 해석된다.

⑨ 자유류(Free-stream, 하첨자 ∞)

자유류란, 에어포일로 불어 들어오는 공기 흐름을 뜻한다. 이를 수학적으로 표현할 때는 하첨자 ∞를 쓰는데, 예컨대 자유류 속력은 v_∞, 밀도는 ρ_∞과 같다. 이때 수학기호 ∞(무한대)는 에어포

일로부터 매우 먼 곳에서부터 불어 들어온 공기라는 의미를 나타낸다. 공기역학적 힘이나 현상을 고려할 때 보통 자유류 값을 기준(reference)으로 한다.

2) 에어포일의 양력 발생 원리

이제 2차원 에어포일 주위로 흘러가는 공기가 어떻게 양력을 만들어내는지를 알기 위해 몇 가지 이론적 내용을 정리해 보자.

① 뉴턴 제3 법칙(Newton's 3rd Law)

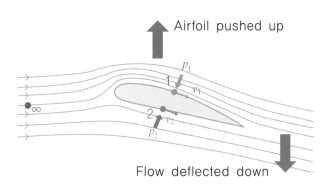

그림 2-1-5 에어포일의 주위에서 발생하는 공기의 흐름 [2]

우리가 잘 알다시피 뉴턴 제3 법칙은 '작용−반작용의 법칙'이다. A가 B에 힘을 주면 B는 A에 같은 크기의 반대 방향 힘을 준다. 이를 통해 에어포일의 양력 원리를 간단히 설명할 수 있다.

그림 2-1-5는 에어포일 주위에서 발생하는 공기의 흐름을 나타내는 도식이다. 그림에는 에어포일 주위로 여러 개의 유선형 선이 그려져 있는데, 이를 유선(streamline)이라고 한다. 유선은 에어포일 주위로 흐르는 공기를 보여주는 선인데, 에어포일을 지나기 전 가로 방향으로 평행한 유선은 에어포일을 지나면서 아래 방향으로 비틀려져 지나간다. 이는 에어포일이 공기를 아래로 밀어내기 때문인데, 뉴턴 제3 법칙에 따라 아래로 밀려난 공기는 반대로 에어포일을 위로 밀어 올리게 된다. 이것이 양력이 만들어지는 원초적 원리다.

뉴턴 제3 법칙으로 양력이 발생하는 원초적 원리는 이해할 수 있지만, 이것만으로 양력을 수학적으로 계산하거나 현상을 분석하기에는 어려움이 있다. 따라서 추가적인 고려가 필요하다.

② 베르누이 원리(Bernoulli's principle)

유체는 여러 가지 형태의 에너지를 가지고 있는데, 유체가 ρ의 밀도(density)를 가질 때 다음 네 가지로 정리될 수 있다. (정확히 말하자면 에너지는 아니고 단위 부피당 에너지이다.)

⊙ ρe : 유체가 가지는 열적 에너지인 내부 에너지(internal energy)

⊙ p : 유체의 정압력(static pressure)에 의한 압력 에너지(pressure energy)

⊙ $\frac{1}{2}\rho v^2$: 유체가 V의 속력으로 움직일 때의 운동 에너지(kinetic energy)

⊙ ρgh : 유체가 h의 고도에 있을 때의 포텐셜 에너지(potential energy)

유체 분야에서 매우 유명한 수학자인 다니엘 베르누이(Daniel Bernoulli)는 유체가 가지는 이네 가지 에너지의 합이 일정하다는 이론을 정립하였는데, 이것이 식 2.1과 같은 베르누이 방정식이다.

$$\triangle\left(\rho e + p + \frac{1}{2}\rho v^2 + \rho gh\right) = 0 \qquad \boxed{\text{식 2.1}}$$

이 방정식의 뜻은, 만약 외부의 에너지 유입이 없다면 하나의 에너지가 다른 에너지로 형태는 변환될 수 있지만, 에너지의 총합은 변함이 없다는 것이다. 이 수식을 이용하면 에어포일 주위에 존재하는 공기의 압력, 속도 등의 상태량을 계산할 수 있다. 이제 유체를 공기로 한정하고, 계산의 편의성을 위해 두 가지 가정을 고려해 보자.

⊙ $\triangle \rho e = 0$: 에어포일을 지나면서 유체(공기)의 온도는 거의 변화가 없다.

⊙ $\triangle \rho gh = 0$: 에어포일을 지나는 유체(공기)의 고도는 거의 변화가 없다.

이러한 가정은 실제 항공기의 비행 상황에서도 충분히 고려할 수 있는 조건들이다. 그리고 만약 비행 속력이 빠르지 않을 경우 에어포일을 지나가는 공기는 압축되지 않는데, 이를 비압축성 유동(incompressible flow)이라고 부르고, 이때 공기는 전체 영역에서 일정한 밀도 ρ_∞를 가지게 된다. 이를 기준으로 그림 2-1-5에서 도시된 임의의 두 위치 점인 점 ∞와 점 1 사이의 베르누이 방정식을 정리하면 식 2.2와 같다. (에어포일 아래 2로 도시된 점은 일단 무시하자).

$$p_\infty + \frac{1}{2}\rho_\infty v_\infty^2 = p_1 + \frac{1}{2}\rho_\infty v_1^2 = constant \qquad \boxed{\text{식 2.2}}$$

이 점들은 공기가 흐르는 에어포일 바깥 임의의 위치에 둘 수 있으며, 공기가 흐르는 어느 위치든 상관없이 두 점 사이의 압력과 속력의 관계를 식 2.2를 통해 알 수 있다. 이 식을 통해 알 수 있는 사실은, 공기의 압력과 속력은 서로 반비례한다는 것이다. 만약 어느 위치에서 공기의 압력이 자유류의 압력보다 낮다면 그만큼 자유류보다 더욱 높은 속력으로 흐르고 있다는 것이고, 자유류의 속력보다 느린 속력의 공기는 자유류보다 더욱 높은 압력을 가진다는 뜻이 된다. 이것이 베르누이의 원리이다.

③ 뉴턴 제3 법칙과 베르누이 원리의 결합

이제 앞에서 설명한 뉴턴 제3 법칙과 베르누이 원리를 결합하여 이해해 보자. 앞서 뉴턴 제3 법칙을 설명할 때, 에어포일에 의해 밀려난 공기가 에어포일을 위로 밀어 올린다고 했다. 이 힘은 베르누이 방정식에서의 압력 에너지 항 p로 볼 수 있는데, 압력은 힘을 단위 면적으로 나눈 값이기 때문이다.

$$p = \frac{F}{A}$$

식 2.3

좀 더 정확히 이야기하자면, 에어포일에 작용하는 압력은 그림 2-1-5의 점 1이 위치한 윗면과 점 2가 위치한 아랫면에 모두 작용하는데, 공기에 노출되는 모든 면적은 공기에 의해 압력을 받기 때문이다. 이때 압력은 공기에 노출된 면의 안쪽 방향, 즉 에어포일 안쪽 방향으로 작용하는데, 아랫면에서는 위쪽 방향으로, 윗면에서는 아래쪽 방향으로 작용하게 된다. 결국 에어포일의 양력은 공기가 윗면과 아랫면에 작용하는 압력의 차(pressure difference)에 의해 만들어진다고 이해하면 된다. 여기서 유추할 수 있는 것은 아랫면의 압력이 윗면의 압력보다 크기 때문에 양력이 위쪽 방향으로 발생한다는 것이다.

이제 압력 차를 식 2.2와 함께 고려해 보자. 우선 윗면에 위치한 점 1과 아랫면에 위치한 점 2 사이에도 식 2.2를 적용할 수 있다. 이를 압력 에너지 항과 운동 에너지 항으로 나누어 정리하면 식 2.4와 같다.

$$p_2 - p_1 = \frac{1}{2}\rho_\infty v_1^2 - \frac{1}{2}\rho_\infty v_2^2$$

식 2.4

앞서 언급한 것처럼 아랫면 2의 압력이 윗면 1의 압력보다 높으므로 식 2.4의 양변은 모두 양수이다. 따라서 식 2.4를 통해 윗면 1에서의 공기의 속력이 아랫면 2에서의 속력보다 빠르다는 것을 유추할 수 있다. 이를 정리하면 다음과 같이 이야기할 수 있다.

"에어포일의 양력은 에어포일 윗면과 아랫면 사이의 압력 차이에 의해 발생한다. 에어포일 양력은 기본적으로 위쪽으로 발생하므로 아랫면의 압력이 윗면의 압력보다 높다고 볼 수 있다. 이를 베르누이 방정식에 대입하면 윗면을 지나는 공기는 아랫면을 지나는 공기보다 빠른 속력을 가진다고 볼 수 있다."

압력계수(pressure coefficient)란, 자유류의 압력 대비 현재 고려하고 있는 압력이 얼마나 크고 작은지를 나타내는 일종의 지표로 식 2.5와 같이 정의된다.

$$C_p = \frac{p - p_\infty}{\frac{1}{2}\rho_\infty v_\infty^2}$$

식 2.5

식 2.5를 보면 분모는 앞서 설명한 운동 에너지 항이고, 분자는 압력 에너지 항이다. 이는 자유류의 운동 에너지 대비 압력 에너지의 변화량을 나타내는 것으로 이해하면 된다. 분자의 경우 현재 고려되는 압력과 자유류의 압력의 차로 구성되는데, 분모의 운동 에너지 항은 항상 양의 값을 가지므로, 만약 압력계수가 음의 값이라면 자유류 대비 낮은 압력을 가지는 것으로 이해할 수 있다.

이제 식 2.5를 베르누이 방정식인 식 2.2와 함께 고려하여 정리하면 식 2.6과 같이 간단해진다.

$$C_p = \frac{p - p_\infty}{\frac{1}{2}\rho_\infty v_\infty^2} = \frac{\frac{1}{2}\rho_\infty v_\infty^2 - \frac{1}{2}\rho_\infty v^2}{\frac{1}{2}\rho_\infty v_\infty^2} = 1 - \left(\frac{v}{v_\infty}\right)^2$$

식 2.6

즉 자유류의 속도 대비 현재 고려하고 있는 속도가 빠르다면 압력계수는 음수를 가지며, 자유류의 압력보다 낮고 현재 고려하고 있는 속도가 느리다면 그 반대가 된다. 이를 확인하기 위해 에어포일의 대표격인 NACA 0012 에어포일이 받음각 4도와 8도로 비행할 때의 표면 압력분포를 다음과 같이 도시하였다.

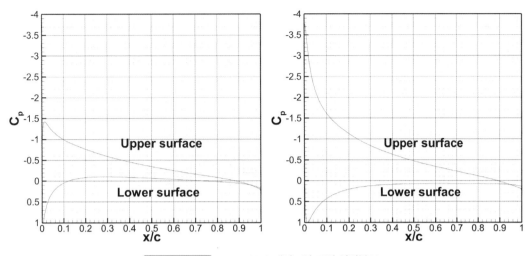

그림 2-1-6 NACA 0012 에어포일 표면 압력분포

앞서 설명한 내용과 연관 지어 보면, 위 그림에서 압력계수가 0보다 큰 선은 아랫면에 작용하는 압력을 압력계수로 나타낸 것이고, 0보다 작은 선은 윗면에 해당한다. 그리고 두 선 사이의 면적은 위·아랫면의 압력 차를 뜻하며, 이는 곧 에어포일이 얼마나 많은 양력을 발생시키는지를 보여준다. 그림 왼쪽의 4도에서의 압력 차보다 오른쪽의 8도에서의 압력 차가 더 큰 것을 볼 수 있는데, 이는 더 높은 받음각에서 더 많은 양력이 발생하기 때문이다.

③ 3차원 날개

앞서 2차원 에어포일에 대한 설명을 마쳤다. 그렇다면 이제는 3차원 날개를 고려해 보자. 사실 우리가 사는 공간은 3차원이므로 모든 물체는 3차원으로 표현되어야 한다. 예컨대 우리가 평소에 쓰는 매우 얇은 종이도 겉보기에는 2차원에 해당하는 면적으로 보이지만 자세히 들여다보면 매우 얇은 두께를 가지고 있는, 즉 매우 얇은 직육면체형 3차원 물체이다. 마찬가지로 항공기 날개 또한 3차원의 물체일 텐데, 왜 우리는 앞서 2차원 에어포일을 먼저 다뤘을까?

그 이유는 두 가지로 볼 수 있다. 첫 번째로 사람은 가급적 간단하게 표현할 때 좀 더 쉽게 이해하게 된다. 우리가 중고등학생 때 함수를 2차원 그래프로 표현하는 것 또한 같은 이유이고(3차원 이상의 그래프를 그릴 수 있음에도), 동역학 등의 학문에서 복잡한 3차원의 물체를 멀리서 본다고 가정하고 하나의 점(점은 수학적으로 0차원이다)으로 고려하려고 하는 것도 점으로 고려했을 때 훨씬 간단하게 물체의 움직임을 표현할 수 있기 때문이다. 두 번째 이유는, 에어포일이 3차원 날개의 단면에 해당하기 때문이다. 여기서 단면의 단(斷)은 자르다는 뜻으로, 우리가 원통형의 무를 자를 때 그 단면이 원형을 가지는 것과 같이 3차원 날개를 자르면 그 단면이 에어포일 형상이 된다. 이를 반대로 2차원 에어포일을 날개의 길이 방향으로 쌓으면 3차원 날개가 된다는 것도 알 수 있다. 이를 도식적으로 표현하면 그림 2-1-7과 같다.

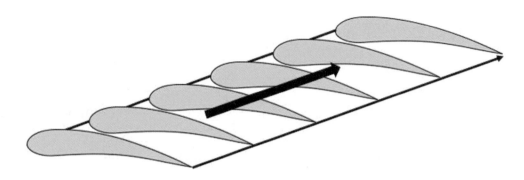

그림 2-1-7 2차원 에어포일을 쌓아서 표현한 3차원 날개

1) 유한날개이론

2차원 에어포일을 날개 길이 방향으로 쌓아서 만든 것이 3차원 날개라면, 과연 얼마나 쌓을 수 있을까? 이론상으로는 무한대로 쌓을 수도 있을 것인데, 현실적으로 날개의 구조적 안전성과 무게 때문에 모든 항공기는 유한한 길이의 날개를 가질 수밖에 없다. 이렇듯 날개의 길이가 유한하다고 해서 유한 날개(finite wing)라고 부른다. 우리가 일반적으로 부르는 날개는 모두 유한 날개라고 할 수 있다. 이러한 유한 날개는 이론적으로만 고려할 수 있는 2차원 에어포일과는 다른 공기역학적 현상을 만들어내는데, 이것은 Chapter. 2에 기술되어 있다.

2) 양력계수, 항력계수, 모멘트계수

우리는 앞서 항력계수의 정의에 대해 알아보았다. 사실 이 압력계수는 에어포일이 얼마나 많은 양력을 만들어내는지를 직관적으로 나타내주지는 못한다. 왜냐하면 에어포일 표면에 작용하는 압력계수를 적분해야만 양력의 크기를 알 수 있기 때문이다. 따라서 에어포일의 성능을 쉽게 비교하기 위해서는 양력과 항력, 그리고 나아가 모멘트를 각각 하나의 값으로 나타낼 수 있어야 한다. 이를 위해 정의된 것이 양력계수, 항력계수, 그리고 모멘트계수이다. 이는 2차원 에어포일 및 3차원 날개에 모두 해당하나, 그 정의는 조금 다르다. 이를 비교하면 다음과 같다.

표 2-1-1 2차원 에어포일과 3차원 날개의 무차원 계수 비교

항목	2차원 에어포일	3차원 날개
양력계수	$C_l = \dfrac{L'}{\frac{1}{2}\rho_\infty v_\infty^2 c}$	$C_L = \dfrac{L}{\frac{1}{2}\rho_\infty v_\infty^2 S}$
항력계수	$C_d = \dfrac{D'}{\frac{1}{2}\rho_\infty v_\infty^2 c}$	$C_D = \dfrac{D}{\frac{1}{2}\rho_\infty v_\infty^2 S}$
모멘트계수	$C_m = \dfrac{M'}{\frac{1}{2}\rho_\infty v_\infty^2 c^2}$	$C_M = \dfrac{M}{\frac{1}{2}\rho_\infty v_\infty^2 S c}$

우선 양력계수는 앞서 정의한 압력계수와 유사하게 생겼는데, 분모가 운동 에너지 항에 몇 가지 변수가 더 곱해져 있다. 그 이유는, 압력계수의 분자는 압력 항으로 되어있는 반면, 양력계수와 항력계수는 양력 및 항력으로 기술되어 있기 때문이다. 앞서 설명한 것처럼 압력은 힘을 면적으로 나눈 것이므로, 압력계수와 유사하게 만들기 위해 분자의 힘 성분을 분모의 면적으로 나누어 압력 형태로 만들어야 한다.

하지만 자세히 들여다보면 2차원 에어포일에서는 c, 3차원 날개에서는 S가 운동 에너지 항에 곱해진 것을 볼 수 있다. 여기서 S는 날개 면적으로 그림 2-1-8과 같이 날개의 길이에 해당하는 스팬(span, b)과 에어포일 길이인 코드(chord, c)의 곱으로 나타낸다. 즉 3차원 날개의 양력계수는 2차원 에어포일의 양력계수에 비해 스팬만큼 더 나눈 것인데, 두 양력계수가 같은 의미를 가져야 하므로 분자의 양력에 해당하는 L'과 L이 서로 다르게 정의되었음을 알 수 있다. 여기서 L'는 단위길이당 양력, 즉 단위로는 N/m로 정의된다. 이는 힘의 단위인 뉴턴(N)이 3차원에서 정의되었기 때문이다. 2차원 에어포일은 2차원의 힘만을 고려할 수 있는데, 힘은 3차원에서 정의되므로 이를 맞추기 위해 단위 길이당 양력으로 정의할 수밖에 없다. 그리고 분모에는 힘이 작용하는 면적을 곱해야 하는데, 마찬가지로 면적은 2차원 넓이로 정의되어야 하나 2차원 에어포일에서는 면적이 정의되지 않는다. 따라서 단위 길이당 면적으로서 에어포일의 코드가 곱해진 것이다. 3차원 날개의 경우 자연스럽게 3차원에서 정의된 힘을 그대로 고려할 수 있으므로 분모에도 면적에 해당하는 S가 곱해진 것을 볼 수 있다. 이는 항력계수에서도 마찬가지다.

모멘트계수의 경우 양력, 항력계수에 비해 길이 성분이 하나 더 곱해져 있는데, 이는 모멘트가 힘과 길이를 곱해 정의되기 때문이다. 이를 계수화하기 위해 분모에 길이 성분을 더 곱했고, 결론적으로

모든 계수는 같은 물리량을 가진다. 사실 계수는 단위가 없는 '무차원' 수인데, 이것은 분자의 차원과 분모의 차원이 같아 서로 상쇄되는 수를 뜻한다. 이러한 이유로 계수들은 단위에 구애받지 않고 양력, 항력, 모멘트가 상대적으로 큰지 작은지를 판별할 때 사용할 수 있다.

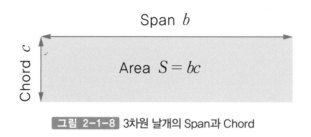

그림 2-1-8 3차원 날개의 Span과 Chord

Chapter 02 회전익의 공기역학적 기본 특성

Unmanned Multicopter

본 챕터에서는 회전하는 날개인 회전익(rotary-wing)의 기본적인 공기역학적 특성에 대하여 설명할 것이다. 회전익은 흔히 말하는 프로펠러 또는 프롭로터와 같은 형태를 가지는 날개이다. 고정익(fixed-wing)과는 달리 회전익은 하나의 중심점을 기준으로 회전한다. 이러한 회전 각속도를 이용하여 날개로 유입되는 공기의 흐름을 만들어내고 이를 통하여 양력을 발생시킨다. 고정익 비행체와는 달리 회전익 비행체는 전진속도가 없어도 날개의 양력을 발생시킬 수 있기 때문에 제자리 비행이 가능한 것이 가장 큰 장점이다.

1 고정익과 회전익 비교

고정익(fixed-wing) 비행체의 날개는 동체에 고정되어 있고 비행체의 전진 속도를 활용하여 양력을 발생시킨다. 반면 회전익(rotary-wing) 비행체의 날개는 동체의 한 축을 중심으로 회전한다. 그 회전 각속도는 에어포일의 상대속도를 만들고 이를 활용하여 양력을 발생시킨다.

기본적으로 두 날개가 양력을 발생시키는 공기역학적 원리는 동일하다. 앞서 살펴본 것과 같이 정지된 에어포일에 바람이 불어오게 되면, 그 형상에 의하여 상하면의 압력 차이가 발생하고, 그 압력 차이에 의해서 한 방향으로의 힘이 발생하는 원리이다. 공기역학적으로 보다 자세히 살펴보면, 양력은 날개 주위에 형성되는 순환(circulation)에 의하여 정의된다.

여기서 고정익의 경우 비행체 자체의 전진 속도에 의해서 발생하는 바람이 에어포일의 양력을 발생시키게 되고, 회전익의 경우 비행체 자체는 이동 속도가 없더라도 회전하는 날개의 각속도로 인하여 불어오는 상대적인 바람이 에어포일의 양력을 발생시킨다. 단, 고정익의 경우 날개의 길이 방향으로 불어오는 바람의 속도가 거의 일정하지만, 회전익의 경우 회전 중심에서 가까운 날개 뿌리 부분에서 끝단으로 이동할수록 바람의 속도가 선형적으로 증가한다.

1) 날개 끝단 와류

두 날개의 공통점은 날개 끝단 와류(wing tip vortex)가 발생한다는 점이다. 날개 끝단 와류가 발생하는 가장 큰 이유는 날개의 윗면과 아랫면의 압력 차이 때문이다. 양력이 발생하는 날개의 아랫면은 윗면보다 압력이 높다. 3차원 날개의 길이는 유한하기 때문에 높은 압력의 아랫면 공기는 날개 끝단에서 윗면으로 올라가려고 한다. 이러한 현상은 날개의 끝단에서 발생할 수밖에 없다. 왜냐하면 날개의 가운데 지점에서는 윗면을 통과한 빠른 공기가 날개 뒷전에서 다운워시(down wash)를 형성하며 빠져나가기 때문이다. 업워시(up wash)가 생기는 부분은 날개의 끝단밖에 없고, 끝단에서 발생하는 업워시와 날개 뒷전의 다운워시의 상호작용으로 인하여 날개 끝단에서는 와류가 발생하여 날개 뒤쪽으로 빠져나가게 되는 것이다.

이에 따라 그림 2-2-1에 나타난 것과 같이 아랫면의 공기는 날개의 끝단 방향으로 퍼지며 이동하고, 윗면의 공기는 반대로 모이는 방향으로 이동한다. 이러한 유동 현상의 상호작용으로 인하여 날개의 끝단에서는 날개 끝단 와류라는 현상이 발생한다. 이러한 날개 끝단 와류는 날개 길이(wing span)가 길수록 강도가 약해진다.

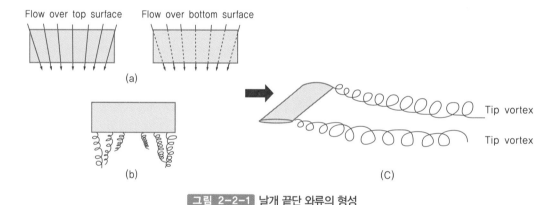

그림 2-2-1 날개 끝단 와류의 형성

① 고정익에서 발생하는 날개 끝단 와류

고정익의 날개 길이 방향 모든 위치에서 받게 되는 자유유동의 속도는 비행체의 비행 속도와 동일하다. 날개의 앞전 근처에서는 3차원 날개 효과에 의하여 길이 방향 위치에 따라 약간 다른 유동속도를 가질 수 있으나 그 속도 크기의 차이는 크지 않다. 따라서 날개 좌우 끝단에서의 와류의 크기는 동일하며, 대칭 형태로 만들어진다. 발생한 와류는 비행체의 비행 방향 뒤쪽으로 형성되면 빠져나가게 된다. 빠져나간 와류는 점차 하강하며 자연적으로 소산된다. 대형 항공기의 경우 그 끝단 와류의 세기가 크고 지속 시간도 길다. 이는 후행하는 항공기의 비행 안정성에 영향을 줄 수 있기 때문에 공항의 이착륙 시간 간격과 이착륙 위치 등을 결정할 때 고려하게 된다.

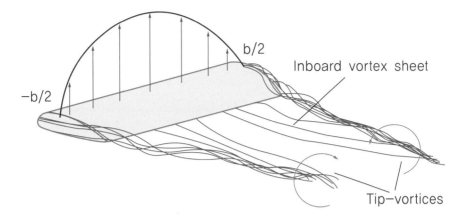

그림 2-2-2 고정익의 날개 끝단 와류

그림 2-2-3 고정익 항공기에서 발생한 날개 끝단 와류

출처: https://youtu.be/eMHgc2NC928

② 회전익에서 발생하는 날개 끝단 와류

회전익의 경우에는 하나의 중심점을 기준으로 회전하는 날개 특성상 날개의 길이 방향 위치에
따라서 유동속도가 다르다. 회전 중심으로부터 거리가 멀어질수록 그 거리에 비례하여 유동속도
가 빨라진다. 회전 각속도와 회전 중심으로부터의 거리의 곱으로 유동속도가 결정되기 때문이
다. 따라서 날개 끝단이 맞이하는 유동속도는 날개 뿌리에 비해서 훨씬 빠르며, 생성되는 날개
끝단 와류의 세기도 끝단에서 더 크다. 고정익에서 발생하는 와류와 가장 큰 차이를 보이는 모습
은 형성된 와류가 빠져나가는 형태이다. 고정익의 경우 와류는 비행체 뒤쪽으로 빠져나가지만,
회전익의 경우 비행체의 아래 방향으로 원형을 그리며 코일 모양으로 하강한다.

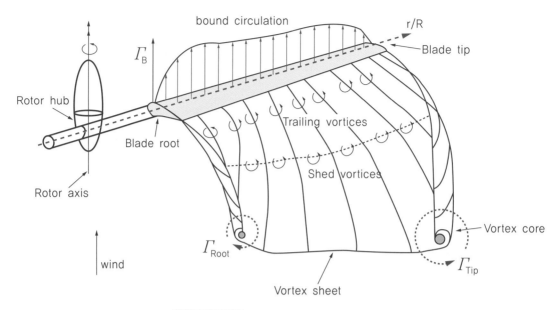

그림 2-2-4 회전익의 날개 끝단 와류

그림 2-2-5 헬리콥터의 로터에서 발생한 날개 끝단 와류

출처: https://youtu.be/lslarZiRJhg

2) 무차원 계수

무차원 계수란, 어떠한 물리량을 정의할 때 그 단위를 없앤 후 단위와 관계없는 형태로 표현하는 것을 말한다. 보통 한 물리량을 다른 물리량으로 나누는 방법을 취하게 되는데, 이는 한 물리량과 다른 물리량의 비율을 의미한다고 이해하면 가장 적합하다. 이러한 비율의 형태로 물리량을 나타내면 상사성의 원리를 활용하여 다양한 조건의 물리현상을 상대적으로 비교할 수 있다.

대표적인 예는 레이놀즈수이다. 레이놀즈수는 관성력과 점성력의 비율을 나타내는 유체역학에서 가장 유명한 무차원수이다. 이러한 무차원화는 지배방정식의 변수의 수를 줄이고 직관성을 높여 물리적 이해도를 향상하는 장점이 있다.

고정익과 회전익의 특성을 정의하는 대표적인 무차원 계수를 비교하면 다음 표와 같이 나타낼 수 있다.

표 2-2-1 고정익과 회전익의 대표 무차원 계수 비교

고정익		회전익	
Lift(L)	N	Thrust(T)	N
C_L	–	C_T	–
Drag(D)	N	Torque(Q)	Nm
C_D	–	C_Q	–
–	–	Power($P=Tv$)	Nm/s=W
–	–	C_P	–
L/D(양항비)	–	Figure of Merit	–

회전익의 무차원 계수인 추력, 토크, 파워 계수는 다음 식과 같이 표현할 수 있다. 여기서 R은 로터 면의 반지름이고, Ω은 회전익의 회전 각속도이다.

$$C_T = \frac{T}{\rho_\infty \pi \Omega^2 R^4} \qquad \text{식 2.7}$$

$$C_Q = \frac{Q}{\rho_\infty \pi \Omega^2 R^5} \qquad \text{식 2.8}$$

$$C_P = \frac{P}{\rho_\infty \pi \Omega^3 R^5} \qquad \text{식 2.9}$$

회전익의 경우 고정익과는 달리 비행체의 전진 비행 속도를 통하여 양력을 만들지 않고 회전익 자체의 회전을 활용하여 양력을 발생시킨다. 이러한 양력은 회전익이 만들어내는 로터 면에 수직

방향으로 작용하고, 보통 이 힘을 추력이라고 표현한다. 회전하는 날개의 에어포일 형상과 유동의 속도에 따라 양력의 크기가 결정되는데, 이러한 힘의 발생 원리는 고정익과 동일하다.

회전익에서 항력과 동일한 개념은 토크이다. 토크는 회전익을 회전시켜 추력을 발생시키기 위하여 회전축에 입력하는 모멘트의 크기로 생각할 수 있다. 토크의 크기는 회전하는 날개의 길이 방향 요소들의 중심축으로부터의 거리와 각각의 위치에서 발생하는 항력의 곱을 모두 더한 것으로 표현할 수 있다. 상세한 내용은 챕터 3에서 다루기로 하고, 본 챕터에서는 고정익의 항력과 회전익의 토크가 대응되는 개념이라고 이해하면 된다.

파워는 회전익의 공기역학을 설명할 때만 활용되는 개념이다. 토크를 회전 각속도로 나누면 파워를 도출할 수 있는데, 이는 와트(W)의 단위로 나타내는 일률이다. 회전익의 추력을 발생시키기 위하여 필요한 시간당 에너지를 나타내는 개념이다.

고정익의 효율을 표현하는 양항비(L/D)는 양력을 항력으로 나눈 무차원 계수이다. 이는 동일한 크기의 양력을 만들기 위해서 얼마만큼의 항력이 발생하는지를 표현한다. 회전익에서는 그 효율을 나타내기 위하여 Figure of Merit이라는 값을 사용한다. 이는 공기역학적 파워를 실제 소모되는 파워로 나눈 값이다. 1에 가까울수록 효율이 높은 회전익이다.

② 회전익 공력 특성

회전익에서 발생하는 추력의 크기는 뉴턴의 제2 법칙으로 개략적 설명이 가능하다. 뉴턴의 제2 법칙은 운동량 측면에서 살펴보면 "운동량의 변화는 물체에 가해진 힘의 크기에 비례한다."와 동일하다. 회전익이 회전하면서 만들게 되는 로터 면의 위와 아래의 유동속도는 회전하는 로터의 영향으로 변하게 된다. 이 유동속도의 변화에 의한 공기 질량의 운동량 변화를 통하여 회전익이 발생시키는 추력을 이해할 수 있다.

1) Momentum Method

운동량의 변화 관점에서 회전익에서 발생하는 추력의 크기를 유도해 보자. 그림 2-2-6을 참고하여 살펴보면, 회전익이 회전하면서 원형의 로터 면을 형성하고, 대기 중 공기는 로터 면을 통과한 후 가속되어 로터 면 아래쪽으로 밀려난다. 이때 운동량의 변화로 발생한 추력은 회전익 항공기의 중량과 균형을 이루게 되고 비행체는 제자리에서 비행할 수 있게 된다.

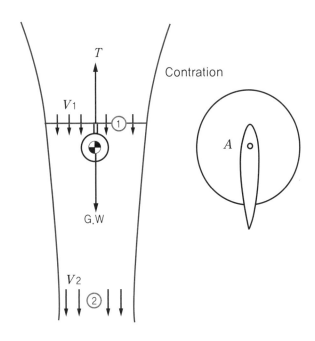

그림 2-2-6 회전익이 만드는 로터 면의 상하 유동의 도식적 표현 [4]

먼저 운동량 측면에서 살펴본 뉴턴의 제2 법칙은 다음과 같다. 이 식은 운동량의 시간 변화량이 질량에 가해진 힘의 크기와 같다는 것을 표현한다.

$$F = ma = \frac{d}{dt}(mv)$$

식 2.10

이 식을 로터에서 발생하는 추력(T)과 로터 면을 통과하기 전과 후의 유동속도의 차이 ($\Delta v = v_2 - v_0 \approx v_2$)를 통해 표현하면 다음 식과 같다. v_0는 로터 면을 통과하기 전의 대기의 속도를 의미하며, 일반적으로 0으로 근사할 수 있다. v_2는 로터 면을 통과한 후 아래쪽으로 멀리(far-field) 밀려난 후류의 속도를 의미한다.

$$T = \dot{m}\Delta v$$

식 2.11

여기서 로터 면을 통과하는 질량 흐름을 $\dot{m} = \rho v_1 A$ 로 표현할 수 있기 때문에 식은 다음과 같이 변한다.

$$T = \dot{m}\Delta v = \rho v_1 A v_2$$

식 2.12

여기서 A는 로터 면의 면적이고, v_1은 로터 면을 통과하는 유동의 속도이다. 따라서 추력(T)은 대기의 밀도, 로터 면의 면적, 로터 면을 통과하는 유도속도(v_1, induced velocity), 그리고 far-filed의 후류속도 v_2를 통하여 구할 수 있다.

2) 주요 개념 정리

회전익에서 발생하는 추력과 관련된 몇 가지 주요 개념을 정리해 보자.

① 유도속도(Induced Velocity)

앞서 유도한 추력을 구하는 식에서 볼 수 있듯이 유도속도(v_1)는 추력을 정의하는 데 필수적인 값이다. 유도속도는 회전익의 로터 면을 통과하는 공기의 속도를 의미한다. 이 유도속도는 회전익이 만들어내는 파워(일률)를 통해 살펴볼 수 있다. 회전하는 로터 면은 정지된 대기를 빨아들여 로터 면 아래쪽으로 가속된 유동을 만들어낸다. 이를 회전익이 정지된 대기에 가한 에너지의 단위 시간당 크기, 즉 파워의 관점에서 살펴보면 다음과 같은 식으로 표현할 수 있다.

$$P_R = T v_1 = \rho v_1^2 A v_2$$

식 2.13

여기서 P_R은 로터에 의해서 생성된 파워를 의미한다. 로터 면을 통과하는 유동의 유도속도(v_1)와 그때 발생하는 추력(T)의 크기를 곱하면 힘(N)과 속도(m/s)를 곱한 것이 되고, 이 단위를 살펴보면 Nm/s가 된다. 이는 에너지의 단위인 Nm을 단위 시간당 나타낸 형태가 되어 회전익이 생성하는 파워(W)를 표현하게 되는 것이다.

이제 로터 면을 통과한 후류의 파워를 살펴보자. 먼저 로터 면을 통과하기 전후의 질량 유동량의 크기는 변화가 없음($\dot{m_1} = \dot{m_2}$)을 확인하자. 후류의 파워는 다음 식과 같이 후류가 가지는 운동에너지의 시간 변화율로 나타낼 수 있다.

$$P_W = \frac{1}{2}\dot{m_2}v_2^2$$

식 2.14

여기에 앞서 구한 $\dot{m} = \rho v_1 A$의 관계와 $\dot{m_1} = \dot{m_2}$를 고려하면 다음 식과 같이 나타낼 수 있다.

$$P_W = \frac{1}{2}\dot{m_2}v_2^2 = \frac{1}{2}\dot{m_1}v_2^2 = \frac{1}{2}\rho v_1 A v_2^2 \qquad \text{식 2.15}$$

로터 면에서 생성된 P_R이 손실 없이 후류의 파워인 P_W로 전달되어 동일하다고 생각하면, 다음과 같은 등식이 성립한다.

$$P_R = Tv_1 = \rho v_1^2 A v_2 = \frac{1}{2}\rho v_1 A v_2^2 = P_W \qquad \text{식 2.16}$$

즉 다음 식과 같이 로터 면의 유도속도(v_1)는 후류속도(v_2)와 다음의 관계를 가진다. 즉 후류의 속도는 유도속도의 두 배이다.

$$2v_1 = v_2 \qquad \text{식 2.17}$$

유사한 방법으로 로터 면을 통과한 후류의 면적도 다음 식과 같이 유도할 수 있다. 후류 면적은 로터 면 면적의 절반이다.

$$\rho A_1 v_1 = \rho A_\infty v_2 = \rho A_\infty (2v_1) \qquad \text{식 2.18}$$

$$A_1 = 2A_\infty \qquad \text{식 2.19}$$

② 디스크 로딩(Disk Loading)

디스크 로딩은 로터 면 전후의 압력 변화를 의미한다. 로터 면을 디스크로 표현하고 있으며, 그 전후의 불연속적인 압력 변화를 나타낸다. 추력을 로터 면의 면적으로 나눈 개념으로 다음 식과 같이 정의할 수 있다.

$$T = \rho v_1 A v_2 = 2\rho v_1^2 A \qquad \text{식 2.20}$$

$$v_1 = \sqrt{\frac{T}{2\rho A}} = \sqrt{\frac{1}{2\rho}D.L.} \qquad \text{식 2.21}$$

$$D.L. = \frac{T}{A} \qquad \text{식 2.22}$$

③ 성능지수(Figure of Merit)

성능지수, 즉 Figure of Merit는 회전익의 효율을 나타내는 지표이다. 고정익의 양항비(L/D)와 유사한 개념이다. 회전익의 로터가 공기역학적으로 발생시키는 추력과 그것으로 인한 파워를 계산한 후 그 값을 실제 회전익의 구동을 위해 소모되는 파워와 비교하는 값이다. 공기역학적으로 발생시키는 파워는 이상적인 파워(ideal power)라고 표현하기도 한다. 다음 식과 같이 추력과 유도속도의 곱으로 나타낼 수 있다.

$$P_R = Tv_1 = T\sqrt{\frac{D.L}{2\rho}}$$

식 2.23

Figure of Merit는 다음 식과 같이 표현할 수 있다.

$$Figure\ of\ Merit = \frac{induced\ power}{actual\ power}$$

식 2.24

Figure of Merit는 1에 가까울수록 좋은 효율을 나타낸다. 일반적인 드론용 프로펠러는 그 값이 0.7~0.8 정도에 분포한다.

③ 회전익 공력소음

모든 기계요소는 소음을 만들어낸다. 마찬가지로 로터 또한 소음을 만들어내는데, 잘 알다시피 회전익기의 대표 격인 헬리콥터는 매우 심한 소음으로 인해 운용에 제약받고 있다. 이는 드론에서도 마찬가지인데, 우리가 드론을 띄우고 내릴 때 듣는 소음으로 인해 도심 속에서는 드론 활용이 어렵다. 따라서 이러한 소음의 특징을 아는 것이 중요하다.

로터에서 발생하는 소음은 여러 가지가 있다. 첫 번째로 로터가 회전하면서 발생하는 구조적 진동으로 인한 진동소음(vibration noise)이 있고, 두 번째로 로터가 만들어내는 복잡한 유동현상에 의한 공력소음(aerodynamic noise)이 있다. 이중 공력소음이 진동소음보다 훨씬 큰 소음을 발생시키므로, 본 절에서는 공력소음만을 다룬다.

1) 로터의 공력 소음원

공력소음은 말 그대로 공기의 흐름에 의해 만들어지는 소음을 뜻한다. 사실 우리는 일상생활에서도 공력소음을 많이 듣고 있는데, 여러 공력소음의 원인, 즉 공력 소음원에 따라 무엇이 다른지 알아보자.

① 소음의 발생 원리

우리가 듣는 소음은 소음원으로부터 소리가 전파되어 우리의 귀에 도달하는 전파 메커니즘을 가지고 있다. 우리가 여러 매체를 통해 '우주에서는 소리를 들을 수 없다.'라고 배워왔는데, 우주에서는 물이나 공기와 같이 소리를 전달하는 매질이 없기 때문에, 아무리 소리가 만들어지더라도 우리의 귀로 소리가 전달되지 않기 때문이다.

좀 더 원론적으로 소음원을 고려해 보자. 소음원(noise source)은 주변의 매질을 소음원 바깥으로 밀어내면서 순간적인 매질의 압력을 변화시키는데, 이러한 미소한 압력 변화가 매질을 따라 전파하고, 이것이 소음이 된다. 이때 압력 변화량이 많으면 클수록 더 큰 소음이 만들어져 전파된다. 압력 변화량을 만들어내는 소음원은 여러 가지가 있는데, 그중 로터에서 주로 발생하는 소음원은 다음과 같다.

② 두께소음(thickness noise)

우리가 골프를 치고 있다고 생각해 보자. 골프공을 맞추기 위해 힘껏 골프채를 휘두르게 되는데, 이때 '쉬익'하고 들리는 소리가 낯설지 않을 것이다. 이것은 정체된 공기를 두께가 있는 골프채가 밀며 나아가면서 발생하는 소음으로, 두꺼운 물체 표면에 의해 순간적으로 공기의 압력이 변화하면서 발생하는 것이다. 로터도 마찬가지로, 로터의 블레이드는 길이에 비해 얇지만 두께를 가지고 있고, 이것이 회전하면서 맞닿은 공기를 앞으로 밀어내며 지나가게 되고, 로터의 회전에 의해 주기적으로 발생하면서 소음이 만들어진다. 이러한 소음을 두께가 있는 물체에 의한 소음이라고 해서 두께소음이라고 부른다. 이러한 현상은 로터 블레이드의 앞전에서 발생하므로 두께소음은 로터 앞전, 즉 로터의 회전면(rotating plane)과 평행한 방향에서 가장 크게 들린다. 또한 상대적으로 얇은 물체일수록 소프라노와 같은 높은 음역의 소음이 나고, 두꺼운 물체일수록 테너와 같은 낮은 음역의 소음이 나는데, 이것은 두께소음의 특징이다.

③ 하중소음(loading noise)

하중소음은 블레이드에 하중(loading)이 걸렸을 때 발생하는 소음이다. 이때 하중은 날개 입장에서는 양력, 블레이드 입장에서는 추력을 뜻하는데, 앞서 양력 및 추력은 날개(또는 블레이드)

의 위아래 압력 차에 의해 발생한다고 설명한 바 있다. 이러한 압력 차는 로터가 회전하면서 가지는 회전면의 수직 방향으로 발생하고, 블레이드가 지나가고 난 뒤 이 압력 차는 로터 주위 공기의 압력 변화를 만들어낸다. 이것에 의해 발생하는 소음을 하중소음이라고 한다. 압력 차가 발생하는 방향이 로터 회전면의 수직 방향이므로 두께소음과는 달리 회전면과 평행한 방향에서는 들리지 않고, 로터 축 방향과 회전면의 사선 방향으로 크게 발생한다.

④ 톤소음(tonal noise)

앞서 언급한 두께소음과 하중소음은 주기적으로 회전하는 로터에 의해 발생한다. 이때 소음은 주기성을 띠게 되는데, 예컨대 로터가 1분당 600번 회전한다고 생각해 보자. 즉 회전수는 600RPM(Revolution Per Minute)이 된다. 이것을 1초당 회전수로 변환하면 600/60=10RPS(Revolution Per Second), 즉 1초에 로터가 10번 회전하는 것이고, 그렇다면 두께소음과 하중소음 또한 1초에 10번씩 크게 발생하는 것이 된다. 이렇듯 로터의 주기성, 즉 로터의 회전 주파수(frequency)에 맞추어 발생하는 소음을 톤소음이라고 부른다.

⑤ 광대역소음(broadband noise)

광대역소음은 앞서 언급한 톤소음과는 성향이 다르다. 톤소음은 로터의 회전 주파수에 맞춰 발생하지만, 광대역소음은 회전 주파수와는 상관없이 매우 광범위한 주파수에서 발생한다. 이를 광대역소음이라고 부르는데, 광대역소음의 소음원은 매우 다양하다. 그림 2-2-7은 로터 블레이드의 단면 에어포일이 만드는 광대역 소음원들을 도식화한 것이다.

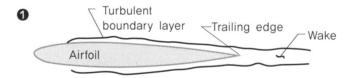

Turbulent-boundary-layer—Trailing edge noise

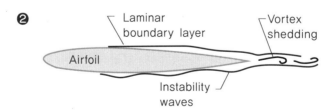

Laminar-boundary-layer—Vortex-shedding noise

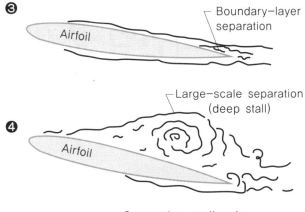

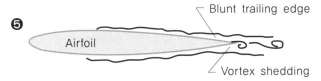

Separation-stall noise

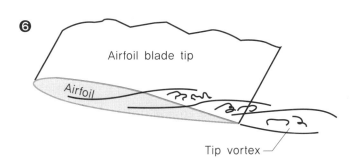

Trailing-edge-bluntness—vortex-shedding noise

Tip vortex formation noise

그림 2-2-7 로터 블레이드의 단면 에어포일이 만드는 광대역 소음원 [4]

그림을 보면 에어포일 주위에서 발생하는 다양한 공기 흐름의 변화를 볼 수 있다. ❶, ❷ 그림은 에어포일 표면에 발생하는 경계층(boundary layer) 내부에서 교란(disturbance)이 발생하여 이것이 압력 변화로 작용하는 소음이고, ❸, ❹ 그림은 에어포일 표면에서 떨어져 나온 공기가 에어포일 표면과 부딪히면서 압력 변화가 발생하는 소음이다. 그리고 ❺ 그림은 에어포일 끝단이 두께를 가지고 있어, 끝단이 마치 두께소음과 같은 소음을 만들어내는 것이다. 마지막으로 ❻ 그림은 앞서 설명한 날개끝 와류가 블레이드 표면과 맞닿으면서 발생하는 압력 변화에 의한 소음이다.

Chapter 03 모드별 회전익 공기역학

Unmanned Multicopter

본 챕터에서는 회전익 비행체의 비행 모드에 따른 공기역학적 현상을 간략하게 살펴보기로 한다. 회전익 비행체는 제자리 비행이 가능하다는 점이 가장 큰 특징이자 장점이다. 또한 전진 비행뿐만 아니라 후진비행이 가능하다. 고정익 비행체와 동일하게 공중에서 6자유도 운동이 가능하기 때문에 활주로가 없는 환경이나 저속의 정밀한 기동이 필요한 경우에 주로 활용된다. 드론의 경우에는 항공촬영, 측량, 지역 감시 등 다양한 목적으로 활용되고 있는데, 이러한 회전익 비행체의 특성을 잘 활용하고 있다. 하지만 회전익 비행의 특성상 고정익에서는 찾아볼 수 없는 불안정성도 가지고 있다.

1 제자리 비행 공기역학

회전익 비행체가 고정익 비행체와 가장 크게 다른 점은 제자리 비행이 가능하다는 것이다. 회전익의 특성상 한 축을 중심으로 회전하면서 자유흐름을 직접 만들어내고, 그 유동을 활용하여 양력(추력)을 발생시키기 때문에 회전익 비행체는 비행속도가 없는 정지 상태에서도 자체 중량을 이겨낼 수 있는 추력을 중력의 반대 방향으로 발생시킬 수 있다.

1) Blade Element Method

앞서 챕터 2에서 회전익에서 발생하는 추력을 예측하기 위하여 사용한 방법은 Momentum Method로 로터 면을 통과하는 유동의 운동량 변화를 기반으로 추력을 계산하는 방식이다. 회전익에서 발생하는 공기역학적 현상을 좀 더 자세히 설명할 수 있는 이론이 Blade Element Method이며, 이는 회전익의 블레이드를 길이 방향으로 잘게 쪼개어 각각의 미소 블레이드 요소에서 발생하는 공기역학적 힘을 블레이드 길이 방향으로 적분하여 분석하는 방법이다. Momentum Method에 비하여 더욱 자세한 회전익의 공기역학적 현상을 설명할 수 있다는 장점이 있다. 앞으로 몇 단계에 걸쳐 Blade Element Method를 사용하여 회전익에서 발생하는 공기역학적 힘에 대하여 설명해 보고자 한다.

① 회전익 길이 방향의 블레이드 한 조각

먼저 회전익을 길이 방향으로 잘게 쪼갠 후 그중 하나의 조각(blade element)을 살펴보자. 그 조각은 회전 중심으로부터 r만큼 떨어져 있으며 코드길이 c를 가진다. 조각의 폭은 Δr로 정의하자.

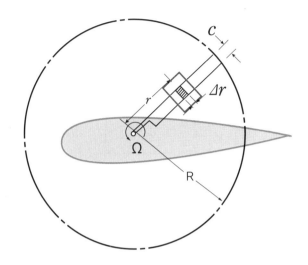

그림 2-3-1 회전익 길이 방향의 블레이드 한 조각 [4]

그 한 조각에서 발생하는 단위 길이당 양력을 계산하면 다음과 같다.

$$\Delta L = L^{'} \Delta r = q C_l c \Delta r \qquad \text{식 2.25}$$

$$C_l = \frac{L^{'}}{qc} \qquad \text{식 2.26}$$

$$q = \frac{1}{2} \rho (r \Omega)^2 \qquad \text{식 2.27}$$

블레이드 조각에서의 양력계수와 받음각은 다음과 같이 나타낼 수 있다.

$$C_l = a_0 \alpha \qquad \text{식 2.28}$$

$$\alpha = \theta - \phi \qquad \text{식 2.29}$$

여기서 α는 유효 받음각을 나타내고, θ는 블레이드의 형상에 따른 기하학적 받음각, 그리고 ϕ는 유도속도에 의해 추가된 받음각이다.

② 블레이드 조각의 단위 길이당 양력

먼저 유도속도에 의한 추가 받음각을 정의하자. 그림 2-3-2를 살펴보면 로터 면에서 발생한 유도속도(v_1)와 회전익의 회전 각속도(Ω)에 의한 속도 성분이 더해지면서 유도속도에 의하여 추가된 받음각을 계산할 수 있고, 유효 받음각 역시 다음 식과 같이 계산할 수 있다.

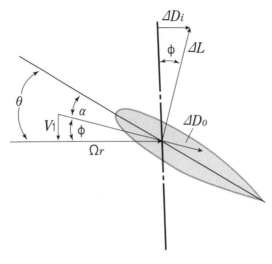

Blade Element

그림 2-3-2 블레이드 조각의 유효 받음각 정의 [4]

$$\phi = \tan^{-1}\frac{v_1}{r\Omega} \cong \frac{v_1}{r\Omega}$$ 식 2.30

$$\alpha = \theta - \frac{v_1}{r\Omega}$$ 식 2.31

따라서 블레이드 조각에서의 양력계수는 다음과 같이 표현할 수 있다.

$$C_l = a_0\left(\theta - \frac{v_1}{r\Omega}\right)$$ 식 2.32

단위 길이당 양력의 크기는 다음과 같이 계산된다.

$$\Delta L = q C_l c \Delta r = \frac{\rho}{2}(r\Omega)^2 a_0\left(\theta - \frac{v_1}{r\Omega}\right)c\Delta r$$ 식 2.33

③ 추력 계산을 위한 블레이드 길이 방향의 적분

단위 길이당 양력의 크기를 계산했으므로 이를 블레이드 길이 방향으로 적분하면 전체 회전익의 추력 크기를 계산할 수 있다. 먼저 블레이드 길이 방향으로의 비틀림(twist) 분포를 다음과 같이 가정하자.

$$\theta = \frac{\theta_t}{r/R} \qquad \text{식 2.34}$$

유도속도에 의해 추가된 받음각인 ϕ를 블레이드 끝단을 기준으로 표현하면 다음과 같다.

$$\phi = \frac{v_1}{r\Omega} = \frac{v_1}{R\Omega}\frac{R}{r} = \frac{\phi_t}{r/R} \qquad \text{식 2.35}$$

위의 두 식을 단위 길이당 양력의 크기를 구하는 식에 대입하면 다음과 같이 정리할 수 있다.

$$\Delta L = \frac{\rho}{2}(r\Omega)^2 a_0 \left(\frac{\theta_t}{r/R} - \frac{\phi_t}{r/R} \right) c\Delta r \qquad \text{식 2.36}$$

$$\frac{\Delta L}{\Delta r} = \frac{\rho}{2}\Omega^2 R a_0 c(\theta_t - \phi_t)r \qquad \text{식 2.37}$$

이제 단위 길이당 양력을 블레이드의 뿌리부터 끝단까지 적분을 수행하면 다음 식과 같은 회전익 블레이드 하나에서 발생하는 양력을 계산할 수 있다.

$$L = \sum \Delta L \Delta r = \int_o^R \frac{\rho}{2}\Omega^2 R a_0 c(\theta_t - \phi_t)r dr = \frac{\rho}{2}\Omega^2 R^2 a_0 cR\left(\frac{\theta_t - \phi_t}{2} \right) \qquad \text{식 2.38}$$

회전익 전체에서 발생하는 추력은 하나의 블레이드에서 생성되는 양력을 블레이드 개수만큼 곱하면 구할 수 있고, 다음 식과 같이 나타낼 수 있다.

$$T = bL = \frac{\rho}{2}(\Omega R)^2 bc R a_0 \left(\frac{\theta_t - \phi_t}{2} \right) \qquad \text{식 2.39}$$

$$V = \Omega R \qquad \text{식 2.40}$$

$$C_l = a_0 \alpha \qquad \text{식 2.41}$$

④ 회전익의 토크와 파워

이제 동일한 방법으로 블레이드 조각에서 발생하는 토크와 공기역학적 파워를 유도해 보자.

블레이드 조각의 단위 길이당 파워는 다음 식으로 나타낼 수 있다.

$$\Delta P = \Delta T v = \Delta Q \Omega \qquad \text{식 2.42}$$

여기서 ΔQ는 블레이드 조각의 단위 길이당 토크이다. 이를 각속도 Ω와 곱하면 단위 길이당 파워를 구할 수 있다.

유도속도에 의해 추가된 받음각인 ϕ를 사용하여 블레이드 조각의 유도항력을 구하면 다음과 같다.

$$\Delta D_i = \Delta L sin\phi \cong \Delta L\phi \qquad \text{식 2.43}$$

$$\phi = \tan^{-1}\frac{v_1}{r\Omega} \cong \frac{v_1}{r\Omega} \qquad \text{식 2.44}$$

블레이드 조각의 전체 항력을 계산하면 다음 식으로 나타난다.

$$\Delta D = \Delta D_i + \Delta D_0 \cong \Delta L\phi + \Delta D_0 \qquad \text{식 2.45}$$

$$\Delta D_0 = \frac{1}{2}\rho(r\Omega)^2 C_d c\Delta r \qquad \text{식 2.46}$$

따라서 블레이드 조각의 단위 길이당 토크는 다음과 같이 정리된다.

$$\Delta Q = r(\Delta L\phi + \Delta D_0) = r\left[\frac{1}{2}\rho(r\Omega)^2 C_l c\Delta r\phi + \frac{1}{2}\rho(r\Omega)^2 C_d c\Delta r\right] \qquad \text{식 2.47}$$

$$\frac{\Delta Q}{\Delta r} = r\left[\frac{1}{2}\rho\Omega^2 Rac(\theta_t - \phi_t)r\left(\phi_t\frac{R}{r}\right) + \frac{1}{2}\rho(r\Omega)^2 C_d c\right] \qquad \text{식 2.48}$$

추력과 동일한 방법으로 블레이드 길이 방향으로 적분을 수행하면 다음과 같이 회전익 전체의 생성 토크와 파워를 정리할 수 있다.

$$Q = b\frac{\rho}{2}\Omega^2 c\left[R^2 a\int_o^R (\theta_t - \phi_t)\phi_t r dr + C_d\int_0^R r^3 dr\right]$$

식 2.49

$$Q = \frac{\rho}{2}(R\Omega)^2 bcR\left[a\frac{\theta_t - \phi_t}{2}\phi_t + \frac{C_d}{4}\right]R$$

식 2.50

$$P = Q\Omega$$

식 2.51

⑤ Figure of Merit의 계산

앞서 챕터 2에서 살펴본 것과 같이 Figure of Merit는 회전익의 효율을 나타내는 지표이며, 고정익의 양항비(L/D)와 유사한 개념으로 사용된다. 회전익 로터 면에서 생성되는 유도속도로 인한 파워는 다음과 같이 나타낼 수 있다.

$$P_i = Tv_1 = T\sqrt{\frac{T}{2\rho A}}$$

식 2.52

$$T = \rho v_1 A v_2 = 2\rho v_1^2 A$$

식 2.53

이와 같은 유도속도로 인한 파워를 무차원 계수로 나타내면 다음과 같이 정리 가능하다.

$$C_{P_i} = \frac{P_i}{\rho A(R\Omega)^3} = \frac{1}{\rho A(R\Omega)^3}T\sqrt{\frac{T}{2\rho A}} = C_T\sqrt{\frac{C_T}{2}}$$

식 2.54

$$T = C_T\rho A(R\Omega)^2$$

식 2.55

Figure of Merit는 유도속도에 의한 파워를 실제 소모된 파워로 나눠서 구할 수 있다. 따라서 다음 식과 같이 나타나며, 고정익의 양항비와 유사한 형태임을 확인할 수 있다. 분자는 양력과 관련된 추력 항이 들어가고, 분모는 항력과 관련된 토크 항이 들어가기 때문이다.

$$F.M. = \frac{C_{P_i}}{C_P} = \frac{1}{C_P}C_T\sqrt{\frac{C_T}{2}} = \frac{C_T^{3/2}}{\sqrt{2}\,C_P} = \frac{C_T^{3/2}}{\sqrt{2}\,C_Q}$$

식 2.56

여기서 C_P와 C_Q가 동일한 이유는 다음과 같다.

$$P = Q\Omega \qquad \text{식 2.57}$$

$$C_P = \frac{Q\Omega}{\rho\pi R^2(R\Omega)^3} = \frac{Q}{\rho\pi R^2(R\Omega)^2 R} = C_Q \qquad \text{식 2.58}$$

2) 끝단 와류로 인한 손실과 지면효과

회전익이 블레이드를 회전하며 추력을 발생시킬 때 실제로 발생하는 현상에 대한 이해가 필요하다. 그중 가장 대표적인 것이 끝단 와류로 인한 손실(tip loss, root loss)과 지면효과(Ground effect) 이다.

① Tip loss와 Root loss

고정익과 마찬가지로 회전익의 경우에도 블레이드의 끝단에서 와류가 발생한다. 이는 앞서 챕터 2에서 설명한 것과 마찬가지로 날개의 윗면과 아랫면의 압력 차로 인한 다운워시(down wash) 와 업워시(up wash)의 상호작용 때문이다. 이러한 상호작용으로 인한 와류는 유한한 길이를 가 지는 날개에서만 발생하며, 회전익의 경우 블레이드의 끝단과 블레이드의 뿌리 부분에서 발생하 게 된다. 다만 고정익과는 달리 그 세기가 대칭이 아니며, 끝단에서의 와류의 세기가 뿌리 부분 에서의 와류의 세기보다 크다. 형성되는 형태는 다음 그림에서와 같이 로터 면 아래쪽으로 후류 를 형성하며 코일 모양으로 내려간다.

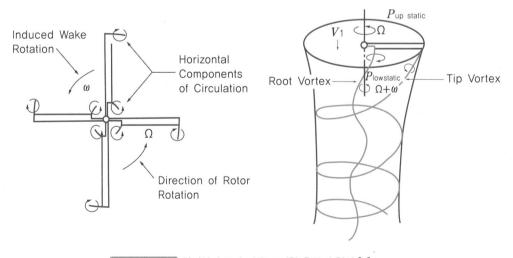

그림 2-3-3 회전익의 끝단 와류로 인한 후류의 형상 [4]

이러한 끝단 와류로 인하여 Blade Element Method를 통하여 예측하는 추력의 크기는 실제 추력과는 차이를 보인다. Blade Element Method를 활용하여 블레이드의 길이 방향별 추력 기여를 살펴보면, 뿌리 부분에서 블레이드 끝단으로 갈수록 선형적으로 증가하게 된다. 하지만 실제로는 뿌리 부분과 끝단에서의 와류로 인한 손실이 존재하기 때문에 이론적인 값과는 차이를 가진다. 이러한 값의 차이를 보정하기 위하여 손실 계수를 도입하여 추력을 예측하기도 한다.

② 지면효과(Ground Effect)

지면효과는 회전익이 지면과 가까운 곳에서 비행할 때 발생하는 효과이다. 지면의 영향이 없는 공중에서 비행할 때보다 적은 파워로 제자리 비행의 유지가 가능하다는 특징이 있다. 이는 로터 면을 통과한 후류가 아래 방향으로 빠져나가지 않고 지면과 부딪혀 그 방향이 바뀌게 되고, 이러한 지면과의 상호 작용으로 인하여 로터 면에서의 유도속도가 느려지기 때문이다. 느려진 유도속도는 유도 항력의 크기를 작게 만들기 때문에 보다 적은 파워로도 동일한 추력의 발생이 가능한 원리이다.

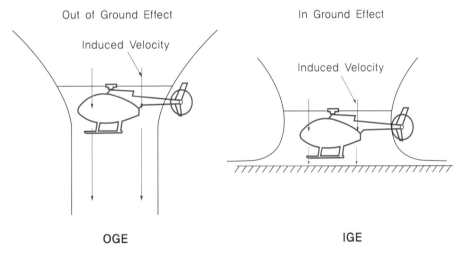

그림 2-3-4 지면효과에 따른 후류 형상의 변화 [4]

이러한 지면효과는 일반적으로 로터 면 지름 이상의 높이로 비행할 경우 거의 사라지는 것으로 실험적으로 알려져 있다. 로터 면 지름의 10% 정도의 높이로 비행할 때는 동일한 추력을 발생시키기 위한 유도속도의 크기가 약 60~70%로 줄어든다.

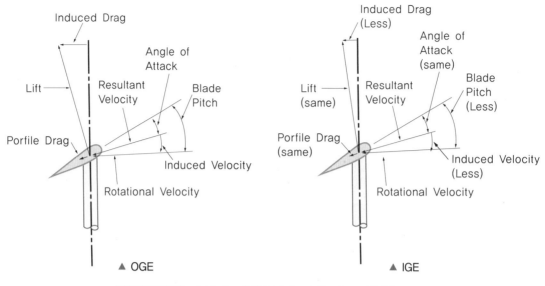

▲ OGE   ▲ IGE

그림 2-3-5 지면효과로 인한 블레이드의 유도속도 변화 [4]

② 수직/전진 비행 공기역학

회전익 비행체는 그 특장점인 제자리 비행 이외에도 일반적인 비행체들과 동일하게 공중에서 6자유도 운동이 가능하다. 이착륙 시에는 수직 방향의 상하 비행을 수행하고, 지점 간 이동을 위해서는 전진 비행 또는 좌우 방향의 비행을 수행하게 된다. 이러한 병진 방향의 비행을 할 때 회전익의 특징적인 공기역학적 현상이 발생한다.

1) 수직 비행 시 공기역학적 특성

수직 방향의 비행은 이륙 및 착륙 시에 가장 많이 수행하게 된다. 제자리 비행이 가능하고 활주로 없이 이착륙이 가능한 회전익 비행체의 장점 덕분에 고정익 비행체와 비교하면 운용할 수 있는 지형의 제약이 거의 없다고 볼 수 있다.

하지만 회전익 비행체는 과도한 수직 비행 시 공기역학적으로 불안정한 상태에 빠질 수 있다. 특히 멀티콥터 형태인 드론의 경우, 기동을 위하여 빠른 강하 속도로 비행체를 조종할 때 조종 불능에 빠지게 되어 비행체와 탑재체의 복구 불가능한 손상이 가해지는 때도 종종 발생한다.

① Vortex Ring State

회전익 비행체가 빠른 하강속도를 가지며 수직 비행을 할 때 빠지기 쉬운 불안정 상태가 있는데, 이를 Vortex Ring State라고 한다. 말 그대로 와류가 고리처럼 형성된 상태를 의미하는데, 이때는 로터 면의 급격한 추력 변화가 발생할 수 있고, 기체의 큰 진동이 발생하며, 조종 불능 상태가 되어 추락하기 매우 쉽다.

그림 2-3-6 VRS에 빠진 헬리콥터의 유동 가시화

출처: https://youtu.be/HjeRSDsy-nE

회전익 비행체가 로터 면에서 발생하는 유도속도와 비슷한 하강속도를 가지게 되면, 로터 면을 통과한 유동은 후류를 형성하며 아래로 빠져나가지 않고, 하강속도 때문에 발생하는 상대 유동으로 인하여 로터 면을 돌아서 다시 위쪽으로 올라간다. 올라간 유동은 다시 블레이드의 회전으로 인하여 로터 면 아래로 내려온다. 이러한 현상이 반복되면 위의 그림에서 볼 수 있듯이 고리의 형태를 가지는 와류에 로터 면이 갇히게 되어 정상적인 추력 발생이 불가능하고 비행 제어도 불가능한 상황에 빠진다.

멀티콥터 형태의 드론도 동일한 현상이 발생하게 되는데, 이런 경우에는 드론의 자세 제어가 불가능해지면서 추력을 올리더라도 상승하지 않고 제어력을 잃고 지속적으로 하강하여 추락하는 사고가 발생한다.

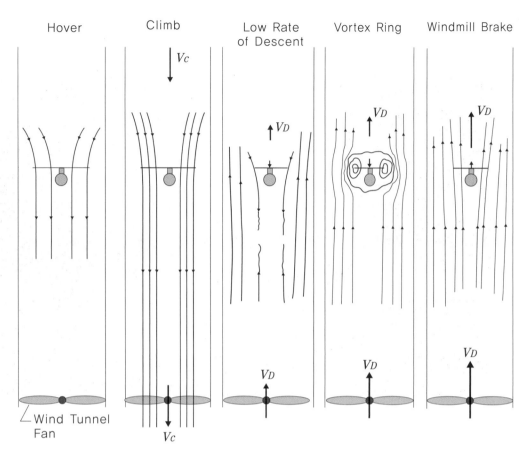

그림 2-3-7 회전익 비행체의 하강 속도에 따른 주변 유동의 형태 도식 [4]

② Windmill State

회전익 비행체가 동력원을 상실했을 때 그 하강속도가 로터 면에서 생성되는 유도속도보다 큰 상태가 되면 Windmill State라고 불리는 현상이 발생한다. 이는 헬리콥터의 비상착륙 때 사용하기도 하는 Auto Rotation 기동과 동일하다. VRS를 탈출하기 위해 의도적으로 사용될 때도 있지만, 회전익 비행체를 운용할 때 일반적으로 경험하는 현상은 아니다. 특히 멀티콥터 형태의 드론은 로터 면의 면적이 이와 같은 Windmill State를 만족시킬 수 있을 만큼 넓지 않기 때문에 동력원을 상실했을 때 비상착륙 방식으로는 사용할 수 없다. 또한 드론의 경우 개별 로터 회전 각속도의 차이로 비행 제어를 하므로 Auto Rotation 상태에서 비행체의 자세를 제어할 방법도 없다.

그림 2-3-8 Auto Rotation을 사용하여 착륙 중인 헬리콥터

출처: https://youtu.be/vLtOO7zqX2k

2) 전진 비행 시 공기역학적 특성

제자리 비행 상태에서는 기체의 총중량이 추력과 균형을 이루고 전후 또는 좌우 방향의 추력 벡터 성분은 최소화하는 방향으로 비행을 제어한다. 회전익 비행체가 전진 비행을 하기 위해서는 추력 (T)이 발생하는 로터 면을 앞으로 기울여 추력 벡터의 전진 성분을 만들어야 한다. 제자리 비행과 전진 비행 시의 힘의 평형을 식으로 나타내면 다음과 같다.

① 제자리 비행

$$\sum F_x = 0 \qquad\qquad \text{식 2.59}$$
$$\sum F_y = T - (G.W. + D_v) = 0 \qquad\qquad \text{식 2.60}$$

② 전진 비행

$$\sum F_x = - T\sin(\alpha_{TPP}) + D_F = 0 \qquad\qquad \text{식 2.61}$$
$$\sum F_y = T\cos(\alpha_{TPP}) + D_v - G.W. \qquad\qquad \text{식 2.62}$$

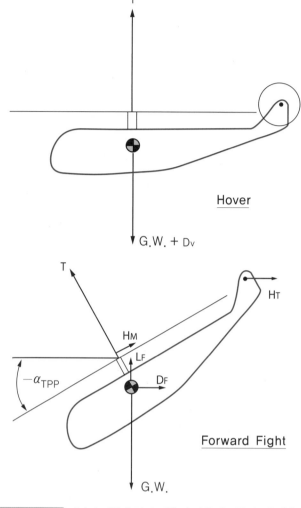

그림 2-3-9 제자리 비행과 전진 비행 시 작용하는 힘의 평형 [4]

전진 비행 중인 회전익 블레이드는 회전 위치에 따라 작용하는 공기역학적 힘이 변한다. 왜냐하면 블레이드로 불어오는 공기의 흐름은 로터의 회전 각속도에 의한 유동과 비행체의 전진 비행으로 인한 유동이 합쳐지기 때문이다. 블레이드가 비행체의 전진 방향으로 움직일 때는 로터의 회전 각속도에 의한 유동과 전진 비행으로 인한 유동이 더해져서 더 강한 유동을 맞이하게 된다.

하지만 비행체의 전진 방향의 반대 방향으로 블레이드가 움직일 때는 로터의 회전 각속도에 의한 유동과 전진 비행으로 인한 유동이 반대 방향이 되면서 상대적으로 약한 유동을 맞이하게 된다. 특히 블레이드의 뿌리 쪽에서는 각속도에 의한 유동의 크기가 작기 때문에 전진 비행으로 인한 유동이 더 크게 영향을 주면서 유동의 합속도가 로터의 회전 방향의 반대 방향으로 작용하고 추력의 방향이 반대될 수도 있다.

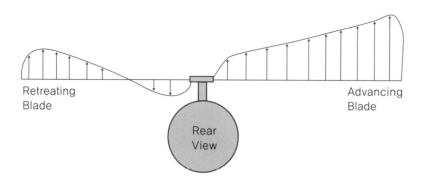

그림 2-3-10 블레이드가 전진할 때와 후퇴할 때의 양력 분포 [3]

이러한 블레이드의 전진 및 후퇴 시 공력 특성 차이로 인하여 회전익은 한 바퀴를 돌면서 주기적인 공력 변화를 겪게 된다. 이러한 주기적인 힘의 변화는 블레이드 구조를 주기적으로 가진하게 되고 가진된 블레이드는 상하 방향으로 진동하게 되는데, 이를 플래핑(Flapping) 운동이라고 부른다.

그림 2-3-11 멀티콥터 형태 드론의 전진 비행 시 좌우 로터의 공력 차이

헬리콥터의 경우에는 이러한 블레이드의 회전 위치에 따른 공력 변화를 최소화하기 위하여 블레이드가 전진할 때는 블레이드의 받음각을 작게 만들고, 후퇴할 때는 받음각을 크게 만드는 Cyclic-pitch 제어를 수행한다. 이러한 방법을 통하여 전진 및 후퇴할 때 공력 변화를 최소화하여 기체의 진동과 공력 효율을 향상한다.

하지만 멀티콥터 형태의 드론은 블레이드의 받음각을 능동적으로 변화시킬 수 있는 메커니즘이 적용되지 않는다. 블레이드의 각도는 고정되어 있으며 일반적으로 각 로터의 회전 각속도를 변화시키면서 비행 제어를 수행한다. 따라서 전진 비행 시 블레이드의 회전 위치에 따른 공력 변화는 피할 수 없다. 하지만 좌우 로터의 회전 방향을 반대로 작동시키기 때문에, 비행체에 가해지는 모멘트의 영향은 최소화된다.

PART

03

드론 제어

학습목표

멀티콥터 형태의 드론은 비행을 위해 다수의 프로펠러 및 모터로부터 발생하는 추력과 토크를 이용한다. 프로펠러와 모터, 전자변속기 등의 제조 과정 및 작동환경에서 발생할 수밖에 없는 오차로 인해, 동일한 규격의 프로펠러와 모터를 하나의 세트로 구성하여 사용하는 경우에도 동일한 구동 명령에 대해 각각의 세트가 만들어내는 추력과 토크의 크기가 미세하게 달라진다. 또한 전체 드론을 제작하는 과정에서 무게중심이 프레임의 정중앙에 위치하도록 하는 것이 불가능하다. 이에 따라 드론이 가지고 있는 여러 세트의 프로펠러와 모터 구동을 위해 일괄적으로 동일한 구동 신호를 입력하여도 앞서 설명한 미세한 차이들이 누적되어 드론의 자세각을 회전시키려는 토크가 발생하며, 결과적으로 드론이 안정적인 비행을 하지 못하고 지면에 추락하게 된다. 드론이 추락하지 않고 안정적인 비행을 유지하기 위해서는 드론의 자세각과 위치를 끊임없이 추정하고, 적절한 계산을 통해 각각의 프로펠러와 모터 세트를 위한 구동 명령을 생성해 내는 제어 시스템이 적용되어야 한다. 이번 파트에서는 드론에 작용하는 힘과 그에 따른 움직임을 이해하기 위한 비행동역학, 각각의 프로펠러와 모터 세트를 위한 구동 명령을 생성해 내는 비행 제어, 드론의 위치 및 자세각을 측정하기 위한 센서 융합의 원리에 대해 간략하게 알아본다.

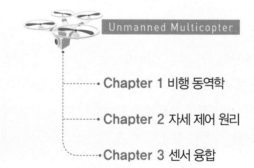

Unmanned Multicopter

Chapter 01 비행 동역학

Unmanned Multicopter

드론의 움직임을 정확하게 이해하기 위해서는 비행 동역학(flight dynamics)에 대한 이해가 선행적으로 이루어져야 하지만, 3차원 공간상에서 회전 움직임을 포함하는 물체의 운동방정식을 풀어내기 위해서는 복잡한 수학적 배경지식이 요구된다. 본 챕터에서는 수식의 도입을 최소화하고, 동역학(dynamics)적인 관점에서 드론이 공중에서 어떻게 자유자재로 위치와 자세각 변화를 만들어낼 수 있는지 이해하기 위한 지식을 살펴볼 것이다. 우선, 공간상에서 물체의 위치 및 자세각을 정의하기 위한 자유도, 물체의 움직임을 만들어낼 힘과 토크에 대해 학습할 것이다. 이를 바탕으로 프로펠러와 모터한 쌍에서 발생하게 되는 추력과 토크, 여러 쌍의 프로펠러와 모터로부터 발생하는 추력과 토크들이 드론에 동시에 작용할 때 전체적인 힘의 크기와 방향에 대해 알아볼 것이다.

1 강체 및 자유도

1) 강체

현실 세계에서 존재하는 모든 물체는 외력이 가해짐에 따라 변형이 발생한다. 물체를 구성하는 재료의 성질 중 하나인 탄성의 크기에 따라 동일한 외력에 대해 커다란 변형이 발생하는 경우도 있고, 눈으로 확인하기 어려울 만큼 작은 변형이 발생하는 경우도 있다. 탄성이 작아 상대적으로 커다란 변형이 발생하는 대표적인 재료에는 고무가 있고, 탄성이 커서 상대적으로 작은 변형이 발생하는 대표적인 재료에는 강철이 있다.

그림 3-1-1 탄성이 작은 재료인 고무(좌)와 탄성이 큰 재료인 강철(우)

강체(剛體, Rigid Body)란 형태가 고정되어 변하지 않는 물체를 일컫는 말이다. 변형이 일어나지 않는다는 것은 물체를 구성하고 있는 재료에 위치한 임의의 두 지점을 관찰할 때, 어떠한 크기의 외력에 대해서도 두 지점 사이의 상대적인 위치 변화가 발생하지 않는 것이라고 말할 수 있다. 앞서 설명한 바와 같이 현실 세계에서는 정도의 차이가 다를 뿐 모든 물체가 외력이 가해짐에 따라 변형되기 때문에 완벽한 강체란 존재하지 않으며, 고무와 강철이라는 두 개의 재료를 비교하자면 강철로 만들어진 물체가 상대적으로 강체에 더 가까운 특성을 갖는다고 할 수 있다.

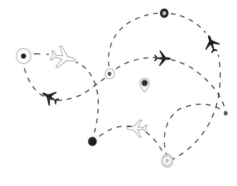

그림 3-1-2 비행 중에 발생하는 항공기 날개의 변형과 항공기 전체의 비행경로 예시

항공기에 탑승하여 날개를 관찰하면, 비행 중에 발생하는 양력에 의해 주날개에 커다란 변형이 발생하며, 이착륙 및 자세 제어를 하는 과정에서 각종 조종면이 작동하며 주변 구조물에 대해 상대적인 움직임이 일어난다는 것을 알 수 있다. 이에 따라 항공기는 현실 세계의 다른 물체와 마찬가지로 완벽한 강체라고 이야기할 수 없을 것이다. 하지만 항공기의 전체적인 비행 과정을 생각해본다면 항공기가 3차원 공간상을 이동하는 거리에 비해 항공기 날개의 변형량 또는 조종면 변화량은 무시할 만큼 매우 작은 값으로, 비행경로와 같이 항공기의 커다란 움직임을 분석하는 과정에서는 항공기를 강체로 취급하여도 큰 문제가 없다. 드론도 항공기와 마찬가지로 완벽한 강체가 아니다.

드론의 비행을 위해 모터 및 프로펠러가 끊임없이 회전하고 있으며, 이때 발생하는 힘으로 드론의 동체를 구성하는 프레임에 변형이 발생하기도 한다. 하지만 모터와 프로펠러의 회전은 회전축을 중심으로 맴도는 움직임이고, 프레임의 변형량은 드론의 전체적인 움직임에 비해 크기가 매우 작기 때문에 드론 또한 전체적인 움직임을 분석하는 과정에서는 하나의 강체로 취급한다.

2) 자유도

많은 과학 분야에서의 자유도(自由度, Degrees of Freedom)는 관찰 대상의 상태를 정확하게 정의하기 위해 필요한 독립적인 변수의 수를 의미한다. 2차원 평면 위를 달리는 자동차를 강체로 취급하고 전체적인 움직임을 정확하게 정의하기 위해서는 전후, 좌우 방향의 위치와 함께 자동차의 이동 방향(헤딩각)까지 총 3개의 변수가 필요하다. 따라서 2차원 평면 위를 달리는 자동차의 자유도는 3 이라고 할 수 있다.

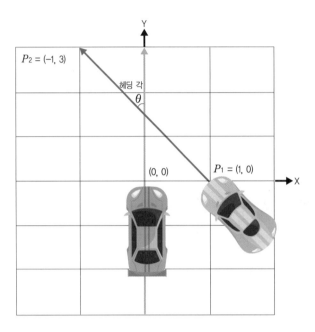

그림 3-1-3 2차원 평면 위를 달리는 자동차의 자유도

3차원 공간을 비행하는 항공기의 경우, 항공기를 강체로 취급하고 전체적인 움직임을 정확하게 정의하기 위해서는 전후, 좌우 방향의 위치와 함께 상하 방향의 위치 정보가 필요하며, 이동 방향(헤딩각)에 더해 앞뒤 방향 기울어짐 각도, 좌우 방향 기울어짐 각도 정보까지 총 6개의 변수가 필요하다. 따라서 3차원 공간을 비행하는 항공기의 자유도는 6이라고 할 수 있으며, 항공기의 한 종류인 드론의 자유도 또한 6이라고 할 수 있다.

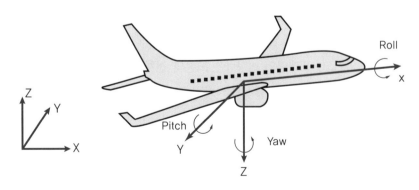

그림 3-1-4 3차원 공간을 비행하는 항공기의 자유도

드론을 제어한다는 것은 3차원 공간을 비행하는 드론의 위치와 자세각을 조종자의 의도에 따라 움직이도록 만든다는 것이며, 드론의 안정적인 비행을 위해서는 6개의 독립적인 변수(3방향의 위치, 3방향의 자세각) 모두를 조종자의 의도대로 제어할 수 있어야 할 것이다.

② 힘과 토크

1) 힘

힘은 어떤 물체의 움직임을 만들어내는 원인이다. 예를 들어 얼음판 위에 정지해있는 하키 퍽에 힘을 가하면 하키 퍽이 운동하기 시작한다. 운동 중인 하키 퍽에 더 이상 힘을 가하지 않는다면 퍽은 등속운동을 유지하며, 다시 또 다른 힘을 가하면 퍽의 속도가 변화할 것이다. 한편, 일반적으로 물체에는 여러 개의 힘이 여러 위치와 방향에서 작용할 수 있다. 예를 들어 아이스하키 퍽의 경우 두 명의 선수가 스틱으로 힘을 가할 때 각각의 스틱으로부터 서로 다른 크기와 방향의 힘이 전달되며, 그 결과 하키 퍽은 두 개 힘의 합인 알짜 힘으로 움직임이 변화할 것이다.

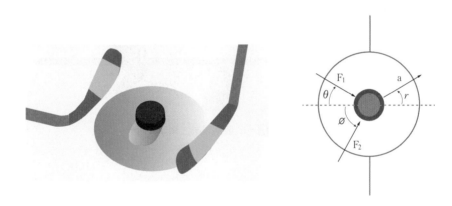

그림 3-1-5 아이스하키 퍽에 작용하는 두 개의 힘

2) 토크

토크는 어떤 물체에 작용하는 힘이 지레의 원리에 의해 해당 물체를 특정한 점을 중심으로 회전하게 만드는 방향으로 가해질 때 생긴다. 문을 여는 경우, 수도꼭지를 트는 경우, 너트를 조이는 경우 문, 수도꼭지, 너트에 토크가 가해진다고 할 수 있다. 토크의 크기는 물체에 작용하는 힘에 비례하며, 회전축으로부터 힘의 작용점까지의 거리에 비례한다.

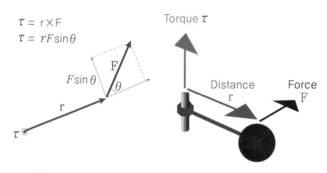

$\tau = r \times F$
$\tau = rF\sin\theta$

그림 3-1-6 물체에 가해지는 힘과 그에 의해 발생하는 토크

시소는 토크의 작용에 따른 물체의 회전 움직임을 잘 관찰할 수 있는 좋은 예 중의 하나이다. 시소의 회전축을 중심으로 양쪽에 각각 사람이 탑승할 경우 탑승한 사람의 무게(질량에 비례), 회전축으로부터의 거리에 따라 시소가 어느 한쪽으로 기울기도 하고 수평을 유지하기도 한다. 시소가 수평을 유지할 경우 시소에 작용하는 토크가 평형을 이루었다고 한다.

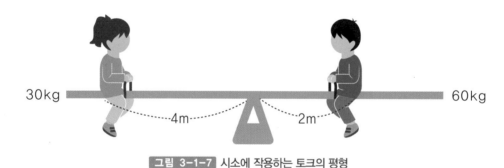

그림 3-1-7 시소에 작용하는 토크의 평형

3) 자유물체도

자유물체도(Free Body Diagram)란 관심의 대상이 되는 특정한 물체를 분리해 놓고 외부 경계 윤곽을 바탕으로 해당 물체에 작용하는 모든 외력(힘과 토크)의 크기, 방향, 작용점을 표시하여 그 물체가 역학적으로 어떤 상태에 놓여있는지를 분석하기 위해 도식적으로 표현한 그림이다. 완성된 자유물체도를 바탕으로 구하는 알짜 힘의 크기와 방향에 따라 그 물체의 움직임에 변화가 발생할 것이다. 예를 들어 어떤 상자에 오른쪽, 왼쪽으로 각각 힘이 작용할 경우 그림 3-1-8의 위와 같이 자유물체도를 그릴 수 있으며, 전체 알짜 힘을 구하면 그림 3-1-8의 아래와 같이 자유물체도를 간단히 나타낼 수 있다. 만약 구해진 알짜 힘의 크기가 0이라면, 해당 물체는 동역학적 관점에서 외력이 전혀 작용하지 않는 것과 같은 상태라고 볼 수 있다.

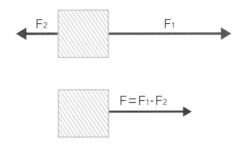

그림 3-1-8 두 개의 외력이 작용하는 상자에 대한 자유물체도

③ 뉴턴의 법칙

1) 뉴턴의 운동 제1 법칙 – 관성의 법칙

일반적으로 관성의 법칙이라고 불리는 뉴턴의 운동 제1 법칙은 갈릴레오의 생각을 정리한 것이다. 갈릴레오는 경사면과 수평면에서의 마찰을 고려한 물체 움직임과 관련된 실험을 통해 "물체의 운동 상태를 유지하려면 힘이 필요하다"라는 생각을 완전히 뒤집어 놓았으며, 뉴턴은 이를 다음과 같이 정리하였다.

> 외력에 의해 물체의 운동 상태가 변하지 않는다면, 정지해 있는 물체는 계속 정지해 있고 운동하는 물체는 직선을 따라 계속 등속도 운동을 한다.

즉 물체에 외력이 가해지지 않는 한 물체는 현재의 운동 상태를 계속 유지하려고 한다는 것이다. 이와 같은 현상은 버스 또는 지하철에 탑승한 경험을 떠올리면 더욱 쉽게 이해될 것이다. 정지해 있던 버스가 출발할 때 승객은 몸이 뒤로 밀려나는 것과 같은 느낌을 받는데, 이는 버스가 앞으로 움직이기 시작하는 반면에 승객의 몸은 계속 정지 상태를 유지하려고 하기 때문이다.

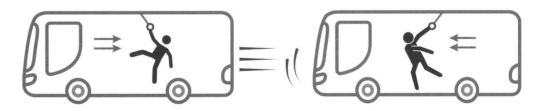

그림 3-1-9 버스에 탑승한 사람이 느끼는 관성력

한편, 물체가 현재의 운동 상태를 계속 유지하려는 성질은 물체의 질량에 비례한다. 질량은 물체를 구성하는 물질의 양으로, 물체의 운동 상태를 변화시키는 외력에 대한 저항의 크기 또는 관성의 크기라고도 할 수 있다. 예를 들어, 발에 힘을 주어 정지 상태의 축구공을 차면 공이 멀리 날아가지만, 동일한 힘으로 정지 상태의 볼링공을 차면 공이 거의 움직이지 않는 이유는 축구공보다 볼링공의 질량이 커서 발로 차는 외력에 대해 더 큰 저항력을 갖기 때문으로 설명할 수 있다.

2) 뉴턴의 운동 제2 법칙 – 힘과 가속도의 법칙

앞 장에서 설명한 바와 같이 힘은 어떤 물체의 움직임을 만들어내는 원인이며, 물체의 움직임을 만들어낸다는 것을 바꿔 말하면 물체의 운동 상태를 변화시킨다는 것이다. 관성의 법칙에 따르면 물체에 외력이 작용하지 않을 경우, 정지해 있는 물체는 계속 정지해 있고 운동하는 물체는 직선을 따라 계속 등속도 운동을 하게 되는데, 물체에 외력이 가해져 운동 상태를 변화시킨다는 것은 물체의 속도를 변화시킨다는 것이다. 주어진 시간에 대한 물체의 속도 변화량을 가속도라고 하며, 다음과 같이 정의된다.

$$\text{가속도} = \frac{\text{속도의 변화량}}{\text{주어진 시간}}$$

식 3.1

뉴턴은 물체를 가속도가 물체에 작용하는 외력의 크기뿐만 아니라 물체의 질량과도 관계가 있다는 사실로부터 다음과 같은 뉴턴의 운동 제2 법칙을 완성하였다.

물체의 가속도는 물체에 작용하는 알짜 힘의 크기에 정비례하며, 물체의 질량에는 반비례한다. 이때 가속도의 방향은 물체에 작용하는 알짜 힘의 방향과 같다.

힘의 단위로 N(뉴턴), 질량의 단위로 kg, 가속도의 단위로 m/s^2를 사용한다면, 뉴턴의 운동 제2 법칙을 다음과 같은 식의 형태로 쓸 수 있다.

$$\text{가속도} = \frac{\text{알짜 힘}}{\text{질량}}$$

식 3.2

3) 뉴턴의 운동 제3 법칙 – 작용과 반작용의 법칙

뉴턴은 힘이란 물체가 가지고 있는 성질의 것이 아니라 두 물체 사이에서 일어나는 상호작용의 한 부분이라는 것을 알았다. 예를 들어 망치로 못을 내리치면 못은 망치로부터 가해지는 힘으로 벽이나 판자에 박히며, 이와 함께 망치의 움직임 또한 멈춘다. 이 과정에서 망치를 휘두르는 사람은 망치를 이용하여 못에 힘을 작용한다고 생각하지만, 움직이는 망치를 멈추게 하는 힘은 못으로부터 작용받게 된다. 망치와 못의 상호작용을 통해 망치가 못에 작용하는 힘과 못이 망치에 작용하는 힘이 한 쌍으로 존재하는 것이다.

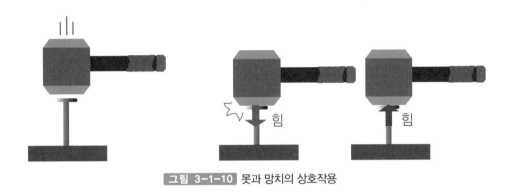

그림 3-1-10 못과 망치의 상호작용

이와 같은 사실을 바탕으로 뉴턴은 운동 제3 법칙을 다음과 같이 정리하였고, 여기서 두 힘 중의 한 힘을 작용, 또 하나의 힘을 반작용이라 한다.

> 한 물체가 다른 물체에 힘을 작용하면, 다른 물체는 힘을 작용한 물체에 크기가 같고 방향이 반대인 힘을 작용한다.

④ 프로펠러 추력 및 모터 토크

1) 프로펠러 추력 및 구동 토크

드론은 안정적인 비행을 위한 양력과 제어력을 발생시킬 목적으로 다수의 프로펠러로부터 발생되는 추력을 활용한다. 프로펠러의 단면은 고정익 항공기의 날개와 같이 에어포일 형상을 가지며, 회전 움직임을 통해 주변 공기에 대한 지속적인 상대속도를 만들어내고 이에 따른 공기흐름에 의해 발생하는 양력이 곧 프로펠러의 추력이 된다.

한편, 공기 중을 움직이는 날개 주변에는 양력과 함께 공기 저항이 만들어진다. 프로펠러에도 날개와 마찬가지로 공기 저항이 만들어지는데, 이때 발생하는 공기 저항은 프로펠러 회전축에 대해 수직 방향으로 작용하며, 이는 전체 프로펠러의 회전속도를 감소시키는 방향의 토크로 작용한다. 프로펠러에서 발생하는 추력의 크기, 공기 저항(또는 공기 저항에 의한 토크)의 크기는 회전속도의 제곱에 비례한다. 프로펠러에서 발생하는 추력의 크기를 일정하게 유지하기 위해서는 프로펠러 회전속도를 일정하게 유지해야 하며, 외부로부터 프로펠러의 회전 방향으로 구동 토크가 가해지지 않는다면 공기 저항에 의한 토크로 인해 프로펠러의 회전속도는 차츰 줄어들어 회전이 멈추고 결국에는 추력도 사라진다. 따라서 프로펠러를 이용하여 원하는 만큼의 추력을 일정하게 만들어내기 위해서는 공기 저항에 의한 토크를 이겨내고 프로펠러의 회전속도를 유지할 수 있는 구동 토크가 가해져야만 할 것이다.

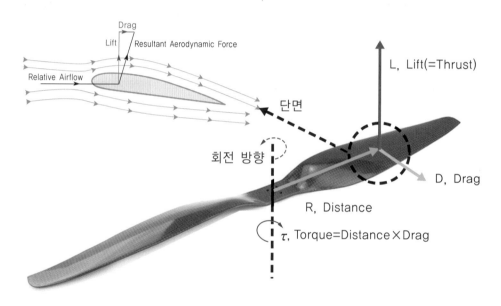

그림 3-1-11 프로펠러 단면의 형상(왼쪽 위), 회전 방향에 따른 양력(추력), 항력 및 구동 토크의 방향

2) 모터 구동 토크

드론에서는 프로펠러의 회전 움직임을 만들어내기 위해 전기모터를 사용한다. 전기모터는 전자석을 포함하는 고정자(stator)와 영구자석을 포함하는 회전자(rotor)가 하나의 세트를 이루며, 전류가 흐르는 전자석과 영구자석 사이에 작용하는 자기력에 의한 토크를 만들어낼 수 있다. 따라서 모터의 회전자는 프로펠러, 모터의 고정자는 드론 프레임과 각각 기계적으로 결합한 이후 고정자에 포함된 전자석에 전류를 입력하면, 회전자와 결합한 프로펠러의 회전 움직임을 만들어내는 것이 가능하다. 이때 프로펠러의 회전 방향과 반대 방향으로 공기 저항에 의한 토크가 발생하며, 프로펠러와

결합한 회전자가 드론 프레임과 결합한 고정자로부터 구동 토크를 전달받아 프로펠러의 회전속도를 유지한다. 한편, 뉴턴의 제3 법칙에 의해 드론 프레임과 결합한 고정자는 회전자로부터 반작용 토크를 전달받는데, 크기는 구동 토크와 같고 방향은 구동 토크와 반대 방향이다. 이 반작용 토크는 고스란히 드론 프레임에 전달되어 드론 프레임이 프로펠러 회전 방향과 반대 방향으로 회전하도록 만들고, 이러한 효과를 상쇄하기 위하여 드론에서 사용되는 다수의 프로펠러 회전 방향이 결정된다.

그림 3-1-12 프로펠러의 회전속도 유지를 위한 모터 구동 토크 및 반작용 토크

⑤ 위치 및 자세각 제어력 발생 원리

1) 자세각 제어력 발생 원리

드론의 비행을 위해서는 안정적인 자세각 제어가 먼저 이루어져야 한다. 드론을 하나의 강체로 가정할 때 3차원 공간상에서 회전 방향으로 3개의 자유도를 가지며, 앞뒤 방향의 기울어짐각 (pitch angle), 좌우 방향의 기울어짐각(roll angle), 그리고 시선각(헤딩각, yaw angle) 각각의 자세각을 독립적으로 제어하기 위해서는 독립적으로 자세각을 변화시킬 수 있는 토크가 필요할 것이다.

그림 3-1-13은 4개의 프로펠러와 모터로부터 발생하는 추력과 토크를 이용하여 비행에 필요한 힘을 만들어내는 쿼드콥터 형태의 드론에 대한 자유물체도를 나타낸다. 드론에 작용하는 외력은 각 프로펠러와 모터에서 작용하는 힘과 토크(F_1~F_4, T_1~T_4), 그리고 자체중량(W)이며, 각 외력의 방향과 작용점은 자유물체도에 표시되어 있다. 여기서 이야기하는 모터의 토크란 앞장에서 설명한

바와 같이 프로펠러 회전 방향의 반대 방향으로 모터의 고정자가 전달받게 되는 반작용 토크이며, 주의해서 살펴볼 점은 드론에 설치된 4개의 모터가 모두 동일한 방향으로 회전하는 것이 아니라 대각선 방향으로 2개씩 짝지어 서로 반대 방향으로 회전한다는 것이다.

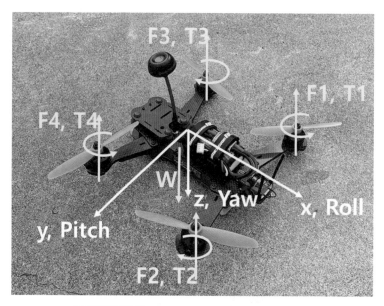

그림 3-1-13 정지비행을 하는 드론의 자유물체도

① 정지비행

드론이 공중에서 위치와 자세각의 변화 없이 제자리 비행을 하고 있다면 속도의 변화량, 즉 가속도가 없는 상황이며 뉴턴의 제2 법칙에 따라 모든 방향에 대한 알짜 힘이 0이라는 의미이다. 이와 같은 상황에서 드론에 작용하는 힘과 토크 크기 관계는 다음과 같다. 우선, 4개의 프로펠러와 모터에서 각각 발생하는 추력과 토크의 크기는 모두 같다.

$$F_1 = F_2 = F_3 = F_4 \qquad \text{식 3.1.1}$$
$$T_1 = T_2 = T_3 = T_4 \qquad \text{식 3.1.1}$$

그리고 드론에 작용하는 알짜 힘을 계산하면 다음과 같다.

$$W - F_1 - F_2 - F_3 - F_4 = 0 \qquad \text{식 3.1.3}$$
$$T_2 + T_3 - T_1 - T_4 = 0 \qquad \text{식 3.1.4}$$

모든 방향에 대한 알짜 힘이 0이기 때문에 뉴턴의 제1 법칙에 따라 드론은 현재의 운동 상태를 유지하려 할 것이고, 위치와 자세각의 변화 없이 제자리 비행을 하는 상태라면 이를 그대로 유지하게 될 것이다.

② 앞뒤 방향의 기울어짐각(Pitch Angle) 제어

앞뒤 방향의 기울어짐각은 그림 3-1-14의 y축을 기준으로 드론이 시소처럼 움직이는 정도를 말한다. 시소의 움직임 변화를 만들어내기 위해서는 회전축을 기준으로 양쪽에 작용하는 힘의 크기가 서로 달라 0이 아닌 알짜 토크가 만들어져야 한다. 정지비행 상태의 드론이 뒤쪽 방향의 기울어짐을 만들어내기 위해서는 3번과 4번 모터의 회전속도를 감소시키고 1번과 2번 모터의 회전속도를 증가시켜야 한다. 회전속도 증가와 감소에 따라 각 프로펠러와 모터에서 발생하는 추력과 토크의 크기도 증가하거나 감소한다. 추력과 토크가 증가하는 쪽과 감소하는 쪽의 변화량을 동일하게 맞춘다면, 다른 방향의 알짜 힘은 만들어내지 않은 채 앞뒤 방향의 기울어짐각을 제어하기 위한 제어력(토크)만 만들어낼 수 있다.

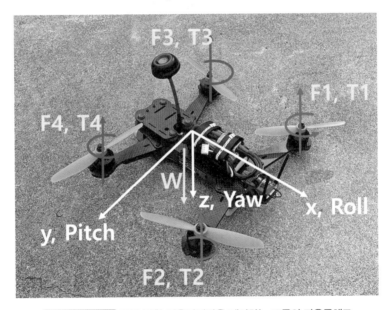

그림 3-1-14 앞뒤 방향 기울어짐각을 제어하는 드론의 자유물체도
(붉은색 화살표: 회전속도 증가, 푸른색 화살표: 회전속도 감소)

③ 좌우 방향의 기울어짐각(Roll Angle) 제어

좌우 방향의 기울어짐각은 그림 3-1-15의 x축을 기준으로 드론이 시소처럼 움직이는 정도를 말한다. 시소의 움직임 변화를 만들어내기 위해서는 회전축을 기준으로 양쪽에 작용하는 힘의

크기가 서로 달라 0이 아닌 알짜 토크가 만들어져야 한다. 정지비행 상태의 드론이 오른쪽 방향의 기울어짐을 만들어내기 위해서는 2번과 4번 모터의 회전속도를 감소시키고 1번과 3번 모터의 회전속도를 증가시켜야 한다. 회전속도 증가와 감소에 따라 각 프로펠러와 모터에서 발생하는 추력과 토크의 크기도 증가하거나 감소한다. 추력과 토크가 증가하는 쪽과 감소하는 쪽의 변화량을 동일하게 맞춘다면, 다른 방향의 알짜 힘은 만들어내지 않은 채 좌우 방향의 기울어짐각을 제어하기 위한 제어력(토크)만 만들어낼 수 있다.

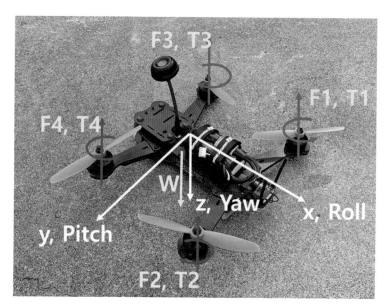

그림 3-1-15 좌우 방향 기울어짐각을 제어하는 드론의 자유물체도
(붉은색 화살표: 회전속도 증가, 푸른색 화살표: 회전속도 감소)

④ 시선각의(헤딩각, Yaw Angle) 제어

시선각은 그림 3-1-16의 z축을 기준으로 드론이 팽이 또는 자동차 운전대와 같이 회전하는 정도를 말한다. 회전 움직임 변화를 만들어내기 위해서는 대상 물체에 작용하는 외력(힘과 토크)의 총합에 의해 0이 아닌 알짜 토크가 만들어져야 한다. 정지비행 상태인 드론의 시선이 오른쪽을 바라보도록 만들기 위해서는 2번과 3번 모터의 회전속도를 감소시키고 1번과 4번 모터의 회전속도를 증가시켜야 한다. 회전속도 증가와 감소에 따라 각 프로펠러와 모터에서 발생하는 추력과 토크의 크기도 증가하거나 감소한다. 추력과 토크가 증가하는 쪽과 감소하는 쪽의 변화량을 동일하게 맞춘다면, 다른 방향의 알짜 힘은 만들어내지 않은 채 시선각을 제어하기 위한 제어력(토크)만 만들어낼 수 있다.

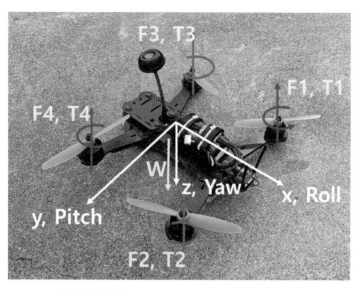

그림 3-1-16 시선각을 제어하는 드론의 자유물체도
(붉은색 화살표: 회전속도 증가, 푸른색 화살표: 회전속도 감소)

2) 위치 제어력 발생 원리

① 수평 방향의 위치 제어

그림 3-1-13에서 표시한 바와 같이 일반적인 멀티콥터 형태의 드론은 수평 방향의 움직임을 만들어내기 위해 수평 방향의 힘을 독립적으로 만들어낼 수 있는 별도의 추진장치를 가지고 있지 않다. 대신 앞뒤 방향 또는 좌우 방향의 기울어짐각을 제어함으로써 앞뒤 방향 또는 좌우 방향의 수평 움직임을 만들어낼 수 있다. 그림 3-1-17과 같이 앞뒤 방향 또는 좌우 방향 기울어짐각 제어력을 통해 드론의 자세각이 기울어진 상태에서 추력을 살짝 증가시키면, 전체 추력 중 지면에 대해 수직 방향의 성분은 자체중량과 평형을 이루어 수직 방향의 알짜 힘은 0이 되고, 추력 중 수평 방향의 성분은 고스란히 수평 방향의 알짜 힘이 된다. 이에 따라 드론은 지면에 대해 수직 방향으로는 움직이지 않고 수평 방향으로만 움직인다.

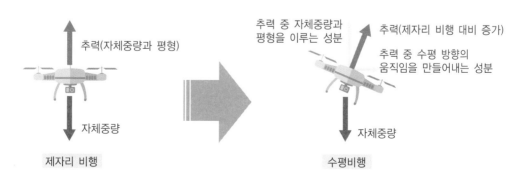

그림 3-1-17 드론의 기울어짐각 제어를 통한 수평 방향 위치 제어력 생성 과정

② 수직 방향 위치 제어

수직 방향의 위치 제어를 위한 제어력 발생은 드론의 위치 및 자세각 제어력 중 가장 간단한 방식으로 이루어진다. 드론의 수직 방향 위치 변화를 만들어내고 싶다면 네 개의 모터 회전속도를 모두 동일하게 증가시키거나 감소시켜야 한다. 이 경우 수직 방향으로 0이 아닌 알짜 힘이 발생하며, 알짜 힘의 방향에 따라 드론이 상승 또는 하강하며, 알짜 힘의 크기가 클수록 더욱 빠른 움직임을 갖게 된다.

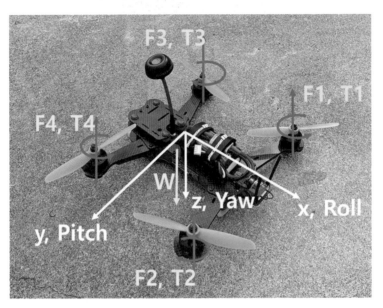

그림 3-1-18 수직 방향 위치를 제어하는 드론의 자유물체도
(붉은색 화살표: 회전속도 증가, 푸른색 화살표: 회전속도 감소)

Chapter 02 자세 제어 원리

드론의 안정적인 비행을 위해서는 자세각과 위치에 대한 관측 및 이를 바탕으로 한 제어 시스템의 적용이 필수적이다. 앞서 설명한 바와 같이 멀티콥터 형태의 드론은 수평 위치 제어를 위해 자세각 변화를 이용한다. 따라서 안정적인 자세 제어가 최우선으로 이루어져야 할 것이다. 본 챕터에서는 자세 운동의 정의, 3차원 공간상에서 드론의 자세각을 나타낼 수 있는 자세 파라미터에 대해 알아볼 것이다. 이후 자세 파라미터에 대한 이해를 바탕으로 자세 운동학과 운동 역학, 그리고 자세 제어 시스템에 대해 살펴볼 것이다.

1 자세 운동의 정의

운동하는 물체는 질점, 강체 또는 유연체로 나타낼 수 있다. 질점은 크기가 없는 가상의 물체이며, 강체는 크기와 모양이 있으나 크기와 모양이 시간에 따라 변하지 않는 물체이다. 어떤 물체는 여러 개의 강체의 조합으로 나타낼 수 있다. 유연체는 크기 또는 모양이 시간에 따라 변화하는 물체이다.

물체의 운동은 크게 병진운동과 회전운동으로 구분할 수 있다. 질점은 크기 없는 물체로 가정하기 때문에 병진운동만으로 운동을 표현할 수 있으며, 강체는 병진운동과 회전운동으로 표현된다.

좌표계는 공간상에서 물체의 운동을 효과적으로 나타내기 위해 고안된 방법으로 좌표계는 3가지 요소로 구성이 되는데, 좌표계의 중심, 좌표축(또는 프레임), 그리고 표현 방법이다. 그림 3-2-1에서는 좌표계의 중심점과 3차원상에서 3개의 좌표축을 나타내고 있다. 좌표계의 중심은 물체의 운동을 표현하기 위해 기준이 되는 점으로, 공간상에서 고정된 한 점이 중심점이 될 수 있으며 이동하는 물체와 함께 이동할 수도 있다.

좌표축(또는 프레임)은 크기가 1인 단위 벡터의 조합으로 정의된다. 물체의 운동에 따라 필요한 좌표축의 숫자는 달라지는데, 3차원 공간상에서는 크기가 1이고 상호 수직한 3개의 벡터를 정의하여 좌표축으로 이용한다.

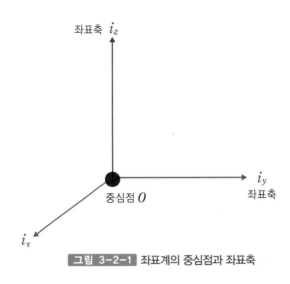

그림 3-2-1 좌표계의 중심점과 좌표축

표현 방법은 정의된 중심점과 좌표축으로부터 물체의 운동을 표현하기 위한 물리량을 나타내는 방법들이다. 대표적으로 직교 좌표계, 원통 좌표계, 구면 좌표계가 있다. 좌표계의 중심점과 좌표축을 어떻게 정의하는가에 따라 물체의 운동이 달리 표현될 수 있기 때문에 물체의 운동을 나타내기 위해서는 먼저 좌표 시스템을 정의하는 것이 중요하다. 한편, 물체의 운동을 더욱 효과적으로 나타내기 위해 하나의 좌표 시스템만 정의하여 운동을 표현하는 경우가 있으며 복수의 좌표 시스템을 이용하여 표현하기도 한다.

그림 3-2-2에서는 병진운동과 회전운동의 예를 나타내고 있다. 공간상에서 정의된 두 개의 좌표계가 있다면, 두 중심점 사이에 운동이 병진운동으로 표현된다. 동일한 중심점에서 서로 다른 좌표축이 정의되었다면, 두 좌표축 사이의 운동이 회전운동으로 표현된다.

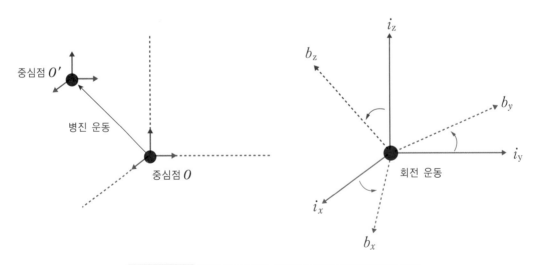

그림 3-2-2 좌표계를 이용한 (상)병진운동과 (하)회전운동 표현

관성 좌표계는 공간상에서 중심점의 이동이 없으며 좌표축도 고정된 좌표계이다. 회전 좌표계는 좌표축이 물체에 고정되어 물체의 회전과 함께 회전하는 좌표계이다. 질점의 경우 질점의 위치 정보에 기반해서 회전 좌표계를 정의할 수 있다. 강체의 경우에는 강체 위에 중심점과 좌표축을 정의하여 회전 좌표계를 정의할 수 있다.

이동하는 중심점에서 관성 좌표계의 좌표축만 평행 이동시킬 수 있으며, 관성 좌표축과 회전 좌표축의 관계를 나타낼 수 있다. 이때 두 좌표축 중에서 하나의 좌표축은 기준 좌표축이 되는데, 이 기준 좌표축을 기준으로 다른 좌표축의 관계를 나타낸다. 관성 좌표축을 기준으로 회전 좌표축을 표현할 수 있으며, 반대로 회전 좌표축을 기준으로 관성 좌표축을 표현할 수도 있다.

② 자세 파라미터

병진운동을 효과적으로 표현하기 위해 위치(position)와 속도(velocity)를 이용한다. 회전운동을 효과적으로 표현하기 위해 병진운동의 위치에 대응되는 자세(attitude)라는 물리량을 이용한다. 한편, 병진운동에서 위치의 변화량을 표현하기 위한 물리량은 속도이며, 속도의 변화량은 가속도이다. 회전운동에서는 병진운동의 속도와 가속도에 대응되는 물리량으로 각속도와 각가속도를 이용한다. 자세를 나타내는 방법은 여러 종류가 있는데, 대표적으로 방향코사인 행렬(direction cosine matrix), 오일러 각(euler angle), 그리고 쿼터니언(quaternion)이 있다.

1) 방향코사인 행렬(Direction Cosine Matrix)

두 좌표계의 중심점이 같은 지점에서 정의된 상황에서 두 좌표계의 좌표축이 다른 경우, 두 좌표계의 자세를 나타내는 가장 기본적인 방법에는 방향코사인 행렬이 있다. 방향코사인 행렬은 3행 3열의 행렬로 구성되며, 두 좌표계 중에 하나의 좌표축을 기준으로 다른 좌표축의 관계를 나타낸다. 방향코사인 행렬은 3행 3열의 행렬로 구성되므로 총 9개의 성분 요소로 나타낸다.

그림 3-2-3은 관성 좌표축을 기준으로 회전 좌표축의 관계를 나타내는 3행 3열의 방향코사인 행렬의 예를 나타내고 있다. 먼저, 각각 크기가 1인 회전 좌표축의 3개의 축을 열벡터 형태로 관성 좌표축에서 나타내고, 이 3개의 벡터를 나란하게 붙여 3행 3열의 행렬로 만든 것을 볼 수 있다. 이 행렬과 회전 좌표계에서 표현된 임의의 벡터와 곱셈을 하면 관성 좌표축에서 표현된 벡터로 변환되는 것을 알 수 있다.

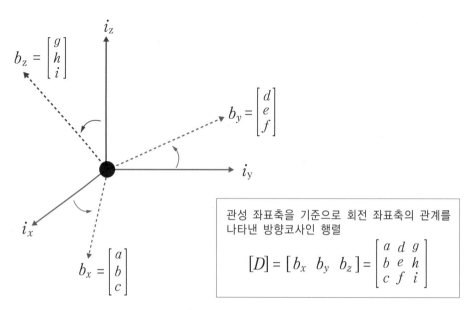

그림 3-2-3 관성 좌표축을 기준으로 회전 좌표축의 관계를 나타낸 방향코사인 행렬 예

한편, 관성 좌표축을 기준으로 회전 좌표축을 표현한 방향코사인 행렬의 전치 행렬(transpose matrix)과 관성 좌표축에서 정의된 임의의 벡터와 행렬의 곱셈 연산을 수행하면, 회전 좌표축에서 표현된 벡터로 변환되는 것을 알 수 있다.

이번에는 그림 3-2-4와 같이 관성 좌표축의 x축을 기준으로 일정한 각도만큼 회전한 경우를 살펴본다. 이때 관성 좌표축에서 B_x, B_y, B_z를 나타내고, 묶어서 행렬로 구성하면 하나의 방향코사인 행렬을 정의할 수 있다.

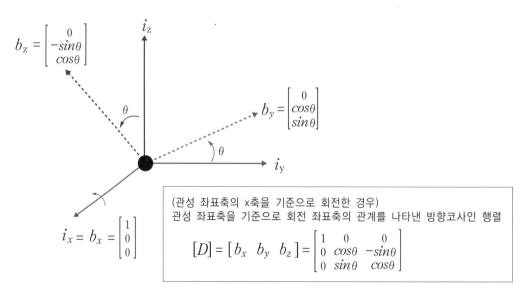

그림 3-2-4 관성 좌표축의 x축을 기준으로 회전한 경우

2) 오일러 각(Euler Angle)

오일러 각은 두 좌표 프레임 사이의 관계인 자세를 3개의 각도로 표현한다. 3번의 연속적인 회전으로 두 좌표 프레임의 관계를 나타내는 방식에는 첫 번째, 두 번째, 그리고 세 번째 회전의 회전축에 따라 여러 방식이 있을 수 있다. 예를 들어 회전 순서가 x축, y축, z축 순서대로 회전하는 방식으로 자세를 나타낼 수도 있으며, x축, y축, 그리고 다시 x축 회전 순서대로 자세를 나타낼 수도 있다. 일반적으로 널리 사용되는 회전 방식은 x-y-z 또는 z-y-x 순서의 회전을 이용한다. 동체의 x축 회전은 roll, y축 회전은 pitch, z축 회전은 yaw 회전이라고 한다.

3) 쿼터니언(Quaternion)

쿼터니언은 자세를 나타낼 수 있는 하나의 방법으로 4개의 성분으로 구성된다. 그리고 4개의 성분 중에 3개의 성분은 벡터 성분, 하나는 스칼라 성분이다. 쿼터니언은 고유축(eigen-axis)이라 일컫는 벡터와 고유 회전각(eigen-angle)으로 나타낼 수 있다. 쿼터니언의 벡터 성분은 고유축과 고유 회전각의 조합으로 나타내며, 쿼터니언의 스칼라 성분은 고유 회전각으로 나타낸다.

서로 다른 두 좌표 프레임에 대하여 하나의 축을 중심으로 특정 각만큼 회전하면 하나의 좌표 프레임이 다른 좌표 프레임으로 변화되는 것을 확인할 수 있는데, 여기에서 하나의 축이 고유축이고, 특정 각이 고유 회전각이다. 그림 3-2-5에서는 서로 다른 두 좌표 프레임에 고유축과 고유 회전각의 예를 나타내고 있으며, 이를 토대로 쿼터니언 자세 파라미터가 어떤 방식으로 설정되는가를 나타내고 있다.

고유축을 찾는 방법에는 여러 방법이 있을 수 있는데, 그중에 하나의 방법은 고유축은 이 고유축 회전을 통하여 바뀌지 않는다는 점을 이용하면 편리하게 찾을 수 있다. 오일러각과 쿼터니언은 가장 널리 사용되는 방법인데, 쿼터니언은 오일러각과 달리 김벌락이라 불리는 현상이 발생하지 않는다는 장점이 있다.

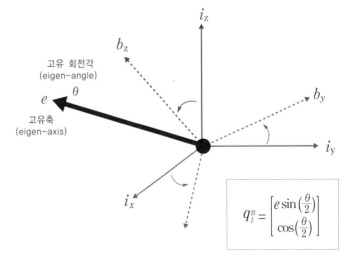

$$q_I^B = \begin{bmatrix} e \sin\left(\frac{\theta}{2}\right) \\ \cos\left(\frac{\theta}{2}\right) \end{bmatrix}$$

그림 3-2-5 쿼터니언, 고유축 그리고 고유 회전각의 관계

4) 자세 파라미터 변환

방향코사인 행렬, 오일러 각, 쿼터니언과 같은 자세 파라미터는 상호 변환이 가능하다. 이번 절에서는 방향코사인 행렬에서 오일러 각과 쿼터니언으로 변환하는 내용을 설명한다.

하나의 좌표 프레임이 기준 프레임으로부터 x축에 대하여 특정 각도만큼 회전하고, 회전된 좌표축의 y축을 기준으로 특정 각도만큼 회전한 다음, 다시 z축을 기준으로 특정 각도만큼 회전한다면 방향코사인 행렬은 다음과 같이 나타낼 수 있다.

$$
\begin{aligned}
[D]_B^I &= [D(\theta_1)]\,[D(\theta_2)]\,[D(\theta_3)] \\
&= \begin{bmatrix} cos\theta_2 cos\theta_3 & -cos\theta_2 sin\theta_3 & sin\theta_2 \\ cos\theta_1 sin\theta_3 + sin\theta_1 sin\theta_2 cos\theta_3 & cos\theta_1 cos\theta_3 - sin\theta_1 sin\theta_2 sin\theta_3 & -sin\theta_1 \\ cos\theta_1 sin\theta_3 - cos\theta_1 sin\theta_2 cos\theta_3 & sin\theta_1 cos\theta_3 + cos\theta_1 sin\theta_2 sin\theta_3 & cos\theta_1 \end{bmatrix}
\end{aligned}
$$

이 관계에서 방향코사인 행렬의 성분 중에 특정 성분을 이용하면 각 회전축에 대한 회전각을 계산할 수 있다.

$$
\theta_1 = tan^{-1}\left(\frac{-[D]_B^I(2,3)}{[D]_B^I(3,3)}\right)
$$

$$
\theta_2 = sin^{-1}\left([D]_B^I(1,3)\right)
$$

$$
\theta_3 = tan^{-1}\left(\frac{-[D]_B^I(1,2)}{[D]_B^I(1,1)}\right)
$$

쿼터니언의 4개 성분을 이용하여 방향코사인 행렬을 나타내면 다음과 같이 나타낼 수 있다. 여기에서 4번째 성분이 스칼라 성분이며, 1~3까지 성분은 벡터 성분이다.

$$
[D]_B^I = \begin{bmatrix} [q]_1^2 - [q]_2^2 - [q]_3^2 + [q]_4^2 & 2(q_1 q_2 - q_3 q_4) & 2(q_1 q_3 + q_2 q_4) \\ 2(q_1 q_2 + q_3 q_4) & -q_1^2 + q_2^2 - q_3^2 + q_4^2 & 2(q_2 q_3 - q_1 q_4) \\ 2(q_3 q_1 - q_2 q_4) & 2(q_3 q_2 + q_1 q_4) & -q_1^2 - q_2^2 + q_3^2 + q_4^2 \end{bmatrix}
$$

위 관계로부터 방향코사인 행렬의 성분으로부터 쿼터니언으로 변환하는 방법 중에 한 가지는 다음과 같다.

$$q_4 = \pm \frac{1}{2}\sqrt{1 + [D]_B^I(1,1) + [D]_B^I(2,2) + [D]_B^I(3,3)}$$

$$q_1 = \frac{1}{4}\frac{([D]_B^I(3,2) - [D]_B^I(2,3))}{q_4}$$

$$q_2 = \frac{1}{4}\frac{([D]_B^I(1,3) - [D]_B^I(3,1))}{q_4}$$

$$q_3 = \frac{1}{4}\frac{([D]_B^I(2,1) - [D]_B^I(1,2))}{q_4}$$

여기에서 표현된 방향코사인 행렬과 쿼터니언과의 관계는 4번째 스칼라를 먼저 계산한 다음에 다른 성분들을 계산하는 방식으로 구성되어 있다. 한편, 방향코사인 행렬로부터 쿼터니언을 계산하는 방법에는 4번째 성분이 기준이 아닌 1번, 2번, 3번 성분을 기준으로도 각각 계산할 수 있다.

③ 자세 운동학과 운동 역학

1) 자세 운동학

병진운동에서는 위치 벡터의 미분에 해당하는 물리량을 속도 벡터로 나타낸다. 그리고 관성 좌표계에서 위치 벡터의 미분이 곧 속도 벡터라는 관계식으로 나타낼 수 있다. 3차원 회전운동에서는 병진운동과 달리 자세 파라미터의 미분값이 각속도로 직접적으로 연결되지 않는다.

예를 들어, 다음 식은 쿼터니언의 순간 변화와 동체 각속도의 관계를 나타낸 식으로 쿼터니언의 변화가 각속도 벡터로 일대일로 대응되지 않는다는 것을 볼 수 있다. 이는 병진운동에서 속도를 적분하면 위치가 직접적으로 계산되는데, 회전운동에서는 각속도의 적분값이 직접적으로 특정 자세 파라미터의 증가량으로 연결되지 않는다는 것을 의미한다.

$$\begin{bmatrix} \dot{q}_1 \\ \dot{q}_2 \\ \dot{q}_3 \\ \dot{q}_4 \end{bmatrix} = \frac{1}{2}\begin{bmatrix} q_4 & -q_3 & q_2 & q_1 \\ q_3 & q_4 & -q_1 & q_2 \\ -q_2 & q_1 & q_4 & q_3 \\ -q_1 & -q_2 & -q_3 & q_4 \end{bmatrix}\begin{bmatrix} \omega_1 \\ \omega_2 \\ \omega_3 \\ 0 \end{bmatrix}$$

2) 각운동량 보존 법칙

병진운동에서 질량과 속도 벡터의 곱으로 표현되는 선운동량에 대응되는 회전운동에서의 물리량은 각운동량이 있다. 각운동량은 관성모멘트와 각속도 벡터의 곱으로 표현된다. 3차원상의 강체의 관성모멘트는 3행 3열의 행렬이고, 각속도 벡터는 3행 1열의 벡터로서 각운동량은 벡터이다. 선운동량은 외부에서 가해지는 힘이 없거나 질량이 변화하지 않는다면 관성 좌표계에서 선운동량은 일정하게 보존된다. 마찬가지로 각운동량은 외부 힘으로부터 발생하는 토크가 가해지지 않는다면 시스템의 전체 각운동량은 일정하게 보존된다.

3) 자세 운동 역학

회전하고 있는 물체는 각운동량이 있는데, 쿼드콥터와 같은 시스템은 4개의 프로펠러가 포함되어 있다. 4개의 프로펠러 각속도가 변하면 각각의 프로펠러는 각운동량이 변하고, 전체 시스템인 기체는 프로펠러의 변화된 각운동량에 반응하여 회전운동이 발생한다. 주로 각운동량 보존법칙에 의해서 기체의 z축(프로펠러의 축 방향)으로 회전운동이 발생한다. 한편, 일정한 자세에서 4개의 프로펠러 속도 차이는 힘의 차이에 의해 토크를 발생시키고, 이 토크로부터 x축 또는 y축의 회전운동이 발생한다.

4 자세 제어 시스템

제어란 시스템의 운동을 원하는 목적에 맞게 조절하는 것을 의미한다. 쿼드콥터에서는 고도를 일정한 높이에서 유지하는 것이 하나의 제어라고 볼 수 있다.

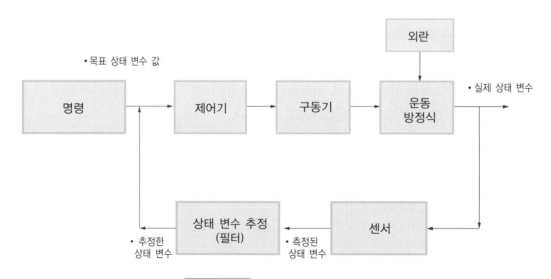

그림 3-2-6 동적시스템 제어 순서도

그림 3-2-6은 일반적인 동적 시스템의 제어 순서도를 나타낸다. 제어 시스템은 일반적으로 센서에서 상태변수 값을 측정하고 구동기에서 제어에 필요한 제어 입력을 발생시킨다. 탑재 컴퓨터에서는 센서로부터 측정된 데이터로 보다 정확한 상태변수 정보를 계산하는 연산 과정과 함께 구동기로 전달할 제어 명령을 계산한다.

동적 시스템을 제어하는 방식으로는 개루프 제어와 피드백 제어 두 가지 유형이 있다. 개루프 제어는 시스템의 응답과 상관없이 계속해서 제어 입력을 시스템에 전달하고, 피드백 제어는 시스템의 응답을 다시 제어 계산에 사용하여 제어 입력에 전달한다. 즉 원하는 상태 정보와 측정된 상태 정보 사이의 오차값을 측정하고, 이 오차값을 이용하여 제어 입력을 계산한다.

제어 시스템에는 많은 알고리즘이 사용되지만, PID(Proportional-Integral-Derivative) 제어기가 널리 응용된다. PID 제어기는 이름처럼 비례 제어, 적분 제어, 미분 제어에 각각 별도의 이득값을 사용하여 계산한다. 먼저, 비례 제어는 측정 상태와 원하는 상태 사이의 차이값에 게인값을 사용한다. 이는 $u(t) = K_P*e(t)$의 식으로 나타내고, 정상 상태 오차가 발생하지만, 가장 구현하기 쉽다. 다음으로 적분 제어는 시간에 따라서 원하는 상태와 측정 상태 사이의 오차를 적분하여 게인값 K_I를 곱해서 사용한다. 이는 $u(t) = K_I \int_0^t e(\tau)d\tau$의 식으로 사용한다. 이를 비례 제어와 함께 사용하면, 시스템의 정상 상태 오차를 줄일 수 있지만, 오버 슈트가 발생할 수 있다. 마지막으로 미분 제어는 오차의 변화율에 따라 게인값 K_D에 의해 계산된다. 이는 $u(t) = K_D \frac{de(t)}{dt}$의 식으로 나타낸다. 이 게인값을 적절하게 조정하여 사용하면 시스템에 오버 슈트를 줄일 수 있다. 이 PID 제어 시스템은 시스템에 대한 입력을 계산하여 시스템이 원하는 상태로 가도록 유도한다. 세 가지 게인값을 시스템이 원하는 응답으로 가도록 개별적으로 튜닝하여 사용한다.

자세 제어를 위해서는 자세를 나타내는 파라미터와 각속도 정보를 측정하는 센서가 필요하다. 자세 제어를 위한 센서에는 자이로 센서, 자기장 센서 등이 있는데, 이 자이로 센서에서 각속도 정보를 측정한다. 자세 정보는 자이로 센서에서 측정된 각속도 정보를 적분하면 계산할 수 있으나 적분을 통한 자세 정보는 시간이 지남에 따라 오차가 누적되는 단점이 있다. 이를 보완하기 위해 자이로 센서와 가속도 센서의 정보를 결합하여 롤 방향과 피치 방향의 자세를 추정하기도 한다. 이 경우에는 요 방향 자세의 정확도는 낮아진다.

자기장 센서는 지구의 자기장을 측정하여 방향 정보를 계산하는 데 응용할 수 있다. 자세 제어를 위한 구동기에는 시스템마다 종류가 다른데, 쿼드콥터에서는 프로펠러의 회전속도를 통하여 자세를 변화시키게 된다.

Chapter 03 센서 융합

Unmanned Multicopter

드론의 자세각과 위치를 제어하기 위해서는 현재의 자세각과 위치에 대한 정보를 정확히 얻어야 한다. 이를 위해 드론에서는 다양한 종류의 센서가 사용되며, 각각의 센서를 통해 구해지는 자세각과 위치 값에는 측정하고자 하는 참값과 함께 각 센서의 동작 원리에 따른 불필요한 노이즈가 포함되어 있다. 본 챕터에서는 동작 원리 및 운용 조건에 따라 서로 다른 특징을 갖는 센서 신호 간의 융합을 통해 노이즈에 의한 영향을 최소화하며, 자세각 또는 위치를 측정하기 위한 과정에 대해 알아볼 것이다.

1 센서와 필터

센서는 특정 물리량의 신호를 전기적 또는 기계적으로 측정하는 장치이다. 센서의 측정값은 물리적 및 전기적으로 외부의 간섭을 받기 쉽고 이에 실제값과 다른 값이 사용자에게 출력된다. 실제값과 측정값의 차이는 잡음(노이즈, Noise) 또는 편향값(바이어스, Bias) 등의 조합으로 나타내고, 실제값에 대한 측정값은 통계적으로 모델링한다. 한편, 여기서 측정값과 실제값의 오차는 특정 필터들을 사용해서 줄일 수 있다.

가우스 분포는 센서의 잡음을 모델링하는 데 많이 사용된다. 가우스 분포 정규 분포 또는 종 곡선이라고도 불린다. 실생활의 많은 변수를 측정하여 결합하면 결과는 정규 분포와 비슷해지는 특성이 많아서 대다수의 센서 시스템의 모델링에 이용되고 있다. 평균에서 표준편차 1σ 안에 68.2%의 데이터가 포함될 확률이 있으며, 표준편차 2σ, 3 표준편차 3σ의 경우 각각 전체의 95.4%, 99.7%를 포함한다. 가우스 잡음(노이즈)은 정규 분포에서 발생하는 잡음(노이즈)이며, 이전 값과는 무관한 샘플로 zero-mean으로 가정한다.

측정된 데이터들의 특징을 이해하는 것은 센서를 이해하는 데 매우 유용하다. 이때 분산, 표준편차, RMS(Root-Mean-Square)의 방법을 이용하여 데이터들의 특징을 나타내는 지표로 이용한다.

분산은 $\sigma^2 = \dfrac{1}{N-1}\sum_{i=1}^{N}(x_i - \mu)^2$ 식으로 계산된다. 이 식에서 N은 전체 데이터 집합의 총 측정 개수, x_i는 데이터 집합의 i번째 측정값, μ는 측정 집합의 평균이다. 표준편차는 $\sigma = \sqrt{\dfrac{1}{N}\sum_{i=1}^{N}(x_i - \mu)^2}$ 식으로 계산되고, 분산의 제곱근인 것을 알 수 있다. 이를 사용하면 측정값 변동의 시각화가 더 쉬우며, 분산보다 훨씬 일반적으로 사용된다. RMS는 종종 표준편차와 교환하며 사용하는 용어이지만, 의미는 다르다. RMS는 평균이 아닌 실제값에 대한 측정값의 변동에 대해 계산된다. $RMS = \sqrt{\dfrac{1}{N-1}\sum_{i=1}^{N}(x_i - x_t)^2}$ 과 같은 식이고, 이때 x_t는 측정값이 읽어야 하는 실제값이다.

마이크로프로세서의 속도가 증가함에 따라 소프트웨어에서 신호를 처리하고 입력값에 디지털 필터를 적용하여 노이즈를 제거하고 원하는 데이터를 수집하는 것이 가능해졌다. 디지털 필터는 IIR(Infinite-Impulse Response), FIR(Finite-Impulse Response)이 있다. 다음의 $Y_k = \alpha Y_{k-1} + (1-\alpha)X_k$ 식은 IIR 필터의 가장 기본적인 식으로, α값이 클수록 부드러운 필터링 결과를 낸다. IIR 필터는 데이터 버퍼링이 많이 필요하지 않아 실시간으로 사용하기엔 좋지만, FIR 필터보다는 다른 형태의 성능을 나타낸다고 알려져 있다. 일반적인 FIR 필터는 이동 평균 필터 등이 있다. $Y_k = \dfrac{1}{N}(X_k + X_{k-1} + \cdots + X_{k-N+1})$ 식을 이용하면 N개의 샘플 데이터를 이용한 FIR 필터를 구현할 수 있는데, FIR 필터는 값을 저장하기 위한 버퍼가 상대적으로 더 필요하고, IIR보다 구현이 더 복잡하고 시간이 오래 걸릴 수 있다.

원하는 응답에 따라 특정 주파수 범위를 통과하거나 감쇠하도록 필터를 설계할 수 있다. 저주파 대역의 신호를 통과시키도록 만든 것은 저주파 필터, 고주파 대역의 신호를 통과시키는 것은 고주파 필터, 특정 주파수 범위 신호만 허용하고 다른 주파수 범위의 신호는 출력하지 않는 대역 통과 필터가 있다. 이러한 필터의 사용 예는 자이로스코프에 하이패스 필터를 적용하여 바이어스 제거를 위해 사용한다.

디지털 필터를 사용하면 입력 신호와 필터링 된 신호 사이에 위상 지연이 생긴다. 이는 원래 입력 신호에 급격한 상태 변화가 발생하면 지연된 필터링 신호가 들어온다. 이를 위해서 부드러운 필터링 신호와 위상 지연 사이에 절충이 필요하다.

여러 데이터에 서로 다른 필터를 사용하여 결합할 수 있는 것을 보상(complementary) 필터라고 한다. 예를 들어 자이로스코프에는 하이패스 필터, 가속도계에는 로우패스 필터를 사용한 후 결과를 결합하여 사용한다. 이때 $\theta_{k+1} = \alpha(\theta_k + \omega\Delta t) + (1-\alpha)\theta_{accel}$ 식을 사용한다. θ는 피치나 롤 각도, ω는 각속도, θ_{accel}은 가속도계의 피치, 롤 각도이다. α는 가중치로 각 센서의 최종 결과에 대한 기여도를 조정하기 위해 적용한다.

② 최소자승법(Method of Least Squares)

최소자승법은 측정값을 모아서 특정 변수나 파라미터를 한번에 추정하는 배치(batch) 형태의 추정기법이다. 이는 특정 형태에서의 최적 추정 기법 중의 하나이다.

다음의 $\tilde{y} = Hx + \nu$ 식을 보면, $\tilde{y}$는 각 센서의 측정 벡터, x는 상태벡터, ν는 측정 시 발생하는 노이즈, H는 측정 모델 행렬로 측정값과 상태값 사이의 관계를 나타낸다. 이상적으로는 측정 상태를 추정할 때, 실제값과 상태 추정값 사이의 오차를 최소화해야 한다. 실제 시스템에서는 측정 오류나 모델링 오류와 같은 다양한 이유로 실제값을 모르기 때문에 그 결과 선형 최소자승법에서는 실제 측정값 $\tilde{y}$와 상태 추정값을 통한 측정값 $H\hat{x}$ 사이의 오차를 최소화한다. 이 경우, 특정 시스템에 대한 상태벡터의 최적 추정치는 $\hat{x} = (H^T H)^{-1} H^T \tilde{y}$ 와 같이 해석적인 계산식이 도출될 수 있다.

위에서 언급한 선형 최소자승법에서는 각 측정값에 동일한 가중치를 부여하고 잔차 오차를 최소화하기 위한 최적의 추정치를 결정한다. 가중 최소자승법에서는 가중치 행렬을 이용하여 각 측정의 불확실성에 대해 적절한 가중치를 추가해 준다.

이 가중 최소자승법의 해석적인 해의 형태는 $\hat{x} = (H^T W H)^{-1} H^T W \tilde{y}$로 나타난다. 여기서 W는 각 측정값에 적절한 가중치를 포함하는 대칭 행렬이다. 이를 측정 공분산 행렬 R의 역행렬로 표현하면, 식은 $\hat{x} = (H^T R^{-1} H)^{-1} H^T R^{-1} \tilde{y}$ 로 나타낼 수 있다. 이 식의 $(H^T R^{-1} H)^{-1}$은 공분산 행렬 P와 같다.

최소자승법은 선형 시스템으로 모델링 가능한 다양한 곳에 사용할 수 있지만, 선형 모델로 나타낼 수 없는 비선형 시스템에서는 비선형 최소자승법을 적용한다. 비선형 최소자승법은 선형 최소자승법을 변형하여 추정하고자 하는 변수를 반복적으로 계산한다. 비선형 식에서는 $\tilde{y} = h(x)$와 같은 식으로 나타낼 수 있고, 이때 $h(x)$는 비선형 시스템의 방정식을 나타낸다. 이에 대한 최적의 추정치는 $\hat{x}_{k+1} = \hat{x}_k + (H_k^T H_k)^{-1} H_k^T(\tilde{y} - h(\hat{x}_k))$ 식으로 구할 수 있고, 이때 $H_k = \dfrac{\delta h}{\delta \hat{x}_k}$ 와 같이 나타낸다.

③ 칼만 필터

일반적으로 시스템의 상태를 나타내는 매개변수들은 다양한 센서에서 측정한다. 하지만 센서에서 측정된 측정값에는 잡음이 포함되어 출력한다. 칼만 필터는 동적 선형 시스템에서 사용 가능한 모든 정보를 조합하고, 처리하여 최적의 상태 추정치를 계산하는 알고리듬이다.

센서의 측정값에는 잡음이 Gaussian과 Zero-mean이라고 가정할 때, 분산을 최소화하기 위한 최적의 상태변수를 추정한다.

칼만 필터는 상태변수에 대하여 추정치를 계산할 수도 있지만, 상태변수 이외의 불확실한 변수 등에 대한 추정값을 계산할 수도 있다.

칼만 필터는 상태 공분산 행렬, 시스템 동적 모델, 노이즈 측정을 알면 자체 측정 공분산 행렬을 사용하여 상태 벡터의 최적 추정치를 계산한다. 데이터를 모두 모아서 한 번에 처리하는 최소자승법과 다르게 칼만 필터는 측정값이 입력되는 시점과 동기화하여 실시간으로 데이터 처리 및 추정값 계산이 가능하다는 장점 때문에 널리 사용되고 있다.

칼만 필터는 크게 전파 단계와 업데이트 단계로 구분할 수 있다. 전파 단계에서는 상태 벡터의 동역학 수학 모델(상태 전이 행렬)과 공분산 전파식을 이용하여 다음 상태 벡터와 상태 공분산 행렬을 예측하는 과정이다. 상태 벡터를 전파할 때 모델링되지 않은 양과 교란은 시스템 노이즈 공분산 행렬을 이용하여 상태 공분산 행렬의 전파에 다음과 같은 식의 예와 같이 $x_k^- = \Phi_{k-1} x_{k-1}^+$, $P_k^- = \Phi_{k-1} P_{k-1}^+ \Phi_{k-1}^T + Q_{k-1}$ 을 적용할 수 있다.

전파 단계 이후 업데이트 단계에서는 상태 벡터와 상태 공분산 행렬의 예측과 센서의 측정 데이터를 결합하여 최적의 추정치를 계산한다.

칼만 필터를 설계할 때, 전파 단계에서 모델링 오류나 Scale Factor 오류가 있을 것이다. 이런 것을 해결하고 성능을 올리기 위해서는 칼만 필터를 조정해야 한다. 칼만 필터를 조정하기 위해서는 시스템 노이즈 공분산 행렬 Q 말고도, 측정 노이즈 공분산 행렬 R을 임의로 늘리거나, 초기 시스템 공분산 행렬 P_0도 조정해야 하는 튜닝 과정이 필요하기도 하다.

이때 측정 모델 행렬 H는 $\tilde{y} = Hx + v$와 같고, $\tilde{y}$에 센서 측정값이 저장된다. 각 센서의 측정 노이즈 공분산 행렬은 R로 나타낸다.

측정 벡터, 측정 모델 행렬, 측정 노이즈 공분산 행렬, 전파된 상태 벡터, 상태 공분산 행렬을 이와 결합하여 칼만 게인 K행렬을 $K_k = P_k^- H_k^T (H_k P_k^- H_k^T + R_k)^{-1}$과 같이 계산한다.

이 식을 살펴보면 측정 벡터 R, 상태 벡터 P의 현재 불확실성을 비교하여 측정 정보의 가중치를 부여하는 것을 볼 수 있다. 그리고 칼만 게인이 계산되면 상태 벡터와 상태 공분산 행렬의 추정치를 $x_k^+ = x_k^- + K_k(\tilde{y}_k - H_k x_k^-)$, $P_k^+ = (I - K_k H_k) P_k^-$ 와 같이 업데이트한다.

4 센서 융합

AHRS(Attitude and Heading Reference System)는 일반적으로 각속도를 측정하는 3축 자이로스코프, 가속도를 측정하는 3축 가속도계, 시스템을 둘러싼 자기장을 측정하는 3축 마그네토미터와 같이 3종류의 센서 측정값을 이용하여 물체의 자세 추정값을 계산하는 시스템이다. AHRS는 3종류의 측정값을 조합한 후 칼만 필터를 이용하여 시스템의 자세를 추정하는 이외에도 자이로스코프 등 센서의 드리프트 오차 등을 추정할 수도 있다. 이처럼 서로 다른 센서의 조합을 이용하는 가장 큰 장점은 각각의 센서를 이용했을 경우보다 단점을 보완할 수 있기 때문이다.

자이로스코프 센서는 기본적으로 각속도 정보를 측정하는 시스템으로, 자세 정보는 각속도 정보를 적분으로 계산하기 때문에 누적 오차를 보상할 필요가 있다. 그리고 가속도계는 롤 방향 및 피치 방향의 기울어짐을 가속도 센서값을 이용해서 계산할 수 있다. 그래서 자이로스코프 센서와 가속도 센서를 이용하면 롤 및 피치 방향의 자세 정보를 추정할 수 있다. 다만, 이 두 센서로는 요(yaw) 방향의 자세 정보가 부정확해서 마그네토미터를 결합하면 향상된 요 방향의 자세 정보를 획득할 수 있다.

각 센서를 결합하여 사용하면 따로 사용했을 경우보다 오차를 줄일 수 있지만, 여전히 Sustained Dynamics Acceleration이나 Magnetic Disturbances와 같은 문제가 있다. Sustained Dynamics Acceleration은 Pitch와 Roll 각도의 부정확한 추정을 일으킨다. 이것은 강체가 원 또는 곡선 모양의 운동을 할 때 문제를 일으킨다. 이 경우 가속도계는 곡선 경로를 따라 발생하는 구심력으로 인한 중력과 함께 가속도를 측정한다. 한편, 긴 시간 사용하는 AHRS 값의 경우 가속도계와 마그네토미터의 센서 바이어스 등으로 인한 자세값의 오차에 영향을 받는다.

PART 04

드론 통신

학습목표

드론 시스템은 일반적으로 비행체(AV; Air Vehicle)와 지상체(GCS; Ground Control Station), 그리고 데이터링크(DL; Data Link) 체계로 구성된다. 비행체에는 다양한 센서, 구동기, 신호처리장비, 임무장비 등이 탑재되고 서로 연동하여야 한다. 비행체와 지상체는 데이터링크 장비를 이용해 무선통신으로 데이터를 주고받는다.

본 파트에서는 드론 시스템을 설계하고 운용하기 위해 필수적으로 알아야 할 통신방식과 원리를 소개하고자 한다. 첫 번째 챕터에서는 주로 유선으로 연결되는 내부 통신에 관해 설명한다. 내부 통신에는 이더넷(ETH), UART, CAN, I2C, SPI, USB, RC 통신을 포함한다. 두 번째 챕터에서는 외부 통신으로, 주로 무선으로 연결되는 통신장비에 관해 설명한다. 마지막으로 최근 드론과 관련된 다양한 표준통신 규약을 설명하고자 하며, 민수 분야 소형 드론에 가장 많이 사용되는 MAVLink, 군용 무인기에 사용되는 STANAG 규약, 로봇시스템과 연동을 위한 ROS 규약을 다룬다.

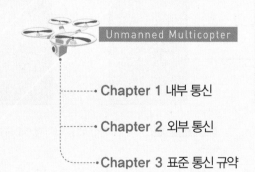

Unmanned Multicopter

Chapter 01 내부 통신

Unmanned Multicopter

1 통신 개요

장비 간 통신은 다양한 형태로 연결될 수 있다. 가장 일반적인 형태는 두 개의 장비끼리 통신할 때 사용하는 1:1 통신 연결 방식이다. 1:1 통신은 한쪽 장비가 TX(Transmitter) 단자로 데이터를 전송하면 상대방 장비는 RX(Receiver) 단자로 데이터를 수신한다. 1:N 연결 방식은 마스터 장비가 있으며, 마스터 장비에서 각각의 장비와 순차적으로 통신하는 형태이다. 따라서 마스터 장비가 특정 장비에게 데이터를 요청(request or query)하면 해당 장비가 일정 시간(timeout) 이내에 데이터를 전송하는 형태이다.

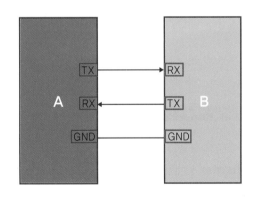 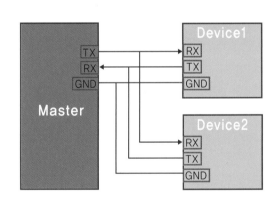

그림 4-1-1 장비 간 통신 연결도(좌측. 1:1 통신, 우측.1:N 통신)

드론에는 임베디드 시스템에서 가장 널리 사용되는 UART 통신부터 최근 자동차 분야에서 널리 사용되고 있는 CAN 버스 통신방식, 디지털 센서 통신방식인 I2C 통신 등 다양한 형태의 통신방식이 사용되고 있다. 그림 4-1-2는 대표적인 오픈 아키텍처 비행 제어 컴퓨터인 픽스호크의 커넥터와 배선 연결도이다. 픽스호크의 경우, UART, I2C, ETH, SPI, USB, CAN을 모두 사용하고 있는 것을 볼 수 있다. 각각의 통신방식은 통신 절차와 규약이 다르며, 통신 형태별로 최대 통신속도를 비롯해 특징이 다양하다.

드론에 LiDAR 센서 등을 추가하거나 임무 컴퓨터를 장착할 때 반드시 해당 통신방식을 지원해야 하고, 배선도 적합하게 구성해야 한다. 참고로 픽스호크 전용 통신 모듈을 연결하는 TELEM 포트와 GPS 수신기를 연결하는 GPS 포트의 경우도 내부 통신방식은 UART를 기본으로 사용하고 있다.

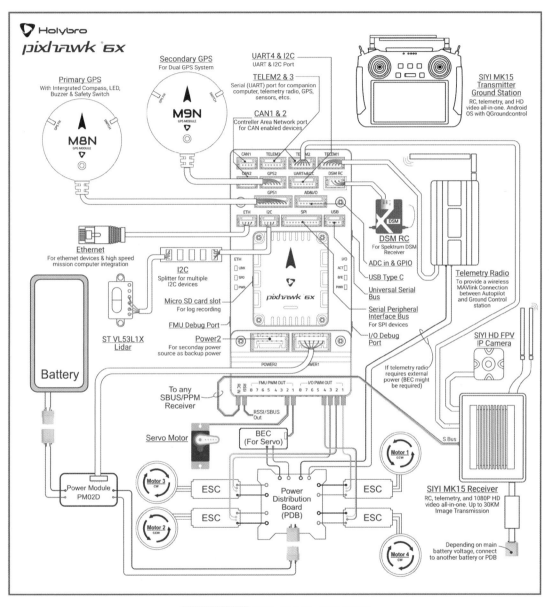

그림 4-1-2 비행 제어보드 통신 연결도

출처: https://docs.px4.io/main/assets/img/pixhawk6x_wiring_diagram.bea80353.png

2 UART

UART(Universal Asynchronous Receiver/Transmitter)는 비동기 통신방식으로 병렬 데이터의 형태를 직렬 방식으로 전환하여 데이터를 전송하는 하드웨어의 일종이다. 여기서 하드웨어라고 하는 것은 사용하는 프로세서(CPU) 내부에 UART 관련 기능이 내장되어 있기 때문이다. UART 통신은 대부분 프로세서에 포함된 가장 기본적인 통신방식이다.

UART 포트 자체는 3.3V의 매우 낮은 전압을 사용하여 회로설계나 보드 수준에서 연결할 때는 그대로 사용할 수 있지만, 보통은 드라이버 칩을 사용해 RS-232, RS-485, RS-422 통신 표준과 함께 사용한다.

Pin 1	DCD
Pin 2	RXD
Pin 3	TXD
Pin 4	DTR
Pin 5	GND
Pin 6	DSR
Pin 7	RTS
Pin 8	CTS
Pin 9	RI

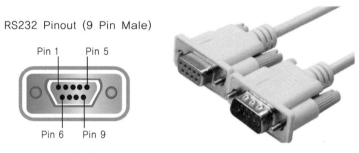

그림 4-1-3 RS-232 핀 맵과 커넥터

통신 규약(칩과 배선)에 따른 특징은 표 4-1-1과 같다. 가장 널리 사용되는 규격은 RS-232로 최대 20Kbs 속도를 지원한다. 통신속도는 매우 느린 편이지만 3개의 선(RX, TX, GND)만 있어도 장비 간 통신이 가능해 컴퓨터의 기본 포트로 오랫동안 사용됐다. 하지만 RS-232 규약은 접지 정도와 선 길이에 따라 데이터의 잡음신호가 증가해 최대 통신거리가 약 10~15m로 산업용으로 사용하는 데는 한계가 있다. 따라서 이를 대체하는 UART 통신 규약이 RS-422, RS-485이다. 두 통신 규약은 Differential 동작 모드를 사용한다. 즉 RX 신호선과 TX 신호선 모두 각각 +선과 − 선을 사용한다. 따라서 상호통신(full duplex)을 하기 위해서는 최소 4개의 선이 필요하다. 하지만 신호의 안정성이 높아 약 1.2km까지 전송할 수 있으며, 통신속도 또한 RS-232와 비교해 매우 높다. 그래서 통신 신뢰도가 높은 항공기나 산업용 장비는 RS-232보다는 RS-422, RS-485를 많이 사용한다. 드론에 탑재할 장비를 검토할 때는 반드시 통신방식을 확인해야 하며, 특히 RS-232와 RS-422, RS-485는 통신 전압과 배선이 다르므로 반드시 변환기(컨버터)를 사용해야 한다. 최근 출시되는 컴퓨터는 RS-232(COM) 포트가 없는 경우가 많아 UART 통신을 위해서는 USB/시리얼 변환기를 사용해야 한다.

표 4-1-1 UART 통신 신호별 특징

사양	RS-232	RS-422	RS-485
동작 모드	Single-Ended	Differential	Differential
최대 Driver/Receiver 수	1Driver	1Driver	32Drivers
	1Receiver	32Receivers	32Receivers
최대 통신거리	약 15m	약 1.2km	약 1.2km
최고 통신속도	20Kb/sec	10Mb/s	10Mb/s
지원 전송 방식	Full Duplex	Full Duplex	Half Duplex
최대 출력전압	±25V	−0.25V~+6V	−7V~+12V
최대 입력전압	±15V	−7V~+7V	−7V~+12V

그림 4-1-4 RS-232/422 변환기, USB/RS-422 변환기, USB/RS-232 변환기

드론에서 가장 많이 볼 수 있는 UART 통신의 대표적인 사례는 통신(tele- command/tele-metry) 모듈이다. 픽스호크 기반의 드론을 운용할 경우, 지상체와 드론을 연결하기 위해서는 그림 4-1-5와 같이 미션 플래너(mission planner)의 우측 상단에 COM 포트와 통신속도(baud rate)를 설정한 다음 연결을 시도한다. 그림에서는 COM3 포트에 통신속도는 115,200bits/s를 사용하고 있다.

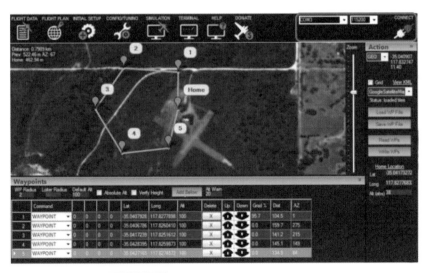

그림 4-1-5 Mission Planner에서 통신 연결 화면

출처: https://ardupilot.org/planner/_images/mission_planner_screen_flight_plan.jpg

드론에서 두 번째로 많이 사용하는 UART 통신은 픽스호크와 탑재 처리 컴퓨터(companion board)를 연동하는 경우이다. 주로 라즈베리파이, nVidia Jetson 보드, Intel UP 보드 등이 여기에 해당한다. 그림 4-1-6은 픽스호크와 라즈베리파이를 연동한 경우로 UART 통신에 필요한 배선을 나타내었다. 앞서 설명대로 통신선은 Tx, Rx, GND이며, 여기서는 라즈베리파이 구동을 위한 전원선(+5V)을 추가한 것이다. 라즈베리파이 보드에 전원을 별도로 공급할 때는 Tx, Rx, GND 3선만 있어도 상호통신이 가능하다.

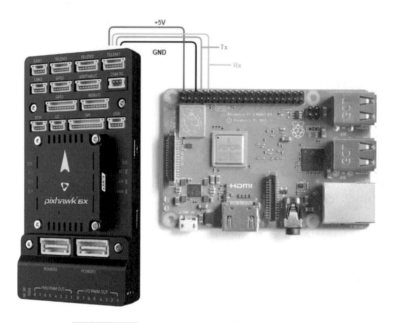

그림 4-1-6 Companion board와 UART 통신 연결

③ CAN

자동차 기술이 발전하면서 자동차에 탑재되는 전자제어장치(ECU; Electronic Control Unit)의 종류와 수량이 기하급수적으로 늘어나기 시작했다. 각 장비들을 UART 통신으로 연결하기 위해서는 모든 장비의 통신선이 개별로 연결되어야 한다. 따라서 장비가 추가될 때마다 배선이 복잡해지는 문제가 있다. 이러한 문제를 해결하기 위해 개발된 통신방식이 CAN 통신이다.

CAN 통신은 Controller Area Network로 호스트컴퓨터 없이 장치들이 서로 통신하기 위한 표준통신 규격으로, BUS에 장치들이 연결되는 형태를 취하고 있어 CAN BUS라고도 한다.

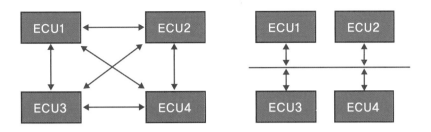

그림 4-1-7 UART 통신과 CAN 통신 연결 방식 비교

CAN 통신은 여러 개 ECU를 CAN 버스에 병렬로 연결하여 데이터를 주고받는 통신방식으로 통신선 상에 데이터를 띄어놓고 필요한 데이터만 접근(Access)하는 방식이다. CAN 버스에 접속된 장치를 보통 노드(Node)라고 한다. CAN 통신의 특징은 기존의 UART 통신과 비교해 많은 장점을 갖추고 있다.

① 다중 주인(Multi Master)

CAN 버스는 지정된 마스터가 없기 때문에 여러 노드들이 언제든지 버스에 데이터를 공유할 수 있다. 따라서 기존 통신방식에서는 마스터 고장 시 전체 시스템이 고장 나지만, CAN 버스에서는 마스터가 없기 때문에 특정 노드가 고장 나더라도 다른 노드들은 정상 동작이 가능한 장점이 있다.

② 간단한 구조

CAN 통신은 최초 설계부터 배선을 최소화하는 것을 목표로 개발되어 두 개의 신호선(CAN_High, CAN_Low)만으로 통신이 가능하다. 따라서 장치가 추가되더라도 추가되는 전선은 매우 적은 편이다.

③ 잡음에 강함

CAN 버스는 2개의 전선으로 연결되지만, Twist된 선을 사용해 전기적 잡음에 강한 특징이 있다.

④ 우선순위

CAN 버스에 연결되는 장치들은 고유의 ID를 가지고 있다. 즉 설계자가 장치별로 우선순위를 사전에 설정해 놓을 수 있다. 따라서 장치들이 동시에 송신하는 상황에서도 ID 우선순위에 따라 우선순위가 높은 데이터를 먼저 사용할 수 있어 안정성을 높일 수 있다.

⑤ 고속 및 원거리 통신

CAN 통신은 1Mbps의 고속 통신을 제공하며, 최대 1km까지 통신이 가능하다.

⑥ PLUG & PLAY

CAN 통신은 BUS 형태로 연결되기 때문에 새로운 장치를 추가하거나 제거할 때 다른 장치에 영향이 없고 손쉽게 추가/제거가 가능하다.

CAN 통신은 주로 자동차에서 표준으로 사용되고 있으며, 최근에는 산업용으로도 확장되고 있다. 참고로 탑재장비 중량이 매우 중요한 항공기에서는 오래전부터 BUS 통신방식을 사용해왔다. 군용기는 MIL-STD-1553 BUS를 사용했고, 민항기는 ARINC429 BUS를 사용해왔다. 따라서 대부분의 항공 전자장비는 BUS 통신을 지원하기 위해 전용 칩이 탑재된 통신보드를 사용하고 있다. 하지만 최근 무인 항공기 및 FBW(Fly-by-wire) 시스템이 대중화되면서 새로운 BUS 시스템이 개발되고 있으며, 대표적인 사례가 CAN 통신을 기반으로 하는 CANaerospace 프로토콜이다.

픽스호크에서도 CAN 통신을 지원한다. CAN 버스는 다양한 센서나 장치를 병렬로 연결 가능하기 때문에 최근에는 전원보드, ESC, GPS, LiDAR 등이 CAN 통신을 지원하는 제품이 늘어나고 있다. 그림 4-1-8은 픽스호크에 CAN 통신 ESC를 연결하는 배선도이다. 실제 CAN 통신선은 CAN_H와 CAN_L 두 선이며, 배선은 병렬로 연결된다. CAN BUS 연결 시 주의해야 할 사항은 종단저항(termination resistor)이다. 이는 CAN BUS 케이블의 잔여 전류로 인한 통신 반사를 최소화하기 위한 것으로 종단저항이 없는 경우는 산속의 메아리처럼 데이터가 되돌아오기 때문이다. 고속통신 CAN의 종단저항 표준값은 120Ω으로 케이블의 끝단에 있는 장비에만 연결하면 된다.

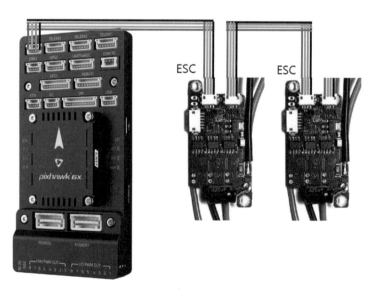

그림 4-1-8 픽스호크 CAN 통신 배선

4 I2C

I2C 통신은 Inter Integrated Circuit의 약자로, 두 개의 전선으로 여러 디바이스들을 연결할 수 있는 저속 통신 인터페이스이다. 다른 통신방식에 비해 간단하며, 한 개의 마스터(master)와 여러 개의 슬레이브(slave)를 연결한다. 가장 큰 장점은 2개의 선만으로 통신할 수 있다는 것으로 각각의 선을 SCL(Serial Clock), SDA(Serial Data)로 명칭해서 사용한다. SCL 선은 마스터와 슬레이브 간의 클럭 신호선이며, SDA 선은 데이터를 전송하는 선이다. I2C 통신은 슬레이브를 최대 127개까지 연결할 수 있다.

I2C 통신은 UART 통신과 달리 두 선만 있으므로 송신과 수신을 동시에 할 수가 없다. 이러한 통신을 반이중(Half-Duplex) 방식이라고 한다. 반대로 UART나 이더넷 등과 같이 송/수신을 동시에 할 수 있는 방식을 Full Duplex 방식이라고 한다. 음성통신을 예로 들면, 전화기처럼 두 명이 동시에 소리를 들으면서 말도 전달하는 경우를 Full-Duplex라고 한다면, 무전기처럼 한 번에 한 사람만 말할 수 있는 경우를 Half-Duplex라고 볼 수 있다.

I2C 통신이 시리얼(UART) 통신과 가장 큰 차이점은 동기화 통신이라는 점이다. 즉 SCL 선의 클럭(clock) 신호에 따라 데이터의 전송 타이밍이 맞춰지므로, 통신속도를 사전에 따로 지정하지 않아도 된다는 점이다. 통신속도는 마스터의 신호에 따라 결정된다. I2C 사용 시 주의해야 할 점은 통신선이 기본으로 모두 High 상태여야 하므로 풀업 저항(R1, R2)으로 두 선 모두 High 상태를 만들어야 한다는 점이다. 아두이노와 같이 많이 사용하는 보드는 내부 풀업 저항을 사용하는 경우도 있기 때문에 장비 연결 전에 풀업 저항 연결 필요 여부를 확인해야 한다.

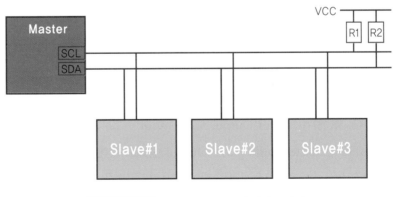

그림 4-1-9 I2C 장비 마스터-슬레이브 연결도

I2C는 전송 데이터양이 작은 센서 모듈에 주로 사용된다. 픽스호크의 경우 레인지 파인더, 가속도 센서, 그리고 픽스호크의 상태를 간단히 모니터링할 수 있는 OLED 연결에 I2C를 사용한다.

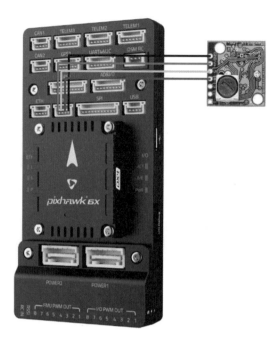

그림 4-1-10 픽스호크 거리센서 I2C 연결 예시

5 SPI

SPI(Serial Peripheral Interface)는 UART, CAN, I2C와 같은 시리얼 통신(직렬 통신) 방식 중 하나로 마이크로컨트롤러, SD카드 등의 주변장치 사이에 데이터를 전송하는 통신방식이다. SPI 통신은 1 대 다수의 통신을 지원하는 동기식 통신방식이다. RS-232, CAN 버스보다 통신거리는 짧으나 I2C에 비해 속도가 빠르다. 마스터 1대가 다수의 슬레이브와 통신하는 방식이며, 1대의 슬레이브와 통신할 때 4개의 단자가 필요하다. 하지만 슬레이브 수가 늘어날 때마다 연결선이 1개씩 추가되는 게 특징이다.

4개의 통신선은 MOSI, MISO, SCLK, SS 선이다. SCLK는 Serial Clock으로 I2C처럼 동기화를 위한 클럭 신호를 출력한다. MOSI는 Master Output Slave Input 선으로 마스터 출력 신호가 슬레이브로 전송되는 선이다. MISO는 Master Input Slave Output 선으로 슬레이브 출력이 마스터로 전송되는 선이다. SS는 Slave Select 선으로 여러 개의 슬레이브가 연결되었을 때 통신하고자 하는 슬레이브를 선택하는 선이다. 따라서 슬레이브가 늘어날수록 SS선이 추가되어야 하는 것이 SPI 통신의 특징이다.

SPI 통신은 10~20Mbps의 고속 통신이 장점이며, 주로 SD카드 인터페이스 또는 프로세서 보드 간 통신, 펌웨어 로딩 및 디버깅용으로도 사용된다.

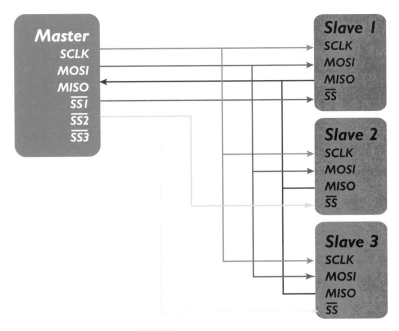

그림 4-1-11 SPI 마스터 슬레이브 연결도

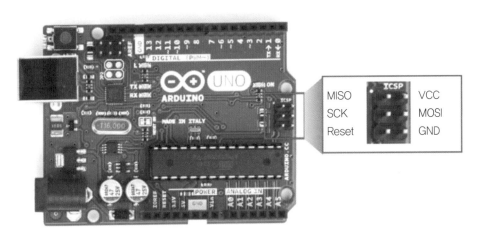

그림 4-1-12 아두이노 UNO 보드의 SPI 통신단자

표 4-1-2 통신방식별 특징 비교

사양	UART	I2C	SPI
신호선	Tx, Rx	SDA, SCL	SCLK, MOSI, MISO, SS
통신속도	115.2Kbps	3.4Mbps	20Mbps
통신방식	비동기	동기	동기
마스터	없음(1:1통신)	1개 이상	1개
슬레이브 추가 시 고려사항	없음(1:1통신)	슬레이브 병렬연결	슬레이브별로 SS 연결선 추가

6 USB

UART 통신이 주로 사용되던 시기에는 컴퓨터 간 또는 장비 간 통신을 위해서는 장비별로 각기 다른 형태의 포트가 연결되어야 했고, 통신속도 또한 매우 느렸다. 이러한 문제점을 해결하기 위해 IT 업체들이 모여 1995년 기술 표준을 만들어 낸 것이 범용직렬버스(USB; Universal Serial Bus)이다.

지금은 우리 주변 대부분의 IT 기기가 USB를 사용하고 있다. USB가 가장 널리 사용된 이유는 여러 업체가 협의를 통해 만들어진 점, 빠른 통신속도, 그리고 커넥터의 설계 때문이다. USB는 기존의 통신커넥터와 달리 전원공급 선을 커넥터 단자에 포함하였다. 이로써 주변 기기의 전원을 별도로 연결하지 않고도, 구동할 수 있게 된 것이다.

USB는 지금까지 통신속도, 최대전류량, 커넥터 형태가 지속적으로 발전되어 왔다. 최근에는 USB 4가 출시되며 최대 전송속도는 40Gbit/s(5,000MB/s)까지 증가하고, USB 3.1부터는 높은 속도의 영상포트(DP; Display Port)로도 활용되고 있다.

표 4-1-3 USB 버전별 특징

버전	출시 시기	최대 전송속도	속도 명칭	전압 및 전류
USB 1.0	1995년	1.5Mbit/s	Low-Speed	5V, 100mA
USB 1.1	1998년	12Mbit/s	Full-Speed	5V, 100mA
USB 2.0	2000년	480Mbit/s	High-Speed	5V, 500mA
USB 3.0	2010년	5Gbit/s	SuperSpeed USB 5Gbps	5V, 900mA
USB 3.1	2013년	10Gbit/s	SuperSpeed USB 10Gbps	20V, 5A
USB 3.2	2017년	20Gbit/s	SuperSpeed USB 20Gbps	20V, 5A
USB 4	2019년	40Gbit/s	USB4 40Gbps	20V, 5A

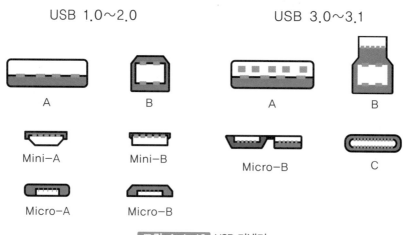

그림 4-1-13 USB 커넥터

USB Type A 커넥터는 지금까지도 가장 널리 사용되고 있는 커넥터로 내부 핀은 전원공급선과 접지선, 2개의 통신선으로 구성되어 있다. 일부 소형 장비(블루투스 스피커, LED 램프 등)에서 USB 단자를 통신 목적이 아닌 전원공급용으로 사용하는 경우, 데이터 통신선을 제외하고 5V 전원 공급선과 접지선만 연결된 케이블도 있어 사용할 때 주의해야 한다.

표 4-1-4 USB 2.0 커넥터 핀맵

핀	이름	설명	형상
1	VBUS	5V	
2	D-	Data-	
3	D+	Data+	
4	GND	Ground	

7 이더넷(Ethernet)

이더넷(Ethernet)은 컴퓨터 네트워크 기술의 하나로, 일반적으로 LAN(Local Area Network, 근거리 통신망)에서 가장 많이 활용되는 기술 규격이다. 초기의 이더넷은 동축 케이블을 이용하였으나, 현재는 UTP 케이블 및 광케이블을 사용한다. 단거리 또는 건물 내에서는 UTP 케이블을 사용하고, 먼 거리를 연결해야 하거나 전자파 간섭이 심한 환경에서는 광케이블을 통해 전송한다. 일상생활에서 사용하는 LAN 케이블이 UTP 케이블이며, 광케이블은 해저터널 및 기지국과 같은 원거리 전송에 사용되고 있다.

이더넷은 IEEE802.3 규격에서 유선 이더넷의 "데이터 링크" 계층의 물리 계층과 MAC(미디어 액세스 제어) 계층을 정의했으며, 물리 계층은 케이블과 장치로 구성된다.

이더넷에서 가장 많이 사용되는 UTP 케이블은 전송속도에 따라 분류할 수 있다. CAT 5/5e는 최대 100Mbps의 낮은 속도까지만 데이터 전송이 가능하며, 잡음에 취약하다. 반면, CAT 6 케이블은 1Gbps 속도까지 전송할 수 있으며, CAT6A부터는 10Gbps 전송속도를 지원한다. 전송속도가 높은 케이블일수록 잡음에 강하도록 전선이 두껍고, 실드가 잘되어 있다. 따라서 이더넷 포트의 지원 속도에 적합한 케이블을 사용해야 충분한 통신 성능을 얻을 수 있다.

표 4-1-5 UTP 케이블 등급 및 통신속도

명칭	CAT 5/5e	CAT 6	CAT 6A	CAT 7
속도	100Mbps	1 Gbps	10 Gbps	10 Gbps
형상				

RJ45 PINOUT T-568A

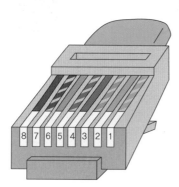
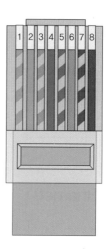

1 | White/Green
2 | Green
3 | White/Orange
4 | Blue
5 | White/Blue
6 | Orange
7 | White/Brown
8 | Brown

그림 4-1-14 이더넷 통신 커넥터(RJ45) 핀맵

표 4-1-6 UTP 케이블 등급 및 통신속도

Pin	Description	10base-T	100Base-T	1000Base-T
1	Transmit Data+ or BiDirectional	TX+	TX+	BI_DA+
2	Transmit Data− or BiDirectional	TX−	TX−	BI_DA−
3	Receive Data+ or BiDirectional	RX+	RX+	BI_DB+
4	Not Connected or BiDirectional	−	−	BI_DC+
5	Not Connected or BiDirectional	−	−	BI_DC−
6	Receive Data− or BiDirectional	RX−	RX−	BI_DB−
7	Not Connected or BiDirectional	−	−	BI_DD+
8	Not Connected or BiDirectional	−	−	BI_DD−

이더넷은 컴퓨터, TV, IP 전화기 등 일상생활에서 가장 많이 볼 수 있는 통신방식으로, 연결되는 단말기 수가 매우 많다. 따라서 다양한 장치를 거친다. 가장 먼저 단말기와 연결되는 장치는 네트워크 스위치이다. 스위치는 여러 컴퓨터나 네트워크를 연결하여 통신을 가능하게 한다. 라우터는 네트워크의 트래픽 포워딩과 라우팅 기능을 제공하는데, 주로 네트워크를 다른 네트워크와 연결하는 데 사용된다.

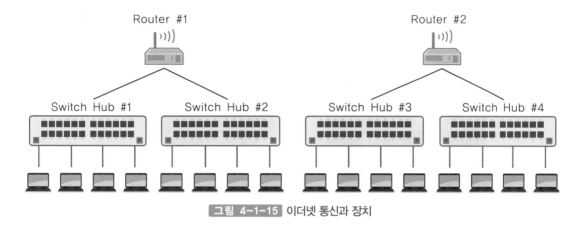

그림 4-1-15 이더넷 통신과 장치

드론에서의 이더넷은 주로 Companion 컴퓨터, GCS의 대용량 고속 데이터 통신용으로 사용된다.

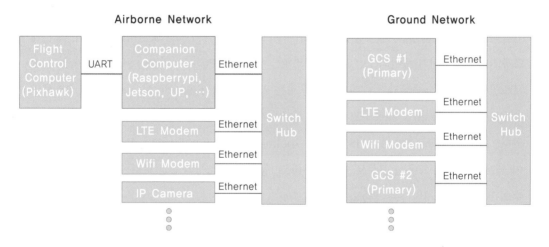

그림 4-1-16 드론의 이더넷 통신 사용 예시

8 RC(Radio Control)

1) RC 송/수신기 개요

RC(Radio Control) 통신은 '무선조종'의 의미로, 통신표준은 아니지만 무선조종 모형 항공기에 사용되면서 지금은 산업계의 표준 형태로 자리 잡고 있다. 드론의 RC는 송신기(transmitter)가 장착된 조종기와 FC(Flight Control)에 연결하여 사용하는 수신기(receiver)로 이루어져 있다.

수신기는 송신기에서 보낸 정보를 수신하여 FC에 보내는 역할을 한다. 수신기 구매 및 사용 시 유의사항은 송신기와 동일한 주파수 영역에서 작동하고 동일한 프로토콜이어야 한다.

그림 4-1-17 후타바의 RC 조종기와 수신기

2) 프로토콜(Protocol)

컴퓨터 간에 정보를 주고받는 통신 방법에 대한 규칙과 약속을 프로토콜이라 하는데, 드론에서는 조종기와 RC 수신기 사이의(Tx) 프로토콜과 RC 수신기와 FC 사이의(Rx) 프로토콜이 있다. Rx 프로토콜에는 다양한 종류가 있는데 보편적으로는 PPM(Pulse Position Modulation), PWM(Pulse Width Modulation)을 사용하고 조종기 제조사가 사용하는 SBUS(Futaba), IBUS(Flysky) 등도 있다. Tx 프로토콜은 DSSS, FHSS, DSM(Spektrum), AFHDS(Flysky), FASST(Futaba) 등과 같이 제조사 각자의 고유한 프로토콜을 사용하고, 동일한 제조사라도 프로토콜이 다를 수 있으며 복수의 프로토콜을 지원하는 제품도 있다.

3) PPM과 PWM

RC 송수신기에서 가장 많이 사용하는 데이터 전송 방식은 PWM과 PPM이다. PWM 방식은 일정 간격 동안 신호가 들어오는 시간을 검출하는 방식이며, PPM 방식은 일정 간격 동안 어느 위치에 신호가 들어오는지를 검출하는 방식이다. PWM은 RC 송수신기뿐 아니라 서보/ESC와의 통신에도 사용하는 신호로, 일정 간격 동안 들어온 신호의 시간을 검출해 통신한다. 예를 들어 1초에 50번씩 들어오는 신호의 유지 시간(1,000~2,000usec)에 따라 서보 또는 모터의 동작이 결정된다. 유지 시간이 1,000usec인 경우 모터는 정지하고, 2,000usec인 경우는 모터가 최대 속도로 동작하는 게 일반적이다. 서보의 경우는 1,000usec에서 가장 왼쪽, 1,500usec에서 중간 위치, 2,000usec에서 가장 오른쪽 위치로 이동하거나 반대 방향으로 이동하는 것이다. 따라서 PWM은 1개의 신호선에 1 개의 신호만 전송할 수 있다.

반면, PPM은 동시에 여러 개의 모터, 서보 명령을 하나의 신호로 보내는 방법으로, 서보/모터들의 신호 위치를 바꾸어 그 양을 표시하는 방법으로 채널마다 다른 진폭을 사용하면 한 개의 신호선에 많은 채널 신호를 전송할 수 있다. PPM과 PWM 간 전환이 필요한 경우는 PPM 인코더를 사용하면 된다.

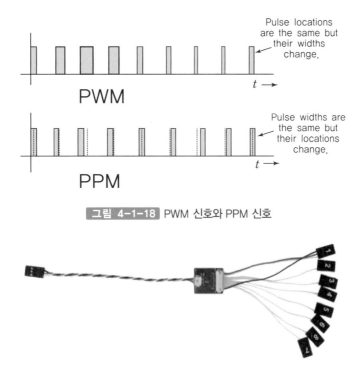

그림 4-1-18 PWM 신호와 PPM 신호

그림 4-1-19 PPM 인코더(좌측이 PPM 신호 커넥터, 우측이 PWM 커넥터)

4) 바인딩(Binding)

바인딩은 송신기와 수신기의 연결을 뜻한다. 송신기와 수신기의 호환은 RC의 가장 기본적인 요소로서 호환이 안 되면 통신할 수 없다. 바인딩 방법은 수신기마다 다르며 송신기와 수신기의 연결은 한 번만 하면 되지만, 펌웨어를 변경할 경우 다른 송신기에 수신기를 연결할 때 이전의 송/수신기 연결은 끊어진다. 동일한 송신기에 여러 개의 수신기를 연결해 여러 대의 드론을 조종할 수 있지만 (단, 조종기에서 한 개 수신기만 선택), 수신기에는 꼭 하나의 송신기만 연결해야 한다.

5) 조종 채널

채널 수는 드론에 명령을 내릴 수 있는 신호 개수를 의미한다. 따라서 송/수신기의 선택에서 중요한 요소가 되는데, 채널의 수는 수신기 프로토콜에 따라 결정된다. 예시로 SBUS는 16채널까지 지원하지만, PPM은 8채널까지 지원한다. 멀티콥터의 경우는 최소 4개의 채널이 필요하며, 일반적으로는 5~6개 채널이 기본적으로 사용된다(롤/피치/요/고도/비행 모드/랜딩 기어).

6) 통신 범위(Range)

통신 범위란 조종기와 드론이 통신할 수 있는 거리를 말한다. 송신기의 출력, 수신기의 민감도에 따라 통신 범위가 달라지고, 주파수에 따라서도 달라진다. 드론에서는 일반적으로 2.4GHz에서 무선 통신을 하는데, 보통 300m에서 최대 1,500m까지 통신이 가능하다.

Chapter 02 외부 통신

1 무선통신 개요

드론을 조종하고, 영상 및 데이터를 수신하기 위해서는 무선통신이 필수적이다. 무선통신이란 전파를 이용해 선에 의한 연결 없이 원격지에 정보를 전달하는 통신 기술을 뜻한다. 무선 통신장비는 일반적으로 지상 통제 장비와 비행체 간 양방향 송수신을 수행하므로 TC/TM(Tele-Command/Tele-Metry)으로 표현한다. TC는 상향 링크로 지상에서 드론으로 임무 장비나 비행 조종 신호를 전송하는 것을 의미하고, TM은 하향 링크로 임무장비의 상태나 비행 정보를 지상으로 전송하는 것을 뜻한다.

하지만 소형 드론의 경우, 명령은 주로 RC 조종기를 이용하며, 통신장비는 주로 비행체 상태를 관찰하는 용도로 사용되어 통신장비를 '텔레메트리(telemetry)'로 표현하기도 한다.

1) 주파수(Frequency)

무선통신을 위해서는 사용 용도와 목적에 적합한 주파수를 사용해야 한다. 주파수는 전파가 움직이는 보이지 않는 길이며, 전파의 특성을 파장 또는 진동수를 기준으로 정한 것으로 단위는 "Hz"를 사용하며, 1Hz는 1초 동안 1번 진동하는 것을 뜻한다.

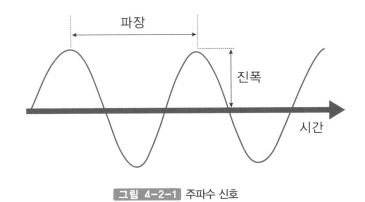

그림 4-2-1 주파수 신호

주파수는 국가별로 관리하는 주요 자산으로 국가별로 주파수 분류 방법과 명칭 및 배분 기준이 다르다. 우리나라는 국립전파연구원에서 주파수 자원을 분석, 조정하고 있다. 전 세계적으로 미국 전자전기기술인협회(IEEE)와 아마추어 무선통신협회(HAM) 기준을 주로 사용하고 있다.

표 4-2-1 주파수 분류표

구분	IEEE 분류	주요 용도
VF	3~30MHz	음성통신
VHF	30~300MHz	음성통신, 라디오
UHF	300~1,000MHz	데이터통신, 모바일
L Band	1~2GHz	GPS, 모바일, 레이더
S Band	2~4GHz	레이더, WiFi, Bluetooth
C Band	4~8GHz	상업위성, 위성방송, WiFi
X Band	8~12GHz	군사용 레이더
Ku Band	12~18GHz	위성통신
K Band	18~27GHz	위성통신, 정밀 추적 레이더
Ka Band	27~40GHz	군용 위성통신

① 433MHz, 915MHz 대역

교육/연구/취미용 드론의 텔레메트리로 가장 많이 사용하는 주파수 대역으로 433MHz는 아마추어 무선통신에서 주로 사용하는 대역이며, 915MHz 대역은 LTE 및 RFID에서도 사용하고 있다. 통신 모듈이 작고, 저렴해 드론에 많이 사용되고 있다.

② 1.2GHz, 1.5GHz 대역

GPS는 여러 신호를 동시에 사용하는데, 위치 측정을 위한 필수 신호인 L1 신호는 1.575GHz 대역을 사용하며, 정밀항법 및 군사 용도로 추가로 사용되는 L2 신호는 1.227GHz 대역을 사용한다. 또한 GLONASS는 1.602GHz 대역을 사용한다.

③ 2.4GHz, 5.8GHz 대역

우리에게 가장 익숙한 주파수 대역으로 WiFi, 블루투스, Zigbee(소형 통신 모듈) 등에 주로 사용되는 대역이다. 촬영용 소형 드론은 2.4GHz 대역을 상향 링크로 사용하고 있으며, 2.4GHz와 5.8GHz를 영상 전송을 위한 하향 링크로 사용한다. 해당 주파수 대역은 직진성이 강해 장애물 등에 의한 전송 장애가 심하므로 조종기(통신 모듈)와 드론의 시야거리 확보가 필수적이다.

2) 주파수 대역폭(Bandwidth)

기준 주파수가 도로의 중앙선이라고 한다면, 주파수 대역폭(Bandwidth)은 도로의 폭을 의미한다. 주파수 대역폭이 크거나 넓다는 것은 넓은 도로와 유사하다. 따라서 많은 데이터를 빠른 속도로 전송하기 위해서는 대역폭이 커야 한다. 예를 들어 음성을 전송하기 위해서는 3.1kHz가 필요하며, 음악 신호는 약 15kHz, 영상 신호는 약 4.5MHz의 대역폭이 필요하다.

대역폭은 주파수를 세분화하는 기준이 되기도 하며, 넓은 대역폭을 사용하려면 기준 주파수가 높아야 한다. 예를 들어, 대역폭이 10MHz가 필요한 경우, 900~910MHz에서는 1개의 대역폭만 확보할 수 있지만, 9~9.1GHz에서는 10개의 대역폭을 확보할 수 있다. 즉 더 많은 사용자가 많은 데이터를 전송할 수 있다는 뜻이다.

② 통신모뎀

사용 주파수 대역을 결정하면 통신모뎀을 선정해야 하는데, 통신모뎀은 안테나와 함께 통신 성능에 큰 영향을 미친다. 통신모뎀은 무선 출력, 외부 통신방식, 영상 압축 기능 등에 따라 다양하다. 통신거리를 늘리기 위해서 가장 중요한 요소는 무선 출력으로, 무선 출력이 높으면 통신 신호 도달 거리가 늘어나지만, 동일한 주파수를 사용하는 통신모뎀과 간섭을 일으킬 수 있다. 전파의 통달 거리는 출력에 정비례하지 않고 출력의 제곱근 값만큼 늘어난다. 예를 들어 무선 출력이 2배 증가하면, 거리는 1.4배 늘어난다.

③ 통신안테나

안테나는 전기 신호를 공기 중으로 전달하는 경로로 공진(resonance) 원리로 동작한다. 안테나의 크기는 주파수의 파장 길이에 따라 결정되며, 파장이 짧을수록 안테나의 크기는 작아진다. 따라서 통신모뎀의 출력이 동일한 경우라면, 900MHz 대역 안테나보다 5GHz 대역 안테나 크기가 작은 것이 일반적이다.

1) 안테나 빔(Antenna Beam)

안테나에서 방사되는 전자기파는 모든 방향으로 뿌려지지 않고, 특정 방향으로 모이도록 할 수 있다. 안테나 신호 방사 패턴에 따라 지향성(directional) 안테나와 무지향성(non-directional) 안테나로 구분된다. 지향성 안테나는 원반 형태의 접시 안테나가 대표적으로 주로 위성통신 및 원거리 통신에 사용되는 안테나이다. 무지향성 안테나는 상하좌우 모든 방향으로 동일하게 방사하는 등방성(isotropic) 안테나와 단일 평면에서 전 방향으로 일정하게 반사하는 전방향성(omni-directional) 안테나로 구분된다.

드론의 텔레메트리 및 WiFi 공유기 등에 주로 사용하는 일자형 안테나는 다이폴(dipole) 안테나로 대표적인 전방향성 안테나이다.

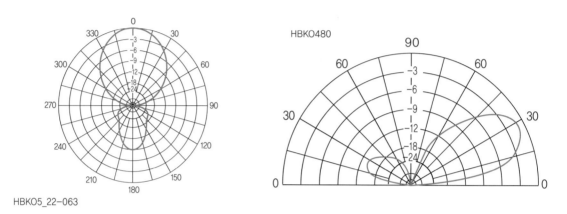

HBKO5_22-063

그림 4-2-2 안테나 빔 패턴(좌: 수평 방향, 우: 수직 방향)

2) 안테나 이득(Antenna Gain)

안테나 이득은 입력된 신호가 출력에서 커지는 정도를 의미하는데, 안테나는 신호를 수신만 하므로 안테나의 방향성으로 인해 결정된다. 신호를 사방으로 방사하는 경우(즉 등방성 안테나)를 기준으로 신호가 집중되는 에너지를 dB(데시벨)로 표현한 것이다. 즉 안테나 이득이 높다면 동일 거리에서 통신성능이 우수하다. 하지만 방향성이 높다는 뜻이므로 안테나 간 상호 방향이 정밀하게 일치해야 한다.

④ 통신 추적 시스템

일반적으로 주파수 자원의 제약으로 개별 드론의 통신모뎀 출력은 상당히 제한된다. 따라서 낮은 통신 출력을 이용해 먼 거리에 있는 드론과 통신하기 위해서는 안테나 이득이 높은 방향성 안테나를 사용해야 한다. 이럴 때 비행체의 안테나와 지상체 안테나의 빔 방향이 일치해야 원활한 통신이 가능하다. 드론은 중량이 제한적이므로, 주로 지상에서 드론의 위치(정확히는 안테나)를 추적하는 시스템을 사용한다.

통신 추적 시스템은 방향성 안테나를 구동하는 짐벌 시스템으로 구성되고 지상 통제 장비와 유선으로 연결된다. 통신 추적 방식은 두 종류가 있으며, 첫 번째는 드론으로부터 수신되는 위치 정보를 바탕으로 상대 방향을 계산하여 안테나를 조종하는 방식이다. 두 번째는 안테나를 여러 개 장착해 각각의 안테나 통신 신호 크기를 비교해 짐벌을 구동하는 것이다. 위치 정보 기반 추적방식은 시스템이 간단한 장점이 있으나 드론으로부터 수신되는 정보를 기반으로 하므로 통신이 차단될 경우, 회복이 어려운 단점이 있다. 반면, 다중 안테나 추적 방식은 통신이 차단될 경우에도 짐벌을 스캔 모드로 동작시켜 드론의 위치를 추정해 통신을 회복시킬 수 있다. 하지만 안테나가 추가로 여러 개 필요하므로 시스템이 커지는 단점이 있다.

그림 4-2-3 안테나 추적 시스템

출처: https://ardupilot.org/antennatracker/index.html

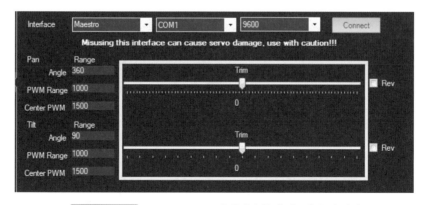

그림 4-2-4 Mission Planner의 안테나 추적 시스템 통제 화면

출처: https://ardupilot.org/copter/_images/Antenna-Tracker.png

03 표준 통신 규약

Unmanned Multicopter

1 MAVLink

드론 오픈소스가 활성화되면서 다양한 드론과 지상통제 소프트웨어 간 상호 운용성을 확보할 필요성이 제기되었다. MAVLink(Micro Air Vehicle Link)는 소형 무인장치들과 탑재 장비 간 안정적으로 통신하기 위해 설계되었으며, 2009년 초에 처음으로 공개한 드론 프로토콜이다.

MAVLink는 메시지 전송 방식을 사용하며, 토픽 모드(topic mode)와 일대일 모드(point-to-Point mode)로 혼합한 형태이다. 토픽 모드는 수신처를 지정하지 않고, 메시지를 배포(Publish)한 다음 필요한 장비에서 메시지를 자유롭게 수신해(subscribe) 사용하는 방식이다. 이러한 방식을 멀티캐스트(multicast)라고도 하며, 일반적으로 비행 상태정보(위치, 고도, 자세 등)에 사용된다. 일대일 모드는 메시지를 송신할 때 수신 장비의 ID를 지정해서 전송하는 방식이다. 일대일 모드는 전송/수신 여부를 점검해 수신이 안 될 경우 재송신 기능을 포함하고 있어 메시지 전송 신뢰도가 높은 특징이 있다.

MAVLink는 라이브러리 형태로 설계되어 ARM7, ATMega, STM32와 같은 다양한 마이크로컴퓨터와 Windows, Linux, MacOS, Android 등 대부분 운영체제를 지원한다. 또한 C/C++, Python, Java, Go 등 다양한 프로그래밍 언어를 지원해 많은 민수용 드론의 통신 프로토콜 표준으로 사용되고 있다.

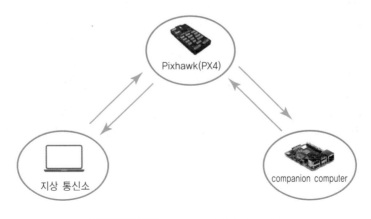

그림 4-3-1 MAVLink 메시지 전송 예시

MAVLink는 v1을 기준으로 6개의 헤더(header)와 2개의 Checksum, 그리고 데이터를 갖는 1개의 필드로 구성된다. 총 9바이트의 헤더를 사용하며 패킷 길이가 페이로드(payload)에 따라 가변 되는 형태이다. v2는 헤더가 14바이트로 늘어나고, 메시지 ID가 2바이트로 더 많은 메시지를 전송하고, 메시지의 신뢰도를 높이기 위한 보증 패킷을 비트화할 수 있도록 발전하였다. MAVLink v2.0은 v1.0과 호환이 가능하지만, v1.0은 v2.0과 호환이 불가하다.

MAVLink Frame

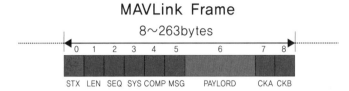

그림 4-3-2 MAVLink 프로토콜 패킷 구조

표 4-3-1 MAVLink 패킷 구조(v1.0)

Field name	Index(Bytes)	목적 및 기능
Start-of-frame	0	시작점을 가리키는 헤더(0xFE)
Payload-length	1	페이로드 길잇값(n)
Packet sequence	2	총 패킷에서 해당하는 순서값
System ID	3	발신자 시스템의 고유 ID
Component ID	4	해당 컴포넌트 고유 ID
Message ID	5	페이로드 정의 ID
Payload	6 to (n+6)	메시지 ID에서 참조되는 실질적인 데이터값
CRC	(n+7) to (n+8)	메시지 무결성 검사

표 4-3-2 MAVLink 패킷 구조(v2.0)

Field name	Index(Bytes)	목적 및 기능
Start-of-frame	0	시작점을 가리키는 헤더(0xFE)
Payload-length	1	페이로드 길잇값(n)
Incompatibility flags	2	해석해야 할 플래그
Compatibility flags	3	무시 가능한 플래그
Packet sequence	4	총 패킷에서 해당하는 순서값
System ID	5	발신자 시스템의 고유 ID
Component ID	6	해당 컴포넌트 고유 ID
Message ID	7 to 9	페이로드 정의 ID
Payload	10 to (n+10)	메시지 ID에서 참조되는 실질적인 데이터값
CRC	(n+11) to (n+12)	메시지 무결성 검사
Signature	(n+13) to (n+25)	메시지 서명(선택사항)

2 STANAG-4586

군용 무인기 시스템이 발달하면서 NATO 가입국의 무인기와 지상 통제장비 간 통신 연동이 가능하게 하도록 2004년도에 통신 표준협약인 STANAG-4586을 제정하였다. STANAG-4586의 목적은 상호 운용성 수준을 달성하기 위해 UCS(UAV Control System)에서 구현해야 하는 인터페이스를 지정하여 서로 다른 UAV 및 해당 임무 장비 및 레거시 명령, 제어, 통신, C4I 시스템과 통신할 수 있도록 관련 규격을 정의하는 것이다. 이후 계속 개발되는 무인기 수용 및 최신 임무를 반영하기 위해 꾸준히 개정 되고 있으며 2007년도 Edition2, 2012년도에 Edition3, 2017년도에 Edition4로 개정되었다. 무인기 개발 선진국들은 STANAG-4586을 활용하여 무인기와 지상 통제장비 간 상호운용성을 확보하여 하나의 지상 통제장비에서 여러 무인기를 운용 중이다. STANAG 4586에는 UAS에 대한 아키텍처, 장비에 대한 용어, 인터페이스 규약, 상세 데이터 포맷, 연동 절차 등을 정의하고 있다.

STANAG-4586에서는 UAS(Unmanned Aircraft System)의 구성 요소를 지상부(surface component)와 공중부(air component)로 나누며, 공중부는 항공기 자체에 해당하는 Vehicle Element와 Payload Element로 구분한다. 지상부는 UCS Element와 Launch and Recovery Element로 구분한다. 무인기 지상부와 공중부에 탑재되어 무선 연동 기능을 제공하는 부분을 Datalink Element로 정의하고 있다.

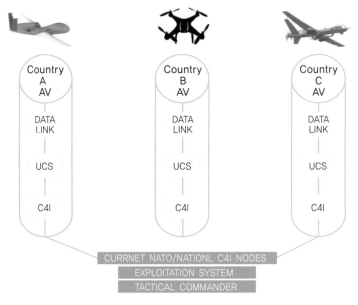

그림 4-3-3 STANAG-4586 연동 구조

MAVLink가 민수용 드론의 표준으로 사용된다면, STANAG-4586은 주로 군용 드론의 통신 표준으로 적용되고 있다. STANAG-4586과 MAVlink 메시지 구조의 차이점은 다음과 같다.

표 4-3-3 STANAG-4586과 MAVLink 메시지 구조 비교

항목	STANAG-4586	MAVLink	
		v1.0	v2.0
Header	16Byte	6Byte	12Byte
Data	~65,535Byte	~255Byte	~253Byte
Checksum	2 or 4Byte	2Byte	2Byte
Signature	–	–	13Byte

③ ROS(Robot Operating System)

드론 기술이 발전하면서 다양한 로봇과의 연동이 이뤄지고, 로봇 기술과 드론 기술이 융합되고 있다. ROS는 센서와 구동기 등의 하드웨어를 추상화하고, 하위 수준의 장치를 제어하며, 프로세스 간 메시지 전달 및 패키지 관리, 개발환경에 필요한 라이브러리와 다양한 개발 및 디버깅 도구를 제공하는 플랫폼이다. 일반적인 컴퓨터 운영체제와는 달리 컴퓨터 운영체제 위에서 동작하며 로봇 소프트웨어 개발을 위한 다양한 솔루션을 제공한다. ROS는 Unix 기반(Ubuntu, Mac OS X) 플랫폼에서 사용할 수 있으며, Microsoft Windows에서는 일부 기능은 가능하지만 원활하게 지원하지는 않는다.

기존의 드론을 포함한 로봇 개발 방식에서는 하드웨어 설계, 제어, 비전, 내비게이션 등 모든 것을 직접 개발해야 하고, API마다 인터페이스가 다르고, 디버깅을 위해서 디버깅 코드를 삽입해야 했다. 또한 하드웨어나 OS에 의존적으로 소프트웨어를 개발하여 하드웨어 변경 시 새롭게 개발해야 하고 검증하는 데 많은 시간이 소모되었다. 이러한 문제점을 해결하기 위해 2007년 미국 스탠퍼드 대학 인공지능 연구소에서 시작되어 2010년 ROS 1.0을 출시하고, 2017년에 ROS 2.0으로 발전하였다.

ROS는 네트워크상에 존재하는 데이터 지점을 노드(node)로 정의하고, 각각의 노드끼리 메시지를 주고받는 시스템이다. 노드는 한 개의 센서가 될 수 있고, 시스템이 될 수도 있으며, 소프트웨어 기능 모듈만으로도 존재할 수 있다. 예를 들어, 노드 1번은 GPS 데이터를 처리하는 노드로, 2번은 제어 노드, 3번은 모터 노드로 정의할 수 있다. 이렇게 노드로 분리하는 것은 Windows 운영체제의 작업관리자에 여러 가지 소프트웨어가 동시에 동작하는 것과 유사하다. 따라서 만일 1번 노드의 동작이 중단되더라도, 2번, 3번 노드는 정상적으로 동작할 수 있다. ROS가 자체적으로 스케줄링해주며 노드 간 메시지를 관리해주므로 사용자는 쉽게 노드를 사용할 수 있다.

ROS 환경에서는 해당 노드에서 메시지를 발행(publish)하고, 사용하고자 하는 메시지를 수신 (subscribe)하는 부분만 추가하면 쉽게 소프트웨어를 확장할 수 있다.

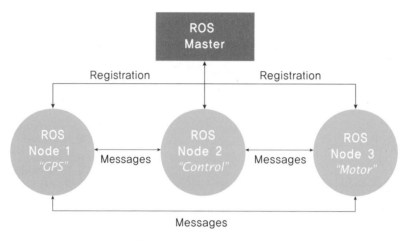

그림 4-3-4 ROS 구조(ROS1.0)

MAVLink가 드론과 지상체 간 무선통신 패킷을 표준화한 것이라면, ROS는 각 비행 제어 컴퓨터와 센서/ 구동기 간, 비행 제어 컴퓨터와 임무 컴퓨터 간, 드론과 드론 간 연동까지 고려한 보다 확장된 통신 표준을 제공한다.

ROS의 또 다른 장점은 메시지 방식이 표준화되어 드론 시스템에 ROS를 사용할 때 다양한 공개 소스 개발 도구를 손쉽게 사용할 수 있다는 점이다.

표 4-3-4 ROS를 지원하는 대표적인 도구

도구명	설명
RViz	3차원 시각화 도구
Rosbag	커맨드 창 메시지 저장 및 표시 도구
rqt_bag	ROS bag 파일 GUI 플러그인
rqt_graph	ROS 프로세스 관계 표시 도구
Gazebo	3차원 로봇 시뮬레이션
Foxglove Studio	ROS 데이터 디버거
Webviz	브라우저 환경에서의 시각화 도구
ROS-Mobile	안드로이드 앱

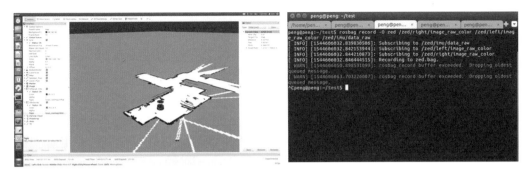

그림 4-3-5 RViz(좌측)와 커맨드 창의 Rosbag(우측)

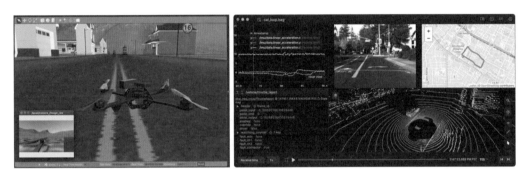

그림 4-3-6 Gazebo(좌측)와 Foxglove Studio(우측)

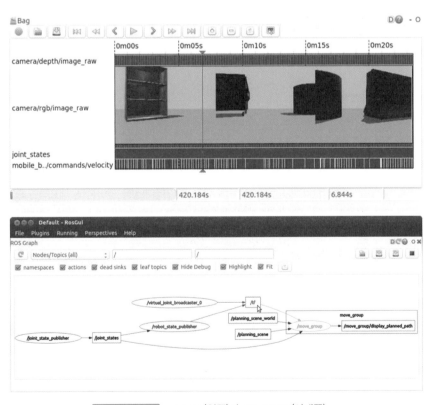

그림 4-3-7 rqt_bag(위쪽)과 rqt_graph(아래쪽)

CHAPTER 03 표준 통신 규약 | 191

PART
05

제작

학습목표

지금까지 드론의 구성 요소, 공기역학, 제어 및 통신 등 드론에 적용되는 이론을 총망라해 학습하였다. 본 파트에서는 그동안 익힌 공학적 지식을 기반으로 드론을 실제 제작하고 운영·정비하는 과정을 소개하고, 입문자가 쉽게 접할 수 있는 대중적인 기체를 통해 부품의 특징 및 조립과정을 알아본다. 대표적인 FC (Flight Controller, 비행 제어기)인 픽스호크를 세팅하고 비행 기능을 설정하는 절차를 익힌다. 마지막으로 드론을 운용하는 데 있어 필수적으로 활용되는 기체 정비 기술도 함께 다룬다.

Unmanned Multicopter

기체 부품 선정

Unmanned Multicopter

본 챕터에서는 드론공학 입문자들이 스스로 드론을 제작할 수 있게 하기 위하여 가장 대중적인 드론을 선정하고 제작 및 작동을 하는 과정들을 소개한다.

그림 5-1-1 F450 비행

1 기체 선정

1) 모델 선정 개요

① 드론은 제작의 관점에서 크게 기체와 비행 제어장치로 구분할 수 있다. 본 제작 과정에서는 입문용으로 가장 적합하고 대중적인 DJI 사의 F450을 활용하고자 한다.

② 기체는 비행을 할 수 있게 구성된 기계공학적 요소들로 비행 구조물, 프로펠러, 랜딩 기어, 모터, 배터리 등을 들 수 있다.

③ 비행 제어장치는 전자공학적인 요소로서 드론의 안정적인 비행과 임무 수행을 위하여 각종 센서 등으로부터 수집한 데이터를 분석하고 제어하는 역할을 한다. 대표적인 비행 제어장치(FC; Flight Controller)로 픽스호크를 들 수 있으며, 이를 위한 펌웨어로 아두파일럿을 사용한다. 또한 GCS(Ground Control System, 지상운용시스템)로 미션 플래너를 가장 일반적으로 사용한다.

2) 모델 특징

① F450은 Frame wheel 450의 줄임말로 QUAD-X 타입의 기체 형태를 가지고 있다.

② Frame wheel 450은 중량 282g 쿼드 프레임의 대각선상에 위치한 두 프롭의 거리가 450mm 라는 의미이다.

③ 프롭의 규격은 '프롭 지름×피치'로 나타내는데, 10×3.8in(@3S) 또는 8×4.5in(@4S)를 사용한다.

④ 배터리는 3~4S LiPo를 사용한다.

⑤ 모터는 고정자 규격이 22×12mm인 DJI 2212 920KV BLDC를 쓴다.

⑥ ESC는 15A OPTO를 쓰며, 이륙중량은 800~1,600g이다.

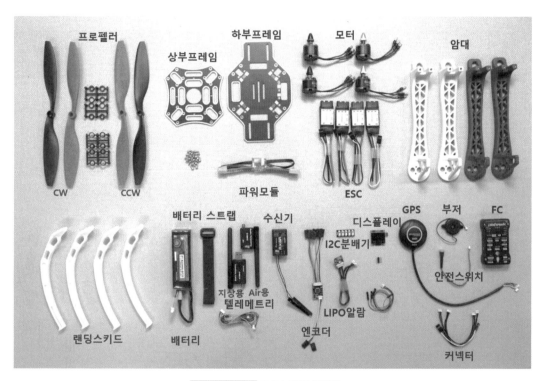

그림 5-1-2 F450 전체 구성품

2 부품 선정

1) F450 주요 구성품

F450의 주요 구성품은 그림 5-1-2와 같으며, 크게 기체와 비행 제어장치로 구분된다. 그림 5-1-2의 상단에 나열된 구성품은 몸체(기체)로써 프로펠러(프롭), 상부 프레임(상판), 하부 프레임(하판), 파워 모듈, 모터, ESC(Electric Speed Controller, 변속기), 암대로 이루어져 있다. 프로펠러 아래의 흰색 부품은 랜딩스키드이다. 하단의 구성품은 신경계통(제어장치)으로써 배터리, 스트랩,

텔레메트리, 수신기, 엔코더, 서보 커넥터, GPS, 버저, 안전 스위치, FC(Flight Controller, 비행
제어기)인 픽스호크(Pixhawk)가 있다. 체결볼트는 육각렌치볼트로 모터용 M3×8mm가 16개, 하
판용 M2.5×8mm가 8개, 상판용 M2×6mm 16개가 필요하다. 단, 상판용 볼트 중 4개는 FC 설치
시 간섭되므로 체결하지 않는다.

2) 모터

모터는 2212-920KV, BLDC 타입이며, 프롭은 1045 모델을 사용한다. 이 경우 모터 회전수는
KV×Voltage로 확인할 수 있으며, 추력은 개당 642g으로 총개수를 곱하여 기체의 이륙 총중량을
예측하고 임무 장치를 추가하면 된다.

KV (rpm/V)	Voltage (V)	Prop.	Load current (A)	Thrust (g)	Power (W)	Efficiency (g/W)	Lipo cell	Weight approx. (g)
920	11.1	8045	7.3	465	81	5.7	2~4S	50
		1045	9.5	642	105	6.1		
980		8045	8.1	535	90	5.9		
		1045	10.6	710	118	6.0		

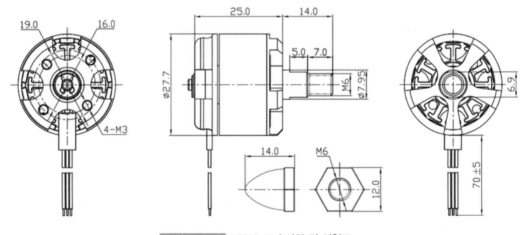

그림 5-1-3 B2212 모터 사양 및 외형도

3) 부자재

기체를 조립하기 위한 공구 및 부자재는 다음과 같다. 주요 공구로는 니퍼, 육각렌치(2mm,
2.5mm, 3mm), 와이어스트리퍼, 라디오펜치, 인두기, 인두받침대, 납흡입기, 실납, 납땜페이스트,
케이블 타이, 가위, 양면테이프, 절연테이프, 절연용 액체고무, 차폐용 동테이프, 식별용 스티커, 네
임펜 등이 있으며, 필수 공구 및 부자재는 볼딕체로 표시하였다.

조립

Unmanned Multicopter

1 기체 조립

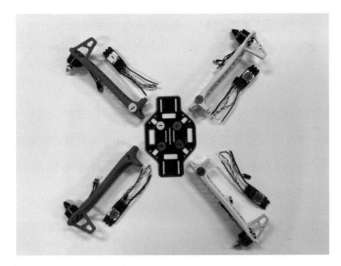

그림 5-2-1 450의 기체 구성품

1) 준비

① 기체 조립을 위해 그림 5-2-1에서와 같이 암대, 모터, ESC, 하판, 그리고 파워 모듈을 준비한다. 원활한 조립을 위하여 그림 5-2-1에서와 같이 스티커 등으로 식별해두면 실수를 예방할 수 있다. 비행 본체는 조종자가 비행체의 방향을 원거리에서도 식별하기 위해 적색 암대를 전방 방향으로 기준을 잡는다. 전방 우측을 1번(황색), 전방 좌측을 3번(녹색), 1번의 대각선이 2번(적색), 3번의 대각선이 4번(청색)이 되도록 스티커로 식별했다.

② 모터는 1,2번이 반시계 방향, 3,4번이 시계방향으로 회전하도록 구성해야 한다. 모터는 CW(clockwise, 시계방향)와 CCW(counter-clockwise, 반시계 방향)를 구분해야 한다. 그 이유는 노즈콘이 모터 나사산에서 잠기는 방향으로 회전해야 안전하기 때문이다. 그림 5-2-2

에서와 같이 프롭의 노즈콘이 모터 나사산의 반시계 방향으로 잠기게 되면 프롭이 시계방향으로 회전하게 되고, 이때 모터는 CW, 노드 잠김은 CCW(검정)가 되고, 그 반대는 CCW, 노드 잠김은 CW(은색) 모터가 된다. 단, 노즈콘(con)의 색깔은 제조사에 따라 달라질 수 있으니 반드시 잠김 방향을 확인해야 한다.

그림 5-2-2 CW 모터(좌)와 CCW 모터(우)

2) 암대 조립

① 프레임 조립 준비가 완료되면 먼저 모터를 암대에 고정한다. 모터 고정용 육각렌치볼트는 M3에 8mm를 사용한다. 볼트의 체결력을 높이기 위해 나사산에 록타이트를 바르는 것이 좋다. 체결이 완료되면 그림 5-2-3 우측과 같이 3가닥의 결선을 암대 사이 적정 공간으로 미리 빼두어 ESC 와의 연결을 용이하게 한다.

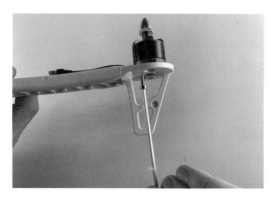

그림 5-2-3 암대-모터 체결

② 그림 5-2-4와 같이 암대와 모터를 각 방향에 맞게 조립을 완성하면 ESC를 가조립하여 하판과 체결되었을 때의 거리를 맞춰보아야 한다.

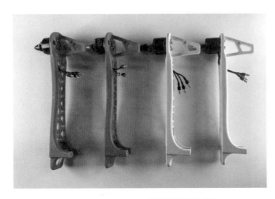 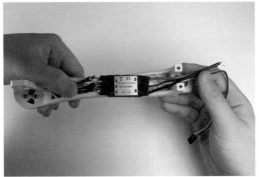

그림 5-2-4 암대-모터 조립 완성 및 ESC 가조립

이를 위해 그림 5-2-5와 같이 모터와 ESC를 연결하고 하판의 납땜 위치까지 전선을 정렬한다. 전선의 길이 및 암대의 볼트 위치가 어느 정도 오차가 있기 때문에 암대마다 납땜할 위치를 확인해야 한다. 네임펜 등으로 절단 위치를 표시한 후 와이어스트리퍼 2mm 치수에서 절단한다. 이때 필요하면 수축 튜브를 이용하여 선 정리를 해도 좋다.

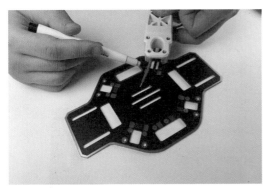 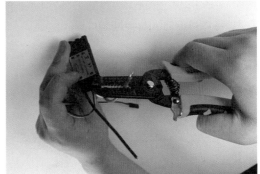

그림 5-2-5 ESC 전선 길이 조정

3) 하판 조립

① 하판 납땜작업을 위한 준비가 끝났으면 그림 5-2-6(좌)와 같이 각 단자에 납땜을 시작한다. 그림에서와 같이 하판 중앙 4개의 모서리에 각 한 쌍씩 있는 구리 단자에 ESC 연결을 위한 납을 일정량 녹여둔다. 2,4번의 중앙에 있는 단자에는 파워 모듈이 연결된다. 이후 그림 5-2-6(우)와 같이 ESC의 전원 케이블과 납땜을 한다. 전원 케이블의 적색을 기판의 (+)에, 흑색을 (−)에 연결한다. 하판에 연결되는 전원 연결선은 전선 한 가닥에 아주 가느다란 소선이 여러 가닥으로 밀집

되어 있는 연선으로 되어 있다. 이 경우, 납땜 시 전선의 가닥 사이로 납이 침투되지 않으면 하판의 단자와 연선과의 접촉면에 납이 묻지 않아 납땜 이후에 쉽게 떨어져 나간다. 따라서 납땜 시 연선에 납이 충분히 배이도록 미리 납을 묻히거나, 납땜 시 연선 표면을 인두로 눌러 납이 충분히 침투되도록 한다.

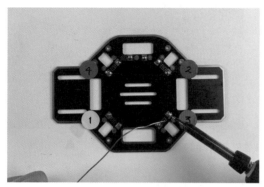 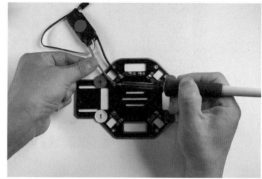

그림 5-2-6 하부 프레임 납땜 및 ESC 연결

② 다음은 파워 모듈을 연결한다. 파워 모듈은 그림 5-2-7(좌)와 같이 배터리에서 ESC로 전원 공급을 해주는 전원 연결선이 양쪽으로 나와 있고, FC의 'POWER' 포트로 연결되는 6가닥의 가는 신호선이 PCB에 연결되어 있다. 이 중 ESC가 연결되어 있는 하판과의 납땜을 위해 한쪽 커넥터를 절단하고 피복을 벗긴다.

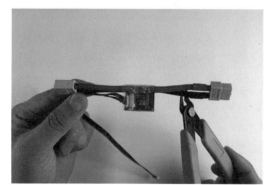 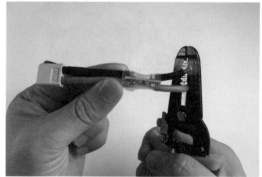

그림 5-2-7 파워 모듈 절단

그림 5-2-8(좌)에서와 같이 파워 모듈의 배터리와 연결될 커넥터를 4번 방향으로 빼둔 상태에서 적당한 길이로 (+)와 (−) 전선을 굽혀 단자에 납땜한다. 마지막으로 그림 5-2-8(우)와 같이 배터리 연결 커넥터를 케이블 타이로 고정한다.

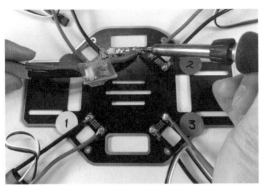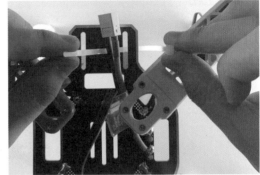

그림 5-2-8 하부 프레임에 연결된 ESC와 파워 모듈

③ 다음은 최초 설정한 번호에 맞게 하판에 암대를 연결한다. 암대 유형별로 M2.5×8mm 육각렌치볼트가 2개씩 체결된다. 이때 암대를 완전히 조이지 않고 가조립해 둔다. 그 이유는 랜딩스키드를 암대 반대편에 함께 연결해야 하는데, 처음부터 두 가지 부품을 동시에 조립하려면 고정 문제로 시간이 지연될 수 있기 때문이다.

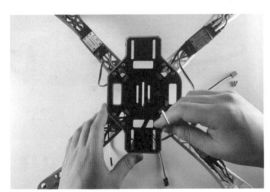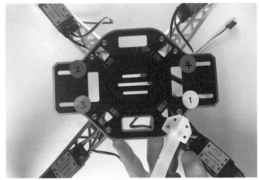

그림 5-2-9 하부 프레임과 암대, 랜딩스키드 연결

④ 그림 5-2-9(좌)와 같이 암대 가조립이 끝나면 그림 5-2-9(우)에서와 같이 볼트 하나를 푼 상태에서 랜딩스키드의 뿌리 부분에 있는 볼트홀을 우선 고정하고 반대편을 순차적으로 풀어 다시 체결한다. 이때 그림 5-2-10과 같이 랜딩스키드의 볼트홀 4군데 중 넓은 면의 볼트홀 2곳만 체결한다.

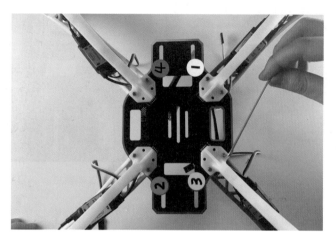

그림 5-2-10 랜딩스키드 조립 완료

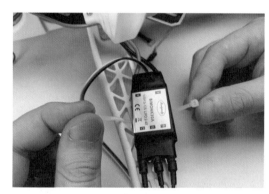 

그림 5-2-11 ESC 고정을 위한 작업

여기서 랜딩스키드는 필요에 따라 사용자가 설치 여부를 결정할 수 있다. 드론의 임무에 따라 카메라 등의 부착을 위한 짐벌을 설치할 수 있고, 그 경우 드론 하부에 여유 공간이 필요하기 때문에 랜딩스키드를 장착하여 기체를 일정 높이로 띄울 수 있기 때문이다. 단순히 비행을 위해서는 랜딩스키드를 장착하지 않아도 암대 네 군데의 끝단에 있는 발이 지지 역할을 할 수 있다.

⑤ 하판 조립이 완료되었으면 그림 5-2-11과 같이 ESC를 케이블 타이 및 양면테이프로 고정한다.

4) 상판 조립

① 다음은 상판을 조립한다. 상판은 M2×6mm 육각렌치볼트 12개를 이용해 고정한다. 이때 그림 5-2-12(우)에서와 같이 노란 스티커로 표시한 부분은 앞서 설명한 대로 FC를 설치할 경우 간섭이 되는 볼트홀 위치이기 때문에 체결하지 않고 비워둔다.

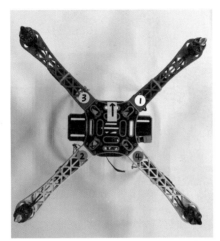

그림 5-2-12 상판 조립

② 본체 조립의 마지막으로 GPS 거치대를 설치한다. 거치대는 2번과 3번 암대 쪽으로 설치하면 향후 FC 케이블 정리 시 수월하다. GPS 거치대 상판 연결 볼트는 M2×6mm가 3개 연결되고, 측면 폴대 고정용 볼트는 M2.5×8mm 1개가 연결된다.

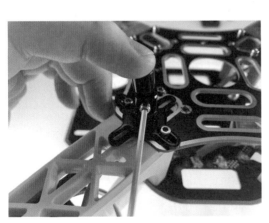

그림 5-2-13 GPS 거치대 장착

② 비행 제어장치 조립

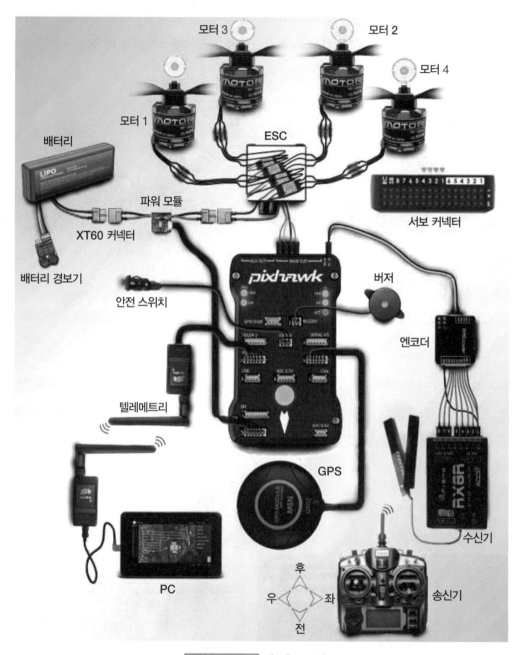

그림 5-2-14 픽스호크 구성도

1) 비행 제어장치의 정의

① 비행 제어장치는 그림 5-2-14에서와 같이 기체(비행 본체)를 제외한 모든 신경계통을 말하며, 본 교재에서는 오픈소스 기반의 픽스호크를 FC로, 아두파일럿을 펌웨어로 선정하여 모터, 배터리를 포함한 각종 통신장비 및 센서를 제어한다.

② 비행 제어장치의 세팅에 앞서 FC와의 결선을 통해 하드웨어적인 구성을 완성하여야 한다. 여기서 참고로 RX8R 수신기를 사용할 경우, 엔코더가 내장되어 있고 SBUS 통신을 하므로 별도의 PPM Encoder를 사용할 필요는 없다. 또한 ESC와 모터와의 연결은 기체 조립 시 하판에 납땜을 통해 조립이 완료된 상태이다.

③ 모터와 ESC 간의 총알 단자(bullet connector), 파워 모듈과 배터리 간의 XT60 커넥터(일명 바나나 플러그), 그리고 모터의 번호대로 FC에 서보 커넥터를 연결하면 된다. 여기서 모터와 ESC 간 총알 단자 결선 방법은, 일단 순서와 관계없이 세 가닥을 연결하고, 캘리뷰레이션(calibration, 교정) 단계에서 모터가 반대 방향으로 회전할 경우 모터의 연결선 중 임의의 두 가닥을 분리한 후 교차 연결하면 된다.

2) FC 연결

① 우선 픽스호크(Pixhawk)에 대해 간략히 알아보고자 한다. 픽스호크는 아두콥터의 오픈소스 기반으로 만들어진 비행 제어장치(flight controller)이다. 고정익, 회전익, 멀티콥터 등 다양한 목적 및 형태에 맞게 펌웨어를 설치하여 픽스호크를 제어할 수 있다. 또한 GPS, 가속도센서, 지자계, 광학센서 등을 이용하여 자율비행을 구현할 수 있다.

② 픽스호크에 연결되는 센서 및 구성품들은 그림 5-2-15와 같으며, 세부적인 구성품들의 연결은 다음에서 나열하겠다.

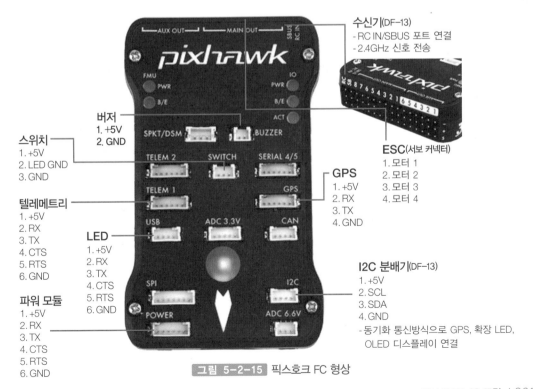

그림 5-2-15 픽스호크 FC 형상

③ 버저와 안전 스위치를 그림 5-2-16과 같이 연결한다. 버저는 드론의 상태를 오디오 신호로 나타낸다. 안전 스위치는 송신기의 오작동으로 인한 사고를 방지하고 운용자가 안전하게 드론을 조종할 수 있도록 전원을 끄고 켤 수 있게 한다.

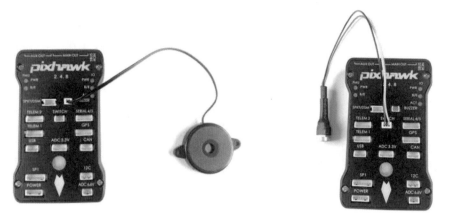

그림 5-2-16 버저 및 스위치 연결

④ I2C 통신은 두 개의 전선으로 여러 개의 디바이스들을 연결할 수 있는 저속 통신 인터페이스로, FC에서는 여러 디바이스 연결을 위하여 별도의 I2C 분배기를 설치하게 된다. 그림 5-2-17에서와 같이 I2C 포트에 분배기를 설치하고 LED, 디스플레이, GPS를 한꺼번에 연결하여 사용할 수 있게 하는 확장 포트이다.

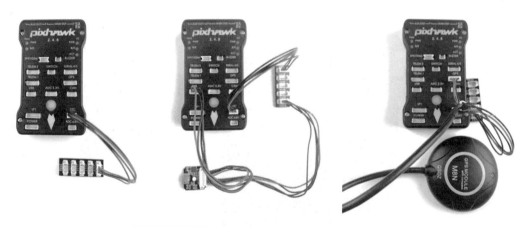

그림 5-2-17 I2C 분배기와 구성품 연결(LED 및 GPS)

⑤ 텔레메트리는 GCS(Ground Control System, 미션 플래너)와의 교신을 위해 사용되는 통신수
단이다. 텔레메트리는 FC에서 수집된 데이터를 지상통제소(ground control system)로 송신하
고 GCS에서 이를 분석하는 통신방식을 말한다. 이 데이터를 바탕으로 지상통제소에서 원격으
로 드론을 조종할 수 있다. 텔레메트리를 통해 드론의 파라미터를 변경하고 영상화면도 표시할
수 있으며 임무 변경도 가능하다. 드론에 사용하는 텔레메트리는 미국용의 915MHz와 유럽용의
433MHz가 있다. 참고로 우리나라에서 ISM(Industrial, Scientific and Medical, 산업 · 과학 ·
의료용) 비면허 대역은 433MHz, 902MHz와 2.4GHz로, 이 대역을 사용하는 통신 장비 간에
간섭을 용인한다는 조건에서 사용 가능하다. 텔레메트리는 Ground용과 Air용 한 쌍으로 구성
되어 있다. 그림 5-2-18(좌)에서 알 수 있듯이 Ground용은 USB 타입으로 GCS가 설치된 컴
퓨터나 태블릿에 연결해 사용한다. 그림 5-2-18(우)에서처럼 Air용은 픽스호크의 TELEM1 포
트에 연결하면 된다.

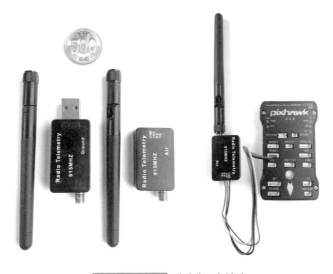

그림 5-2-18 텔레메트리 연결

⑥ 마지막으로 수신기 연결을 확인하고자 한다. 수신기는 RX8R 모델의 경우, 별도의 PPM 엔코더
가 필요 없기 때문에 수신기와 FC의 RC 포트에 바로 연결하면 된다. 그림 5-2-19(우)에서와
같이 수신기의 SBUS OUT 포트(하단 가로 방향)에 커넥터를 연결하고 픽스호크 서보 커넥터의
RC 단자에 연결한다. 만일 PPM 신호만 송수신하는 조종기의 경우라면 PPM 엔코더를 반드시
설치하여 그림 5-2-19(좌)와 같이 연결한다.

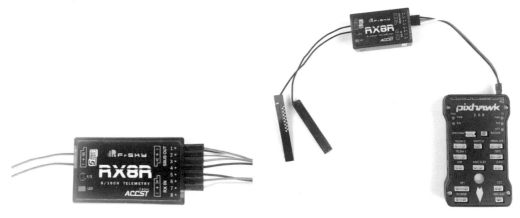

그림 5-2-19 수신기 연결

3) FC 조립 시 유의사항

① 비행 제어장치를 조립할 때 몇 가지 팁을 공유하고자 한다. 우선 수신기와 GPS 등 다양한 형태의 통신기기들이 조밀한 공간 내 구성되어 있어 노이즈로 인한 통신불량 상태를 야기할 수 있다. 이를 막기 위해 그림 5-2-20(좌)와 같이 GPS를 거치대에 조립하거나, FC를 상부 프레임에 부착할 때 밑바닥에 구리 절연테이프 등을 붙이는 것이 바람직하다. 프레임과의 부착은 폼형 양면 테이프를 활용하면 방진(anti-vibration) 효과도 있다. 또한 여러 가닥의 통신선의 경우 전선을 꽈배기처럼 꼬아 설치하는 것도 노이즈 감쇄의 방법이다.

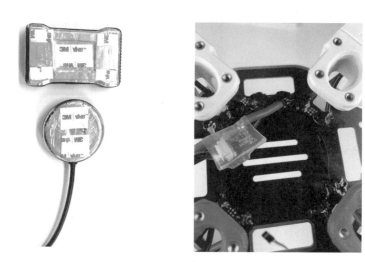

그림 5-2-20 절연 작업

② 마지막으로 그림 5-2-20(우)와 같이 납땜 부위나 전선 피복이 노출된 부위는 이물질에 의한 단락이나 누전의 위험이 있으므로 액체 절연고무를 도포하는 것을 추천한다.

Chapter 03 FC 세팅

Unmanned Multicopter

1 개요

1) FC의 정의

① FC(Flight Controller, 비행 제어기)는 수신기에서 받은 조종 신호에 따라 ESC를 제어하는 역할을 한다. 초창기 드론은 고정익 RC의 형태가 주를 이루었고 단순히 수신기 신호에 따라 모터의 회전수만 제어하면 되었다. 이후 여러 개의 모터를 동시에 제어하는 기술적 수요가 증가함에 따라 FC 기술이 발달하게 되었고, 이로 인해 멀티콥터 형태의 드론이 대세를 이루게 되었다.

② FC에서는 소프트웨어 기술이 가장 중요한데, 가장 대중화되어 있는 '아두파일럿' SW는 처음부터 오픈소스 형태로 공개됨에 따라 사용자가 빠르게 확산할 수 있었다. 아두파일럿을 펌웨어로 담는 저렴하고 성능이 높은 하드웨어를 '픽스호크(Pixhawk)'라고 명명되어 출시되었고, 이것이 현재 가장 많이 쓰이고 있는 오픈소스 기반 하드웨어가 되었다.

2) FC의 역할

FC는 드론의 모든 상황을 관리하고 분석하는 컴퓨터이다.

① 각각의 모터 회전수 및 기체의 자세를 제어한다.

② 사용자가 지정한 way-point를 따라 비행할 수 있도록 제어한다.

③ 기체에 장착된 센서의 측정정보를 저장하거나 운용자에게 전달한다.

3) FC 연결 센서

① 픽스호크 연결 기본 센서

  • ESC: 모터 수만큼 설치

  • 수신기: 송신기로부터 신호 수신

- GPS 및 컴퍼스(나침반, 지자계)
- 가속도계: 기본 내장

② 픽스호크 연결 확장 센서

- 대기속도 센서(airspeed sensor): 비행속도 측정
- 타코미터(tachometer): 프롭의 회전수 측정
- 거리센서(range finder): 지형지물과 기체 간 거리 측정
- 광류센서(optical flow sensor): 드론 하부 장착, 속도 측정

4) 픽스호크 LED 상태정보

표 5-3-1 픽스호크 LED 상태정보

색상	상태	의미
적색&청색	점멸	자이로 센서 초기화 중. 기체를 평행하게 유지
청색	점멸	시동 꺼짐(Disarmed), No GPS. GPS 유관 비행 모드에서 시동 불가! 녹색이 깜박일 때까지 대기
청색	점등	No GPS 상태에서 시동 걸림(Armed)
녹색	점멸	GPS 3D fix되고 시동 꺼짐 상태(Disarmed), 시동 준비상태. 시동상태에서 시동 끌 때 빠른 더블톤
녹색	빠른 점멸	위와 같은 상태. 단, GPS는 SBAS 사용 중(더욱 좋은 위치 정확도 제공)
녹색	시동 시 긴 톤과 함께 점등	시동 걸림, GPS 3D fix됨. 비행 준비
황색	2회 점멸	시동 불가 체크 요망. No GPS. GPS 유관 비행 모드에서 시동 불가! 녹색이 깜박일 때까지 대기
황색	점멸	조종기(RC 수신기) Failsafe. 조종기(송&수신기)를 켰는지 확인
황색	빠른 비프톤과 함께 점멸	Battery failsafe. 배터리 방전
황색&청색	고-고-고-저톤과 함께 점멸	GPS 문제 발생 or GPS failsafe activated. 배터리를 뽑았다가 다시 연결
적색&황색	상승 톤과 함께 점멸	EKF or Inertial Nav failure. GPS와 각종 센서에 문제가 있음. 절대 비행금지, 시스템을 처음부터 차근차근 점검
적색	점등	Error, 비행금지! 즉시 점검
적색	SOS톤과 함께 점등	SD Card missing(or other SD error like bad format etc.)

5) FC(픽스호크) 세팅 프로세스

① 미션 플래너(mission planner) SW 설치: 픽스호크와 지상 컴퓨터 통신을 위한 GCS(Ground Control System) 프로그램

② 픽스호크 연결: FC의 컴퓨팅을 위한 운영체제(OS) 최신 펌웨어 업로드

③ 가속도계 교정: 가속도를 정확한 값과 방향으로 측정하도록 교정

④ 나침반 교정: 정확한 방향 지시를 위한 교정

⑤ 조종기 보정: 송수신기 세팅 및 보정을 통한 상호 정상 신호 교신 여부 확인

⑥ ESC 보정: 송수신기 작동 범위에 맞는 ESC 출력의 최소/최댓값 보정

⑦ 모터 시험: 모터가 세팅 방향으로 회전할 수 있도록 보정

⑧ 배터리 알림 설정: FC가 적절하게 배터리 전압 및 전류를 측정

⑨ 시동 확인: 송신기의 레버를 통해 정상적으로 드론이 반응하는지 확인

⑩ 시험: 실제 신호에 맞는 자세 제어 응답 시험비행

2 펌웨어 탑재

1) 미션 플래너 SW 설치

① 미션 플래너는 GCS(Ground Control System, 지상통제시스템) 프로그램으로 WINDOW나 MAC OS에서만 설치할 수 있다. 펌웨어를 픽스호크에 탑재하기 위해서는 랩탑 또는 PC에 미션 플래너를 우선 설치한다.

구글에서 'mission planner'를 검색하고 그림 5-3-1(우)와 같이 상단 'DOWNLOADS'- 'MISSION PLANNER'를 클릭한다.

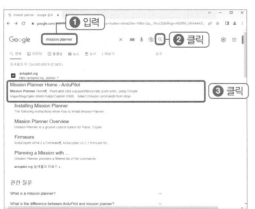

그림 5-3-1 미션 플래너 검색 및 다운로드

② 그림 5-3-2의 다운로드 화면에서 'MissionPlanner-latest.msi' 파일을 클릭하여 프로그램을 다운로드한다. 설치 시에는 모든 메시지에 동의하고, 별도로 생성되는 장치관리자 설치 창에서도 모두 동의한다. 장치관리자는 컴퓨터에서 픽스호크로 펌웨어를 업로드할 때 필요한 드라이버들이다. 설치가 완료되면 그림 5-3-1(우)와 같은 메시지 창이 뜬다.

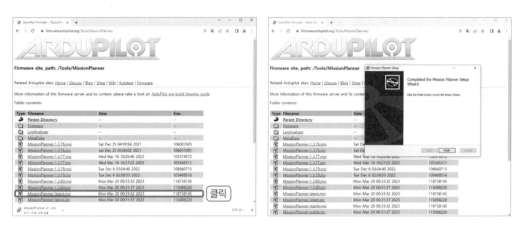

그림 5-3-2 미션 플래너 최신 버전 다운로드 및 설치

③ 설치 종료 시 그림 5-3-2(우)와 같이 실행 메시지 체크박스에 체크하거나 윈도 시작 버튼에서 그림 5-3-3(좌)의 아이콘을 클릭하면 미션 플래너가 실행되는데, 최초 실행 시 그림 5-3-3(우)의 메시지가 뜬다. 비행 지원 프로그램은 불필요하므로 [NO] 버튼을 클릭하면 미션 플래너 메인화면이 뜬다.

그림 5-3-3 미션 플래너 실행 팁

④ 미션 플래너는 그림 5-3-4와 같은 초기 화면으로 구성되어 있다. 좌측 상단 Function GUI는 [데이터], [계획], [설정], [구성], [모의시험], [도움말]로 구성되어 있다. 우측 상단에는 [통신포트], [통신속도] 관련 드롭바가 있고 [연결] 버튼이 있다. 화면은 크게 3분할 되어 있다. 좌측 상단은 HUD, 좌측 하단은 상태 창으로 [개요], [명령], [메세지], [사전 점검], [계기판], [Drone ID],

[Transponder], [상태], [서보/릴레이]], [Aux Function], [스크립트], [적재 장치 제어], [원격 로그], [플래시 로그]를 나타낸다. 메인 화면에는 지도 창이 나타나 있다.

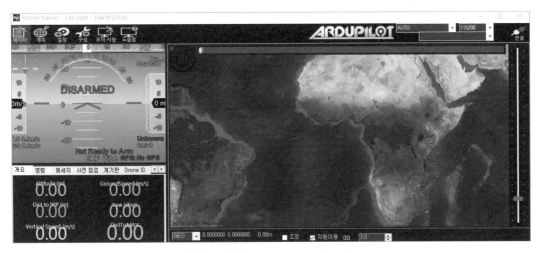

그림 5-3-4 미션 플래너 초기 화면

2) 펌웨어 업로드

① 미션 플래너 실행 후 그림과 같이 픽스호크에 5핀 케이블을 연결한다.

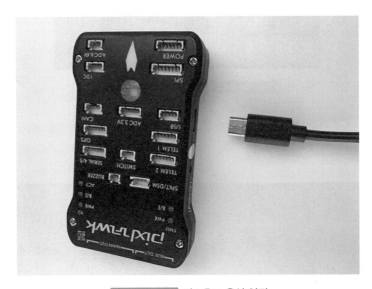

그림 5-3-5 픽스호크 유선 연결

② 정상적으로 연결되면 그림 5-3-6과 같이 픽스호크 LED가 깜빡거린다.

그림 5-3-6 정상 연결 상태

③ 미션 플래너 [메뉴] 〉 [설정] 〉 [펌웨어 설치]를 클릭한다. 픽스호크와 미션 플래너가 이미 연결되어 있으면 오른쪽 상단 연결 해제를 누른다.

그림 5-3-7 펌웨어 설치 실행 (5-3-7)

④ 그림 5-3-8에서 사용할 기체의 종류를 선택한다. 현재 사용하는 기체는 F450 쿼드 콥터이기 때문에 [쿼드콥터]를 클릭한다.

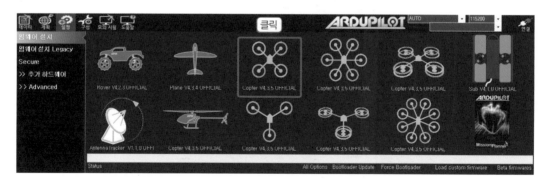

그림 5-3-8 기체 선정

⑤ 업로드 여부 메시지 창에 [Yes] 버튼을 클릭한다.

그림 5-3-9 펌웨어 업로드 실행

⑥ 그림 5-3-10과 같이 사용하는 플랫폼을 선택한 후 [Upload Firmware]를 클릭한다.

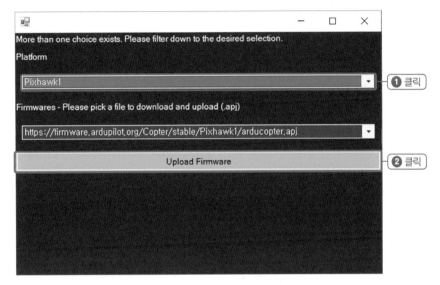

그림 5-3-10 펌웨어 업로드 플랫폼 설정

⑦ 케이블 연결 해제 후 다시 케이블 장착하고 [OK] 버튼을 클릭한다.

그림 5-3-11 보드 탐색 설정

⑧ 미션 플래너가 그림 5-3-12와 같이 펌웨어 설치를 수행한다.

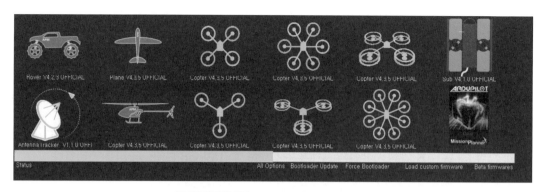

그림 5-3-12 펌웨어 설치 실행 화면

⑨ 완료되면 [Upload Done] 메시지가 나온다.

3) 픽스호크 연결

① 조종기와 연결하기 전에 텔레메트리를 연결해야 한다. 우선 그림 5-3-13(좌)에서와 같이 배터리를 F450의 파워 모듈에 연결한다. 이후 미션 플래너가 설치된 랩톱의 USB 포트에 Ground용 텔레메트리를 연결한다. 그림 5-3-13(우)와 같이 LED가 들어와 정상 작동하는지 확인한다.

그림 5-3-13 텔레메트리 연결

② 연결 후 새로 생성된 COM 포트를 확인한 후 통신속도를 57,600으로 설정하고 그림 5-3-14(우)에서와 같이 우측 상단의 [연결] 버튼을 누른다. 케이블 전송속도인 115,200과 대비하여 매개변수를 불러오는 속도는 느리다.

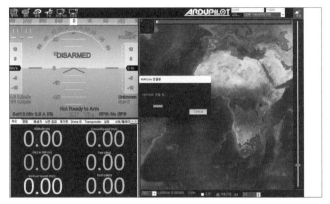

그림 5-3-14 포트 설정

TIP 윈도에서 COM 포트 확인 방법

① 파일 탐색기 > [내 PC] 우 클릭 > [속성] > [장치 관리자] 클릭

② [장치 관리자] 목록 하단의 [포토(COM&LPT)] 클릭

③ 연결된 COM 포트 번호 확인

그림 5-3-15 파일 탐색기에서 COM 포트 찾는 경로

③ 연결이 완료되면 그림 5-3-16에서와 같이 좌측 상단의 HUD 창의 기울기가 기체(픽스호크 FC)의 자세 변화에 따라 변하는 것을 확인할 수 있다.

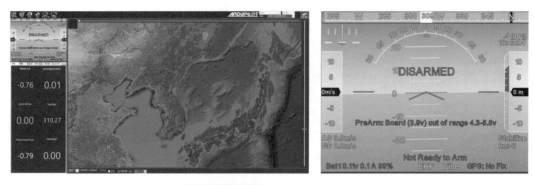

그림 5-3-16 자세 변화 확인

③ 센서 보정

텔레메트리가 정상 작동하면 센서 Calibration을 위하여 기체 프레임을 설정한다.

1) 기체 프레임 설정

① [설정] > [필수 하드웨어] > [프레임 형식]을 클릭한다.

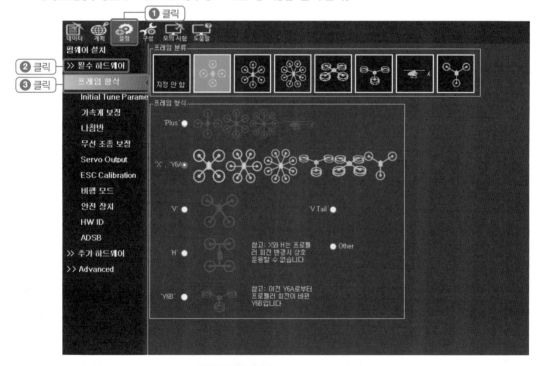

그림 5-3-17 프레임 형식 쿼드 지정

② F450의 기체 프레임 형식인 [QUAD]를 지정하고 [X] 타입을 체크한다.

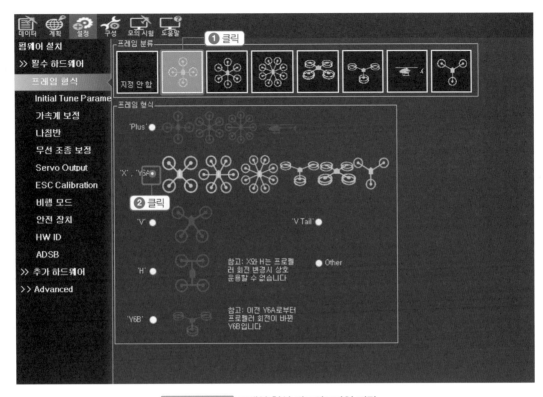

그림 5-3-18 프레임 형식 쿼드의 X타입 지정

2) 가속도계 보정

① 아래 그림 5-3-19의 미션 플래너 [설정] 화면에서 **[가속도계 보정]**을 클릭한다.

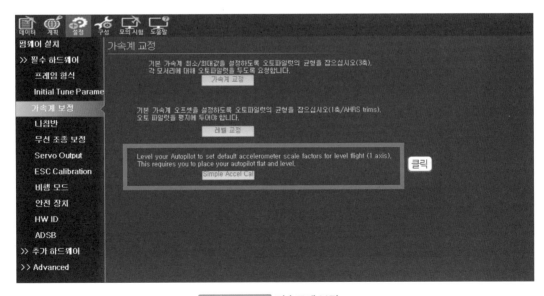

그림 5-3-19 가속도계 보정

② 픽스호크를 수평상태로 만들고 [레벨 교정]을 클릭하면 그림 5-3-20에서와 같이 [완료]로 바뀌는데, 이때 해당 버튼을 누른다.

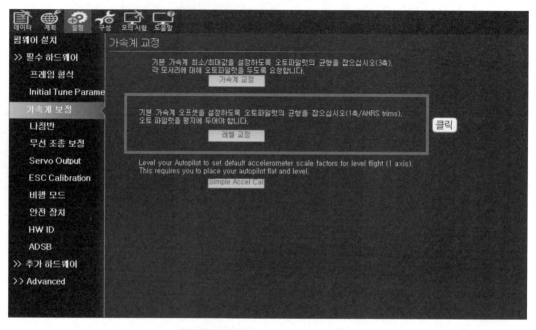

그림 5-3-20 가속도계 레벨 교정

③ 다음은 그림 5-3-20에서와 같이 [가속계 교정] 버튼을 누른다. 이때 버튼의 메시지가 바뀌는데, 지시에 따라 기체를 움직여야 한다.

④ 먼저 그림에서와 같이 활성 버튼 아래 [Please place vehicle LEVEL]이라는 메시지가 뜨면 기체를 수평으로 놓고 [완료시 누르십시오] 버튼을 클릭한다.

그림 5-3-21 수평상태의 가속도계 교정

⑤ 다음으로 기체를 좌측으로 눕힌 뒤 [완료시 누르십시오] 버튼을 클릭한다.

그림 5-3-22 좌측 기울인 상태의 가속도계 교정

⑥ 다음은 기체를 우측으로 눕힌 뒤 [완료시 누르십시오] 버튼을 클릭한다.

그림 5-3-23 우측 기울인 상태의 가속도계 교정

⑦ 다음은 기체의 전방을 아래로 눕힌 뒤 [완료시 누르십시오] 버튼을 클릭한다.

그림 5-3-24 Nosedown 상태의 가속도계 교정

⑧ 다음은 기체를 전방 위로 향하게 한 뒤 [완료시 누르십시오] 버튼을 클릭한다.

그림 5-3-25 Noseup 상태의 가속도계 교정

⑨ 다음은 기체를 뒤집은 뒤 [완료시 누르십시오] 버튼을 클릭한다.

그림 5-3-26 배면 상태의 가속도계 교정

⑩ 다음 문구가 가속도계 교정이 완료되었음을 뜻한다.

그림 5-3-27 가속도계 교정 완료 상태

3) 나침반 교정

① [설정]에서 [나침판]을 클릭한다.

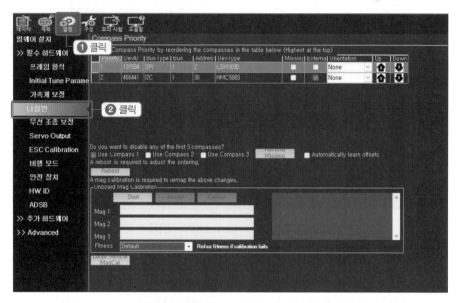

그림 5-3-28 나침반 교정 메인 화면

② Bus Type에서 I2C가 외장 GPS이고, SPI가 픽스호크의 내장 GPS이다. 픽스호크에 내장 GPS가 있으나 장치 내부의 다른 기기와의 신호 간섭으로 인한 오류가 발생하므로 외장 GPS 사용을 권장한다.

③ 따라서 그림 5-3-28과 같이 외장 GPS에 해당하는 [Use Compass 1]의 체크박스만 선택한다.

④ 그림 5-3-29 하단 박스의 Onboard Mag Calibration에서 [Start] 버튼을 클릭한다.

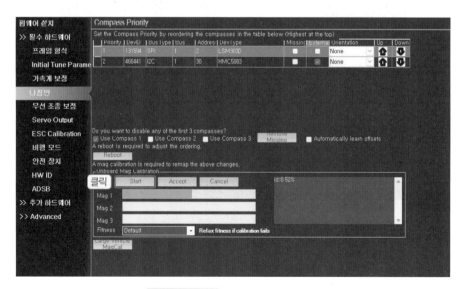

그림 5-3-29 Mag calibration 수행

⑤ 기체가 자기장을 인식할 수 있게 회전할 수 있는 모든 방향으로 회전시켜서 교정한다.

⑥ 교정 완료 후 픽스호크 재부팅 메시지가 나오면 [OK] 버튼을 클릭한다.

그림 5-3-30 교정 완료 후 재부팅 메시지

⑦ 참고로 미션 플래너 창에서 Ctrl + F 를 누르면 [고급 설정]이 바로 팝업되는데, 우측 칼럼의 2/3에 위치해 있는 [**픽스호크 다시 시작**] 버튼을 누르면 된다.

그림 5-3-31 FC 재부팅 바로가기 팁

Chapter 04 비행 기능 설정

① 조종기 세팅

본 절에서는 Taranis 사의 "Q X7" 모델 송신기와 호환이 가능한 "RX8R" 수신기와의 상호 연결을 위한 바인딩 절차를 소개하고자 한다.

1) Taranis Q X7 조종기 바인딩(Binding, 송수신기 연결)

① 조종기 메뉴 창에서 [Set Up] > 'Mode'를 [D16]으로 세팅한다.

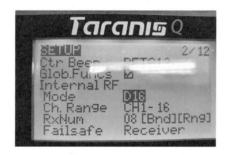

그림 5-4-1 조종기 세팅

② 'RxNum'의 바인딩[Bnd] 버튼을 누른 뒤 수신기의 [F/S] 버튼을 누른 채로 수신기에 전원을 연결한다.

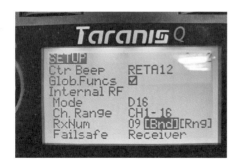 

그림 5-4-2 수신기와 연결

③ [F/S] 버튼에서 손을 떼고, 조종기의 바인딩[Bnd]을 다시 누른다.

④ 수신기의 전원을 뺐다 다시 연결한 후 수신기에 초록색 불빛이 들어오면 바인딩이 완료된다.

그림 5-4-3 정상적인 바인딩 완료 상태

2) 조종기 기본 키 설정

① 조종기 [메뉴] 창 〉 [MIXER]에서 모드 1, 2에 따른 키 세팅 값을 입력한다. 그림 5-4-4는 모드 2를 기준으로 한 설정값들이다.

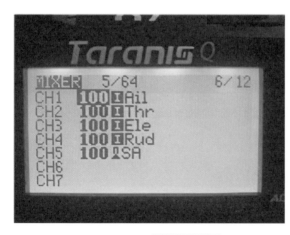

설정 채널값
- CH1 – Ail
- CH2 – Thr
- CH3 – Eli
- CH4 – Rud

그림 5-4-4 조종기 키 설정 화면

3) 비행 모드 설정을 위한 조종기 채널 추가 설정(5번 채널)

① 조종기 설정 〉 [MIXER]의 [CH5] 선택 〉 좌측 상단 스위치를 선택한다.

② [Source] 선택 후 해당 스위치를 작동시키면 그 스위치는 자동 입력된다.

③ [Multiplex]의 [Add]를 [Replace]로 변환한다.

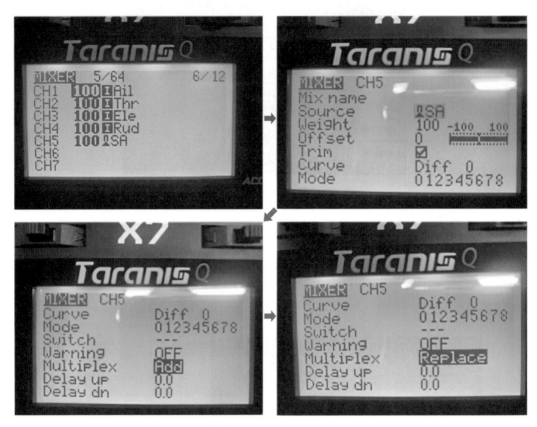

그림 5-4-5 조종기 키 설정 화면

② 무선조종 보정(조종기 Calibration)

1) 세팅

① 목적: 바인딩 된 조종기의 SPAN(최대-최솟값)을 세팅하기 위하여 텔레메트리로 연결된 미션 플래너에서 조종 범위를 설정해야 한다.

② 그림 5-4-6과 같이 미션 플래너의 [설정] 화면에서 **[무선조종 보정]**으로 이동한다.

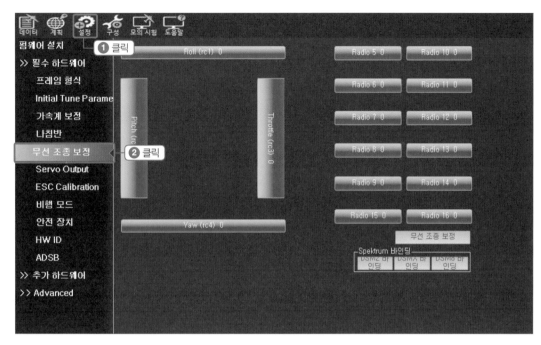

그림 5-4-6 무선조종보정 화면

③ 조종기가 바인딩 되면 그림 5-4-7에서와 같이 막대그래프가 녹색으로 활성화된다.

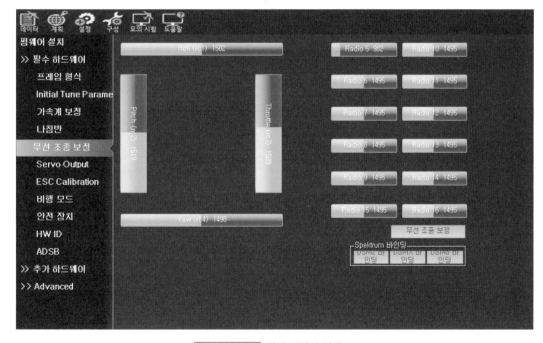

그림 5-4-7 정상 바인딩 상태

2) 조종기 보정

① 조종기는 일반적인 [MODE 2] 기준으로 세팅한다. 아래 그림에서와 같이 모드 1은 스로틀(상
승/하강)을 오른쪽에 그리고 엘리베이터(전진/후진)가 왼쪽에 위치하고, 모드 2는 스로틀(상승/
하강)이 왼쪽, 엘리베이터(전진/후진)가 오른쪽에 위치한다. 대부분 모드 2를 채택한다.

그림 5-4-8 정상 바인딩 상태

② 이상이 없으면 화면 우측 하단의 **[무선 조종 보정]** 버튼을 클릭한다.

그림 5-4-9 정상 바인딩 상태

③ 아래 그림 5-4-10과 같이 '송수신기 전원/신호 연결 상태 및 모터/프롭 미연결 상태를 확인'하
는 메시지를 클릭한다.

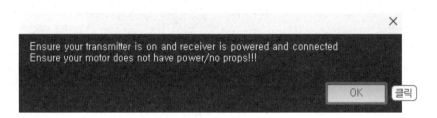

그림 5-4-10 정상 바인딩 상태

④ 다음으로 그림 5-4-11의 메시지를 클릭하면 그림 5-4-12와 같이 무선조종 보정 화면에서 스틱 및 스위치의 최대/최솟값에 대한 보정을 할 수 있는 화면이 나타난다.

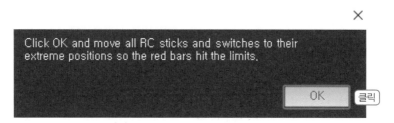

그림 5-4-11 조종 범위 설정 화면 이동 메시지

⑤ 적색 선이 아래 그림 5-4-12에서와 같이 최대, 최솟값을 인식할 수 있도록 조종기 스틱을 부드럽게 움직여 준다.

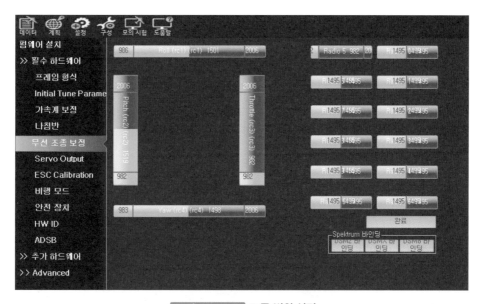

그림 5-4-12 조종 범위 설정

⑥ 완료되었으면 그림 5-4-12 화면의 우측 하단에 있는 **[완료시 누르십시오]** 버튼을 클릭한다.

⑦ 이후 그림 5-4-13과 같은 메시지나 나오면 다른 스틱들은 중립에 둔 채 스로틀 스틱을 아래로 위치시킨 후 **[OK]** 버튼을 누른다.

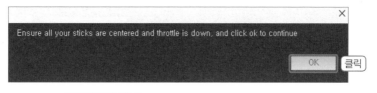

그림 5-4-13 교정 완료 전 스로틀 다운 메시지

⑧ 교정이 완료되면 각 채널값의 최대/최솟값을 표시한 메시지 창이 아래 그림 5-4-14와 같이 나타나며, 이때 [OK] 버튼을 누르면 조종기 보정이 완료된다.

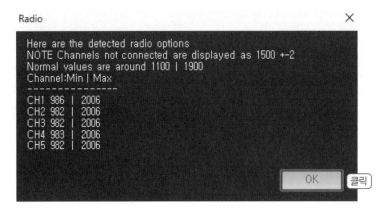

그림 5-4-14 조종기 보정 완료 메시지

3 비행 모드 설정

1) 추가 채널 설정

① "3) 비행 모드 설정을 위한 조종기 채널 추가 설정(5번 채널)"에서 조종기 캘리브레이션을 통해 비행 모드용 5번 채널 설정을 완료했다.

② 그림 5-4-15와 같이 5번 채널에 대한 할당 설정을 해준다.

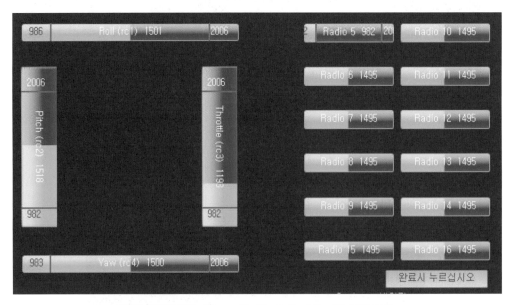

그림 5-4-15 비행 모드용 5번 채널(3단계 토글) 할당 설정

③ [설정] 〉 [필수 하드웨어] 〉 [비행 모드 설정]으로 들어간 후, 채널 5번 스위치를 움직여 할당된
비행 모드 위치를 확인한다.

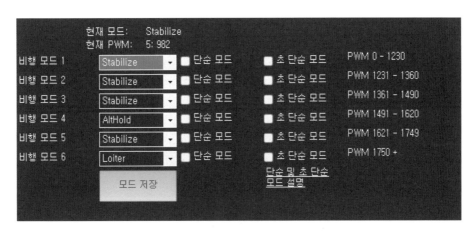

④ 할당 위치 확인 후 각 위치에 아래 그림 5-4-17의 3개 모드를 순서에 상관없이 지정하고 **[모드 저장]** 버튼을 클릭한다.

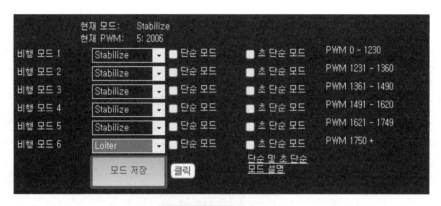

그림 5-4-17 모드 적용

④ 모터 설정

1) ESC 보정

본 절에서는 모터에 인가되는 전압-전류량을 조절하기 위하여 ESC를 보정한다.

① 조종기 스로틀 스틱을 최상점으로 올린 후 픽스호크와 연결한다.

그림 5-4-18 ESC 보정을 위한 조종기 바인딩

② 픽스호크의 LED등이 빨-파-초 순으로 깜빡거린다. 이는 ESC 보정 준비가 완료되었다는 신호이다.

③ 스로틀 스틱을 최대로 올린 상태에서 배터리를 분리했다가 다시 장착한다.

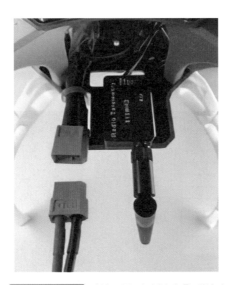

그림 5-4-19 파워 모듈 단자 분리 후 재연결

④ 픽스호크 LED가 빨–파–초 순으로 깜빡이면 안전 스위치를 길게 누른다.

⑤ 스위치를 누른 후 최상점을 인식하면 '삐삐' 버저음이 들린다.

⑥ 스로틀 스틱을 아래로 움직여 최하점을 인식시킨다. 성공적으로 인식되면 '삐삐' 버저음을 낸다.
   단, ESC의 종류마다 버저음이 다를 수 있다.

그림 5-4-20 ESC 보정을 위한 스로틀 최하점 인식

⑦ 스로틀 스틱을 위로 올리면 모터가 돌아가며, 모터 4개가 신호에 맞게 돌아가는지 확인한다.

⑧ 확인 후 배터리(파워 모듈 단자)를 분리한다.

2) 모터 시험

본 절에서는 각 모터 위치에 맞는 순서 및 회전 방향으로 세팅하는 절차를 숙지한다.

① 모터 시험 전 기체의 프로펠러를 모두 제거한다.

② [설정] 〉 [추가 하드웨어] 〉 [모터시험]으로 들어간다.

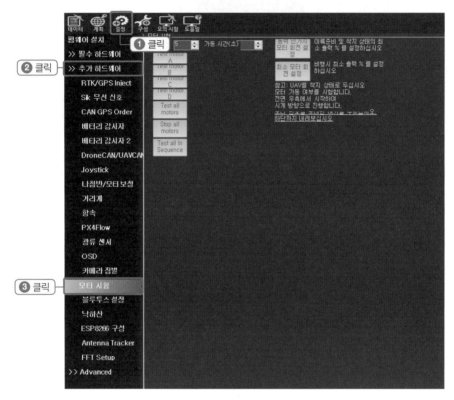

그림 5-4-21 모터시험 설정

③ 추력(throttle)을 10%까지 올린다.

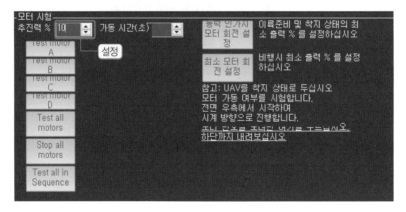

그림 5-4-22 스로틀 10% 인가

④ A, B, C, D 순서대로 누르면서 모터가 정위치인지 확인한다.

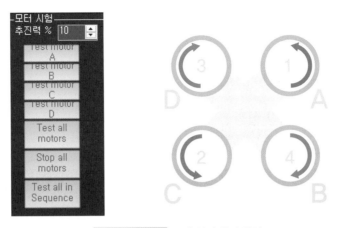

그림 5-4-23 모터 설정 위치 확인

⑤ 회전 방향을 쉽게 확인하기 위해 그림 5-4-24와 같이 모터 축에 유색 테이프 등을 부착한다.

그림 5-4-24 모터 회전 방향 확인 표식

⑥ 회전 방향이 맞지 않을 경우, 그림 5-4-25와 같이 ESC 연결선 2개를 분리한 후 교차해서 연결한다.

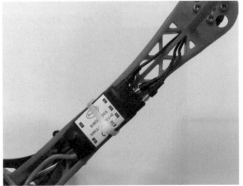

그림 5-4-25 ESC 연결선 재조정

⑦ 해당 모터의 작동 버튼을 눌러 회전 방향을 재확인한다.

5 비행안전장치(FAILSAFE) 설정

FAILSAFE는 배터리가 방전되거나 송수신 신호가 단절되었을 경우 미리 설정된 명령에 따라 안전하게 드론을 착륙시키는 비행안전장치이다. 비행안전장치 설정을 위해서는 먼저 배터리의 전압/전류를 GCS에서 모니터링할 수 있도록 설정하여야 한다.

1) 배터리 전압/전류 모니터링 설정

① [설정] 〉 [추가 하드웨어] 〉 [배터리 감시자]를 클릭한다.

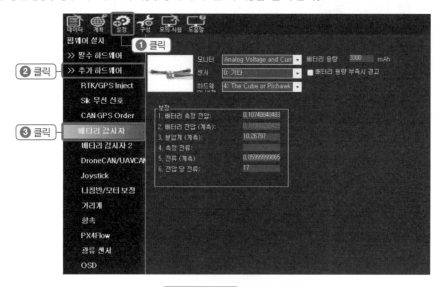

그림 5-4-26 배터리 감시자 기능

② [모니터]의 드롭바 항목을 [Analog Voltage and Current]로 선택한다.

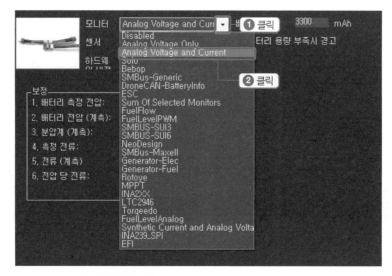

그림 5-4-27 배터리 전압 및 전류 모니터링 설정

③ [센서]의 [0: 기타]를 선택하여 현재 장착된 배터리의 정보를 받는다.

그림 5-4-28 모니터링할 배터리 정보 획득 절차

④ [하드웨어 버전]의 드롭바에서 APM을 [The Cube or Pixhawk]로 선택한다.

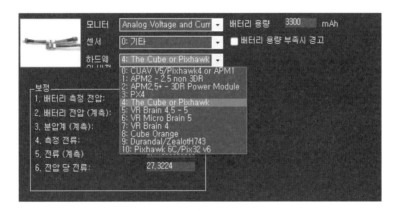

그림 5-4-29 APM 설정

⑤ 다른 페이지로 이동 후 다시 [배터리 감시자]로 이동하면 저장된다.

⑥ Ctrl + F 로 픽스호크를 재부팅한다.

⑦ 데이터 화면으로 넘어가서 그림 5-4-30과 같이 HUD 창 좌측 하단에 배터리 전압이 표시되는 지 확인한다.

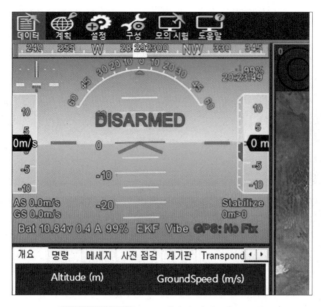

그림 5-4-30 HUD 배터리 전압-전류 표시

⑧ 정확한 배터리 전압을 기입하기 위하여 기체로부터 분리한 배터리를 그림 5-4-31과 같이 멀티미터나 테스터기로 전압을 측정한다.

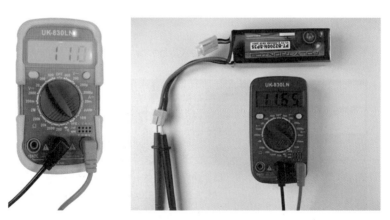

그림 5-4-31 배터리 실전압 측정

⑨ 측정된 배터리 전압값을 [배터리 감시자] 〉 [보정] 〉 [배터리 측정 전압]에 기록하여 보정해
   준다.

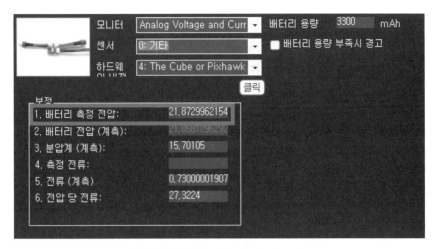

그림 5-4-32 실측 배터리 전압 기록

⑩ 데이터 화면 〉 HUD 화면 〉 보정 전압 확인(오차 존재)

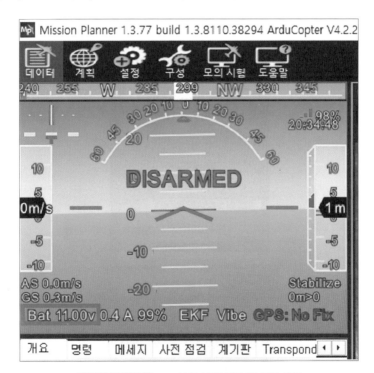

그림 5-4-33 HUD상의 보정 전압 및 전류 확인

2) 배터리 부족 비상상황 설정

① [설정] 〉 [필수 하드웨어] 〉 [안전장치]를 클릭한다.

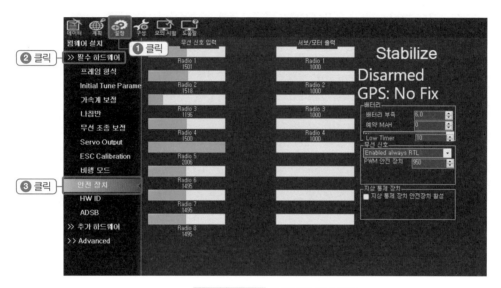

그림 5-4-34 안전장치 설정 화면

② 배터리 항목의 드롭바에서 [None]을 [RTL]로 변경

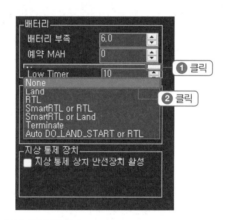

그림 5-4-35 이륙장 복귀 기능 설정

③ 배터리 부족 항목에 RTL이 작동되는 전압을 설정한다.

그림 5-4-36 배터리 한계 전압 설정

3) 무선신호 수신 불가 시 비상상황 설정

① [설정] 〉 [필수 하드웨어] 〉 [안전장치]를 클릭한다.

② [무선 신호]에 표시된 PWM 신호값을 확인한다. 기본 PWM 신호는 975이며, PWM 값이 975 이하일 때 안전장치가 작동한다.

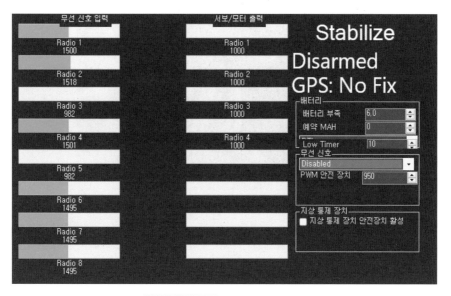

그림 5-4-37 안전장치 설정 화면

③ [무선신호]의 드롭바에서 기존의 [Disabled]를 원하는 안전장치로 바꾼다. [Enabled always RTL]로 설정하는 것이 가장 좋다. 이는 출발 위치로 되돌아오게 하는 설정이다.

그림 5-4-38 PWM 신호 감지 최젓값 및 무선신호 복귀 기능 설정

④ 픽스호크 RC단자(그림 5-4-39 좌측)에 위치한 수신기 단자를 해제한다. 이때 그림에서와 같이 단자를 제거하면 수신기에 전원이 차단되므로 Failsafe가 작동하게 된다.

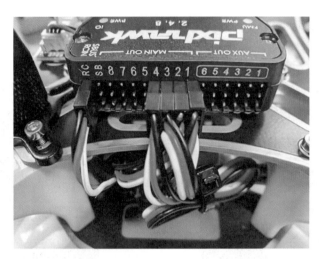

그림 5-4-39 수신기 해제를 위한 (좌측)RC 단자 케이블 분리

⑤ 그림 5-4-40에서와 같이 HUD 창에 [FAILSAFE] 경고가 나오면 설정이 완료된다.

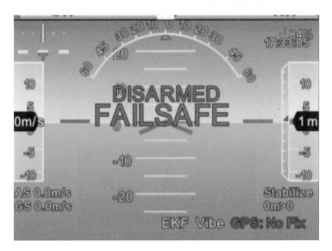

그림 5-4-40 설정 완료

⑥ 시운전

1) 비행 전 기체 점검 및 안전 점검

① 비행 전 기체의 상태를 점검한다.

• 조종기 및 LIPo 배터리의 전압이 충분한지 확인

- 프로펠러 회전 및 파손 이상 여부 확인

- 볼트 조임 확인

- 모터 ESC 고정 확인

- 암대, 픽스호크 고정 확인

- 랜딩 스키드 고정 확인

- 조종기 스틱 회전 확인

② 비행 전 안전사항을 점검한다.

- 비행 전 조종자 안전거리 15m 위치

- 비행 전 전후좌우 시야 점검

- 비행 전 풍속 점검

2) 시운전 및 비행 후 기체 점검

① 시운전

- 픽스호크 LED가 청색으로 점멸하는지 확인한다. 비행 세팅이 끝난 픽스호크는 청색으로 점멸한다.

그림 5-4-41 비행 세팅 완료 상태

• 안전 스위치를 2초 이상 누른다. 이때 점멸하던 안전 스위치의 LED는 점등한다.

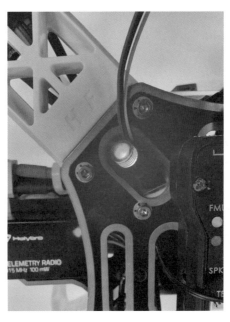

그림 5-4-42 안전 스위치 작동

• 시동: 스로틀 스틱을 최하점으로 내리고, 러더 스틱을 오른쪽 끝까지 밀어 넣으면 버저음과 함께 시동이 걸린다. 이때 스로틀 스틱을 위로 올리면 프로펠러가 회전하면서 비행을 시작한다. 이때 픽스호크 LED는 점등한다.

그림 5-4-43 시동 시 스틱 포지션

• 시동이 완료되면 그림 5-4-44와 같이 HUD 화면에 'ARMED' 메시지가 뜬다.

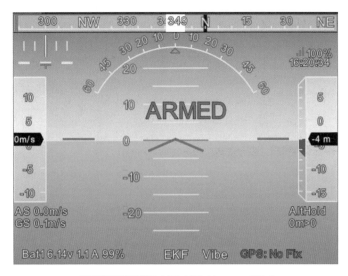

그림 5-4-44 시동 성공 시 HUD 메시지

• 시동 종료: 스로틀을 최하점으로 내린 후, 러더 스틱을 좌측으로 2초 이상 밀어준다. 이때 픽스호 크 LED는 점멸한다.

그림 5-4-45 시동 종료 시 스틱 포지션

② 이륙 후 기체 점검

• 이륙 후 엘리베이터, 에일러론, 러더를 순서대로 조금 움직여 기체가 반응하는지 확인한다.

그림 5-4-46 이륙 점검

③ 비행 후 기체의 상태를 점검한다.

- 기체 시동 해제 후 배터리 제거

- 조종기 전원 해제

- 프로펠러 회전 및 파손 확인

- 볼트 조임 확인

- 모터 ESC 고정 확인

- 암대, 픽스호크 고정 확인

- 랜딩 스키드 고정 확인

Chapter 05 기체 정비

Unmanned Multicopter

1 기체 정비 기초

① 드론의 체결 요소는 아래 표와 같으며, 체결 요소는 시간이 지나면 느슨해지므로 정기적인 점검이 필요하다.

표 5-5-1 드론의 체결 요소

체결 방법	체결부	점검 요소
볼트 및 너트	모터와 암대, 주로 구조물 간 강력한 체결	풀림현상
접착제, 테이프	나사 사용이 불가하고 평평한 두 면을 맞닿아 체결	접착강도 저하
케이블 타이	나사 사용이 불가하고 불균일한 면의 두 부품을 체결	느슨해지거나 절손
납땜	전기전자 소자 간의 체결	납땜부 떨어짐, 전선 절손
커넥터	탈착이 가능한 케이블 연결	분리나 접속 불량

② 정비가 필요한 기계요소로 주기적인 점검 및 교정이 필요한 부품은 아래 표와 같으며, 배터리는 가장 빈번하게 성능 저하가 발생하는 부품이므로 별도로 다루기로 한다.

표 5-5-2 드론의 점검 요소

부품	점검 요소	점검 방법
모터	• 정상 작동 여부 • 이물질이 끼었는지 확인 • 원하는 RPM 구현	육안검사/미션 플래너 접속 및 시동
프롭	• 밸런스가 잘 맞는지 확인(진동 발생) • 외력에 의한 변형 • 블레이드 전손 또는 크랙과 같은 표면 파손 • 나사식 체결인 경우 풀림 여부 　– 기본적으로 프롭은 회전하면 나사가 조여짐 　– 급격한 가/감속 시 순간적인 역방향 토크로 인해 풀림 발생 　– 부품의 재질 및 온도 차에 의한 지속적인 변형	육안검사

전자부품	• GPS(가리키는 방향이 올바른지), 가속도계, 나침반(원하는 방향대로 적절히 인식하는지), FC(기체를 제대로 제어하는지), 송수신기 등 • 세팅값 변동 발생 대비 주기적인 보정 필요	미션 플래너 접속 및 EKF 상태 점검

③ 기체 운용 중 자주 파손되는 부분에 대해서는 체크리스트를 구비하여 주기적인 관리를 하는 것이 비행 안전에 도움을 준다.

2 배터리 관리

1) 드론에 사용되는 배터리는 아래와 같다.

표 5-5-3 배터리 종류

명칭	주요 특징
Ni-CD (니켈-카드뮴(니카드))	• 셀당 1.2V 전압 • 규격에 따라 AA, AAA, Bar 타입 • 니켈-메탈 전지에 비해 높은 방전율 • 리튬폴리머 배터리가 보급되기 전까지 주전원으로 많이 사용됨.
Ni-MH (니켈-메탈(니켈수소))	• 셀당 1.2V 전압 • 니켈-카드뮴에 비해 고용량 • 송수신기 전원으로 많이 사용
Li-Ion (리튬-이온)	• 셀당 3.7V 전압 • 원통형(18650)과 직사각형 타입 • 니켈 계열 배터리보다 높은 전압과 출력을 가짐. • 리튬-폴리머보다 출력이 낮아 주전원으로 사용하지 않음. • 송수신기 전원 및 기타 보조전원으로 활용
Li-Po (리튬-폴리머)	• 셀당 3.7V 전압 • 직사각형(성능에 따라 크기가 다름) • 리튬-이온 배터리보다 고출력 가능 • 드론의 주전원으로 활용 • 원통형에 비해 형태 변형이 쉽고 내구성이 좋지 않음.

2) 배터리 잔존 용량

배터리는 잔존 용량에 따라 전압이 달라지는 특징이 있다. 100% 충전되었을 경우를 '완충'이라고 하며 전압은 4.2V이다. 또한 배터리가 정상적인 상태에서 100% 방전된 상태를 '완방'이라 하며, 이때 전압은 2.9V가 된다. 또한 표기된 용량의 20~80% 사이에서의 전압은 3.7V가 나온다.

3) 전압과 성능

전압은 배터리의 충/방전 시점을 결정하는 값으로 매우 중요하다. 그림 5-5-1은 리튬배터리 1셀을 기준으로 잔존 용량에 따른 배터리의 전압 강하 특성을 나타낸 그래프이다. 그림에서와 같이 셀당 배터리 전압이 4.2V에 도달하게 되면 충전을 중단해야 하고, 3.0V까지 방전이 진행되면 중단해야 한다. 셀당 전압이 4.2V에 도달하였음에도 계속 충전하는 경우를 '과충전'이라 하며, 이 경우 배터리 팩이 부풀어 오르는 스웰링(swelling) 현상이 나타나기도 한다. 마찬가지로 배터리 전압이 2.9V 이하가 되도록 계속 방전하는 경우를 '과방전'이라고 한다. 아울러 배터리를 순간적으로 빠르게 소모하거나 방전율에 비해 높은 전류가 인가될 경우를 '과출력'이라 한다.

4) 배터리 수명

충전지는 소모품으로 무한히 사용할 수 없으며 충/방전 횟수가 정해져 있다. 리튬폴리머 배터리의 경우 대략 500~1,000회가량 충/방전이 가능하다. 단, 충/방전 속도, 즉 전류량이 얼마나 빨리 드나들었느냐에 따라 배터리 수명이 결정되므로 가급적 저속으로 충/방전하는 것이 배터리 성능 유지에 유리하다.

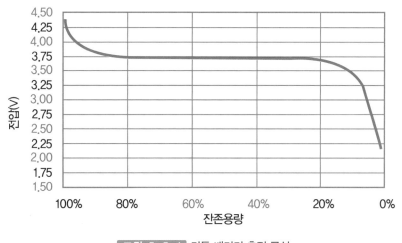

그림 5-5-1 리튬 배터리 충전 곡선

5) 배터리 불량

배터리는 보관 환경 및 외력에 의한 충격으로도 성능이 달라진다. 고온의 환경에서는 배터리 내 충전물 간의 화학작용이 촉진되며, 다습한 경우 커넥터의 부식을 초래한다. 또한 외부 충격에 의해 변형이 생기거나 폭발하는 경우도 발생한다. 참고로 니켈 계열의 배터리는 폭발 특성이 나타나지 않으나, 리튬 계열 배터리는 화학적인 반응성이 좋아 출력이 크기 때문에 폭발의 위험이 크다. 따라서 배터리가 변형되면 폐기해야 하는데, 배터리를 사용 불가한 경우의 특징은 아래와 같다.

① 충/방전 용량이 현저하게 줄어듦.

② 셀당 정격 전압이 3.7V가 안 될 경우

③ 완충을 했음에도 얼마 안 가 배터리 전압이 급격히 떨어지는 경우

④ 배터리가 부풀어 오르는 스웰링 현상이 발생한 경우

⑤ 셀이 꺾인 경우

⑥ 구멍이 뚫린 경우

⑦ 배터리에서 시큼한 냄새가 날 경우

3 배터리 커넥터

① 종류

전원 커넥터는 (+), (−) 두 가닥으로 구성되어 있으며 소형 배터리용 JST와 딘스잭, XT30/60/90 그리고 바나나잭 등 여러 형태가 있다.

표 5-5-4 배터리용 커넥터 종류

종류	형상	특징
JST	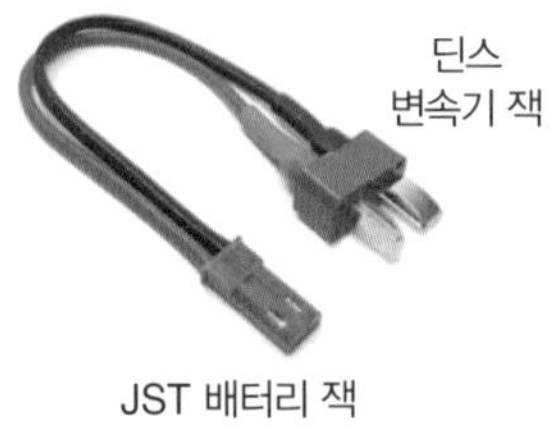 딘스 변속기 잭 JST 배터리 잭	소형 배터리에 사용
딘스잭		순간적으로 많은 양의 전류를 보낼 수 있고, 방전율이 높은 배터리를 안정적으로 충/방전할 때 사용
XT30/60/90(크기에 따름)	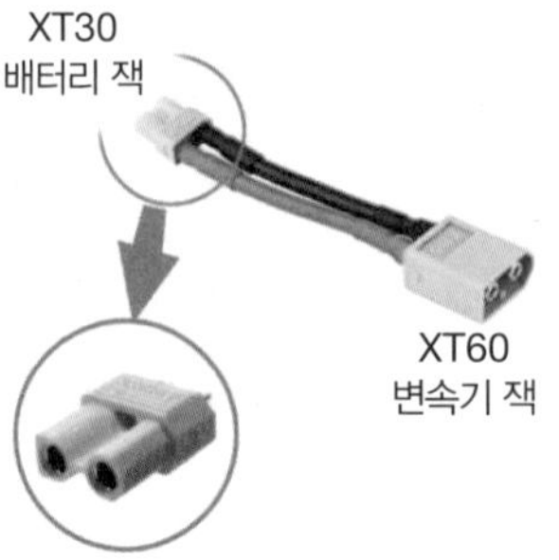 XT30 배터리 잭 XT60 변속기 잭	

| 바나나잭 |  | 배터리에 직접 연결하지 않고 충전기와 연결함으로써 배터리와 충전기의 가교역할을 함. |

② 밸런스 잭은 각 셀의 충전량을 적절하게 조절해 주기 위해 각 셀의 전압을 충전기로 전달해 주는 역할을 하며, 전선 수는 '셀 수+1개'만큼 존재한다.

4 배터리 충전

1) 충전 모드 소개

① 일반 충전 모드: 밸런스 잭 없이 충전한다.

② 밸런스 충전 모드: 밸런스 잭을 꽂았을 때 사용 가능하고 각 셀의 전압을 체크하면서 밸런스를 맞추어 충전하므로 충전속도가 낮지만 안정적으로 충전한다. 배터리는 마지막 1% 충전에서 아주 많은 시간이 소비된다.

③ 급속충전 모드: 99%는 밸런스 모드로 충전하지만, 마지막 1%를 매우 빠르게 충전한다.

④ 보관 모드: 배터리를 장기 보관하기 위해 50%만큼만 충전한다.

⑤ 방전 모드: 밸런싱을 맞추면서 배터리가 전기에너지를 잃게 만든다.

2) 충전 절차

본 항에서는 소형 드론에서 주로 사용하는 충전기(ENAN AI)를 이용한 충전 절차를 소개하고자 한다. 본 충전기는 2~8셀까지 충전이 가능하나 대체로 3~4셀 배터리 충전에 적합하다.

그림 5-5-2 배터리 잭 연결

① 배터리 잭을 (+), (−)에 맞게 장착한다.

② 배터리 밸런스 케이블을 충전기의 맞는 위치에 장착 후 XT60 단자를 연결하고 전원을 연결한다.

그림 5-5-3 XT60 단자 연결

③ [AI Mode]를 선택하면 충전기가 스스로 배터리를 스캔해서 자동으로 충전한다. 이때 배터리의
각 셀 전압 모니터링이 가능하다.

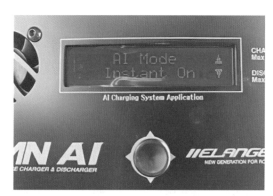
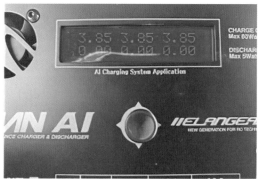
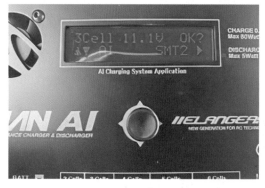
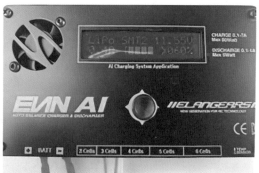

그림 5-5-4 충전기의 AI 모드 충전

5 배터리 정비

1) 유의사항

① 배터리 정비는 작업 간 단락에 의한 감전 및 폭발 사고가 발생할 우려가 크기 때문에 반드시 전문가 대동 하에 작업하거나 충분한 기술력을 확보한 상태에서 작업이 이루어져야 한다.

② (+),(−) 위치를 정확히 확인한 후 올바른 위치에 사용해야 한다.

2) 필요 장비

① 디지털 멀티미터: 회로나 부품의 전압, 전류, 저항을 측정

② 저전압 경보기(LiPo 알람): 각 셀당 전압을 측정

3) 정비가 필요한 상태

① 밸런스 단자 및 XT60 단자가 고장 난 경우

② Li−Po 배터리 1셀의 전압이 2.8V 이하인 경우

③ 스웰링 현상이 있을 경우

4) 정비 절차

① 멀티미터와 리포알람을 통해 문제가 생긴 셀을 찾는다.

② 배터리에 부착되어 있는 수축튜브와 절연테이프를 제어한다. 이때 배터리 면에 손상이 가거나 합선이 되지 않도록 철저히 주의한다.

③ 인두기로 셀에 붙어있는 전원 단자, 밸런스 셀 단자를 순차적으로 녹여 떼어낸다.

④ 셀에 이상이 있는 경우, 스팟용접기를 이용해 분해한 후 새로운 셀로 교체한다.

⑤ 절연테이프를 붙이고 수축튜브를 이용해 절연작업을 마친다.

⑥ 배터리 외관 보호를 위해 테이핑한다.

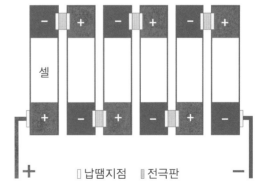

그림 5-5-5 리튬 배터리 납땜 세부도

PART 06

활용

학습목표

드론에 다양한 센서 시스템과 매니퓰레이터를 장착하면, 사람이 접근하거나 수행하기 어려운 복잡한 작업을 대신 처리할 수 있다. 여기에 차세대 추진 시스템의 발전 결과가 지속적으로 적용된다면, 드론의 작업 수행 시간과 능력이 크게 향상될 것이다. 본 파트에서는 영상 및 라이다 센서를 활용하여 드론이 수행할 수 있는 촬영, 표적 탐지/추적, 상태 추정, 지도 작성 작업을 소개하며, 각 센서의 기초적인 이론에 대해 학습한다. 또한 실제 사람이 접근하기 힘든 고공/원격 작업환경에서의 안전한 작업 수행을 위해 드론에 매니퓰레이터를 장착하여 활용하는 비행 매니퓰레이션 기술에 관해 설명하면서, 기초 매니퓰레이션 이론에 대해 학습한다. 또한 드론에 장착할 수 있는 차세대 추진 시스템을 소개하여 제한된 드론의 임무 수행 능력을 확장할 방법에 대해 학습한다.

Unmanned Multicopter

Chapter 01 드론을 활용한 영상촬영

① 드론을 활용한 영상 촬영 개요

전자광학 기술의 발전으로 소형/경량 카메라 시스템이 상용화됨에 따라, 이것을 드론에 장착 후 비행하는 것이 일상화되었다. 이러한 드론의 카메라 활용은 예술 문화공연 분야의 경우 촬영자에게 지상에서의 수평적 시각으로 획득할 수 없는 또 다른 시각과 영감(insight)을 확보할 수 있도록 도와주고 있고, 드론과 관련된 공학 분야의 경우 드론의 주요한 문제인 표적 지향 경로점 비행, 경로 추종 또는 GPS 수신 불가 환경에서의 유도항법제어 문제 등을 해결하는 데 꼭 필요한 주요 기반 기술로 활발하게 연구 개발되고 있다. 특히 최근에는 임베디드 시스템 기술의 고속 발전을 통해 드론을 활용한 영상 촬영 기술의 고속 상용화가 이루어지고 있다. 본 장에서는 이러한 드론을 활용한 영상 촬영 기술의 기본적인 이론을 운용자 입장과 드론 입장에서 살펴보고자 한다.

1) 드론을 활용한 주요 영상 촬영 기법

드론은 자세를 기울여서 2개의 수평 방향으로 이동할 수 있고, 추력을 조절하여 고도축 이동 및 방향각 회전이 가능한 4개의 자유도를 갖고 있다. 또한, 일반적인 촬영용 드론은 드론의 자세 및 추력 변화에 따른 영향을 영상에서 제거하기 위해 짐벌(gimbal)을 이용한다. 짐벌의 자유도는 아래와 같다.

- 팬(pan): 짐벌의 수평축 회전
- 틸트(tilt): 짐벌의 수직축 회전
- 롤(roll): 장착된 카메라의 영상평면 방향 회전(안정화)

이때 렌즈의 초점거리(focal length)를 조절하면, 먼 거리의 피사체를 가까이에서 볼 수 있는 줌인(zoom-in), 멀리서 볼 수 있는 줌아웃(zoom-out)이 가능하고, 이 기능을 통해 더욱 다양한 피사체 또는 배경 등을 촬영할 수 있다.

이러한 기능은 기존에 방송, 예술, 스포츠 등의 분야에서 사용하는 특수촬영용 장비들과 유사하지만, 드론은 4개의 비행 자유도, 3개의 짐벌 자유도, 1개의 초점거리 자유도를 활용하여 3차원 공간을 속도감 있게 비행할 수 있으므로, 드론은 지상에 고정된 특수장비들과 차원이 다른 시각과 운동감을 제공할 수 있다. 특히 이러한 시각과 운동감은 영화, 예능, 다큐멘터리, 공연예술 등 대중적인 방송, 영화, 예술 분야에 새로운 영감(inspiration)과 시각적 효과 등을 제공하고 있을 뿐만 아니라, 공공시설 안전 감시 및 재해재난 상황 모니터링 등을 통해 골든타임 사수, 최적의 의사결정, 정량적/정성적인 정책 결정용 사진, 수치 자료 등에 기여하고 있다. [1]

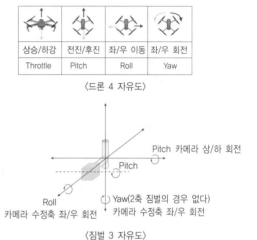

그림 6-1-1 3축 짐벌을 갖는 드론과 드론의 4자유도, 짐벌 자유도 설명
(제품: Yuneec Typhoon Q 500), (제조사: Yuneec – 쿼드콥터&공중드론)

일반적으로 드론을 활용한 주요 영상 촬영기법은 기체 이동(maneuver)과 짐벌의 기동(movement)을 조합하여 제시되고 있다. 이때 조합에 따라 1인이 조작하기에 과도한 자유도가 될 수 있다. 이는 드론의 자동 비행 기능 중 경로점(waypoint), 경로 추종(path following), 관심 객체(designated object) 기준 원형 선회비행(point-of-interest) 등을 활용하여 해결할 수 있고, 국토교통부 초경량 비행장치 무인 멀티콥터 최대이륙중량 기준 2종 이상의 기체는 비행과 짐벌을 각각 2인이 운용하여 해결할 수 있다.

본 절에서는 1인 조작과 기체 이동을 기준으로 아래와 같은 주요 영상 촬영기법을 소개한다. [1]

① 전/후진 비행 중 짐벌 조작

영상평면 내에 동적 객체 또는 일정한 배경이 계속 존재하도록 만들기 위해 고도를 유지하면서 드론을 이동시킴과 동시에, 동적인 객체의 이동 또는 배경의 지속/변화를 반영하는 짐벌 조작을 수행하는 기법이다. 이는 비행하는 고도에 따라 동적 객체와 배경에 속도감을 차등적으로 부여할 수 있고, 짐벌의 틸팅을 통해 제시하고자 하는 정보의 변화를 표현할 수 있다. 일반적으로 해당 조작은 방송, 영화, 예술 분야의 역동성을 강조한 촬영에 많이 활용한다.

② 상승/하강 비행 중 짐벌 조작

배경에서 정적/동적 객체로의 시점 이동 또는 상황의 전환을 설명하는 용도 등으로 사용한다. 이때 고도 이동으로 인한 영상평면 내 객체 또는 배경에 대한 스케일 변화가 크기 때문에 초점 조절에 유의해야 한다. 일반적으로 해당 조작은 고도축 방향으로의 국가 주요 공공시설물 안전 감시 등에 많이 활용한다.

그림 6-1-2 짐벌을 사용하여 촬영한 건물 사진

③ 정지비행 중 짐벌 조작

영상평면 내부에 더욱 많은 정보를 포함하여 다양한 의사결정을 신속하게 수행하기 위해 활용하는 촬영 방법이다. 특히 국토교통부 초경량 비행장치 무인 멀티콥터의 최대 비행고도인 150m에서 짐벌의 틸팅 기동을 수직 하방 고정 후 줌인/줌아웃을 통해 다양한 정보를 획득할 수 있다. 일반적으로 해당 조작은 재해재난 상황의 모니터링용으로 많이 사용되고, 필요시 저속 수평 이동과 조합하여 일정한 영역을 순차 및 주기적으로 모니터링하는 데 사용한다.

위와 같이 드론을 활용한 영상 촬영은 획득한 영상정보에 기존의 지상 장비들이 갖지 못한 다양한 가치를 포함하여 제공할 수 있고, 그것을 활용한 새롭고 신속한 의사결정이 가능하게 만들었다. 또한, 이것은 국민의 일상생활과 밀접한 분야에 새로운 활력을 부여하고 있을 뿐만 아니라, 국가 주요 시설 인프라(infrastructure)의 안전성 강화에도 기여하고 있다. 미래에는 비행 중에 특정 영역 또는 객체를 지시하면 최적의 촬영기법을 제안하여 운용자의 촬영 편의성을 더욱 강조한 자동제어 기능이 개발될 수 있고, 드론의 이동과 짐벌의 기동을 자율적으로 조합하여 새로운 차원의 정보와 역동성을 제공하는 자율제어 기능이 개발되어 정량적/정성적으로 더욱 많은 정보를 제공해줄 수 있다.

2) 수학/물리 측면의 영상 촬영

일반적으로 사람은 눈으로 빛의 파장 중 가시광선(visible light)을 볼 수 있다. 이것은 전자기파(electromagnetic wave) 형태로써 전기장과 자기장이 공간상으로 방사되는 형태이고, 이러한 파장을 센서에서 전하(electric charge) 형태로 수집한 다음, 전기적인 신호로 변환하여 사람이 알아볼 수 있는 흑백 또는 컬러 형태의 전자광학(EO; Electro-Optical) 영상으로 만들 수 있다. [2]

이때 전기적인 신호로 변환하는 방법은, 센서에서 파장을 전하로 축적한 다음 그대로 전달 및 마지막에 전기적인 신호로 변환하는 CCD(Charge Couple Device) 방식과 일정한 크기를 갖는 픽셀(pixel) 단위마다 전하를 축적하고 모든 픽셀에서 전기적인 신호로 변환하는 CMOS(Complementary Metal Oxide Semiconductor) 방식이 대표적이다.

	CCD	CMOS
원리	• 전자 형태의 정보를 직접 전송	• 각 픽셀에서 바로 전기신호로 변환
장점	• 선명한 화질과 섬세한 색상 구분이 가능하다. • 노이즈가 적어 선명하다. • 칩 사이즈가 작다.	• 전력 소비와 발열이 적다. • 회로 집적도가 높다. • 제조 단가가 낮다.
단점	• 주변 회로가 복잡하여 가격이 높다. • 전력 소비가 많다. • 영상 처리 속도가 느리다.	• 감도가 낮고 노이즈 현상이 있다. • 화질이 낮다.

그림 6-1-3 CMOS 비교표와 EO 센서로 촬영한 사진 (출처: 픽사베이)

그림 6-1-3과 같이, 기존에는 CCD 방식이 디지털 형태의 전기신호로 변환 시 손실이 적어 CMOS 보다 화질(video quality) 측면에서 상대적으로 높은 성능을 갖고, CMOS는 CCD보다 대량 생산이 가능하여 상대적으로 저가이기 때문에 CCD는 산업현장 등의 특수용도로, CMOS는 일반적인 영상센서로 활용되었다. 그러나 최근 발전한 반도체 공정 기술을 통해 CMOS의 성능이 대폭 개선됨에 따라 CCD만큼의 고화질 및 고속 처리가 가능하게 되었다. 따라서 대부분의 영상센서 분야에서 CMOS 센서는 CCD 센서를 대체하고 있고, 드론의 영상센서도 대부분 CMOS 방식을 채택하고 있다. 위와 같이 주간에는 CMOS 센서를 통해 가시광선을 전기적인 신호로 변환할 수 있지만, 야간, 기상 악화(e.g. 안개, 눈, 비, 미세먼지 등)로 인한 악시정(low visibility), 재해재난 중에 발생한 상황으로 인한 시정 악화 등의 이유로 인해 EO 영상을 통한 정보 획득이 어려울 수 있다. 따라서 더욱 넓은 범위의 임무 수행 능력을 확보하기 위해 대부분의 영상센서는 적외선(infrared, IR) 정보를 센서로 수집하여 전기적인 신호로 변환하고, 이를 사람이 볼 수 있는 영상 형태로 변환한 적외선 영상 센서와 결합하여 사용하고 있다.

적외선은 가시광선보다 파장이 길고 진동수가 낮은 전자기파로서 사람이 눈으로 확인하기 어렵지만, 대부분의 발열 물체는 적외선을 방출하므로 센서를 통해 이러한 열화상 정보를 만들어낼 수 있다. 다만, IR 영상센서는 물체의 발열 정보를 감지하는 센서 특성상 가시광선보다 파장이 상대적으로 큰 에너지를 감지해야 하므로 각 센서 요소가 EO 센서보다 상대적으로 크다. 또한, 센서의 냉각 성능이 발열 파장 획득, 영상평면 내부 잡음 성능에 큰 영향을 주기 때문에 자체 냉각시스템을 포함하는 경우가 많다. 결과적으로 IR 영상센서는 같은 크기의 EO 센서보다 영상평면 크기가 작다. [3]

그림 6-1-4 IR 센서로 촬영한 사진 (출처: 픽사베이)

그림 6-1-4처럼, 일반적으로 IR 영상센서는 근적외선(NIR; Near-INfrared), 단파장(SWIR; Short-Wavelength), 중파장(MWIR; Mid-Wavelength), 장파장(LWIR; Long-Wavelength)으로 구분하며, 상온에서 동작하는 열에 의한 재료의 물리적인 변화를 활용한 중저가의 열형(thermal type) 센서가 많이 활용되고 있다. 따라서 센서 자체의 발열이 심하면 재료의 물리적인 변화가 영상평면 내에 잡음으로 나타나게 되므로 영상센서 성능이 매우 낮아진다. 결과적으로 IR 영상센서는 표적의 발열 상태에 따른 냉각 성능을 고려해야 한다.

그림 6-1-5 이벤트 카메라로 촬영된 사진
출처: DSEC: A Stereo Event Camera Dataset for Driving Scenarios
출처 사이트: RAL21_DSEC.pdf(uzh.ch))

최근에는 새로운 방식의 카메라가 드론의 객체/환경 인식 및 추적, 지도 작성(mapping) 등의 연구개발에 널리 활용되고 있다. 이것은 이벤트 카메라(event camera)라고 하며, 기존의 EO/IR 영상센서와 다르게 고정된 프레임(frame) 단위로 이미지를 캡처(capture)하지 않고, 픽셀 간의 밝기 변화를 비동기적(asynchronously)으로 측정하고 기록하여 영상 형태로 제공한다. 자세히 설명하면, 이벤트 카메라의 모든 픽셀은 가시광선의 파장 변화를 로그 형태(logarithmic)로 기록하고 있다가, 이 변화가 일정한 문턱치(threshold)를 넘으면 이벤트가 발생했다고 영상평면에 표시한다. 따라서 이벤트 카메라는 고정 설치된 이벤트 카메라의 영상평면 내에 동적 객체가 존재할 때만 영상평면에 해당 정보가 도시된다. 한편, 카메라가 움직일 때 발생하는 상대운동(apparent motion)도 빛의 변화를 초래하는 이벤트이므로, 이것도 문턱치를 넘기면 이벤트로 기록되어 영상평면에 표시한다. [4]

그림 6-1-5와 같이, 이벤트 카메라는 EO/IR 영상센서보다 센서 자체의 지연 시간(time delay)이 매우 짧고, 시간에 대하여 해상도가 높으며, 이벤트 감지 범위가 매우 넓다는 장점이 있어 동적 객체를 빠르게 탐지하기 쉬운 장점이 있다. 하지만 오직 밝기값의 변화와 관련된 정보만 활용하여 영상정보를 생성하기 때문에, 고전적인 영상처리 알고리즘을 직접적으로 사용할 수 없다. 또한, 드론의 이동 또는 정지비행 중 발생하는 기체 진동으로 인해 빛의 변화가 지속적으로 발생하여 탑재가 어려울 수 있다. 결과적으로 동적 객체 인식과 관련하여 장점과 특성이 확실한 영상센서이므로 연구개발을 통해 드론 분야에 적용 가능성이 무궁무진하다고 볼 수 있다.

3) 2차원 영상 평면 기하학

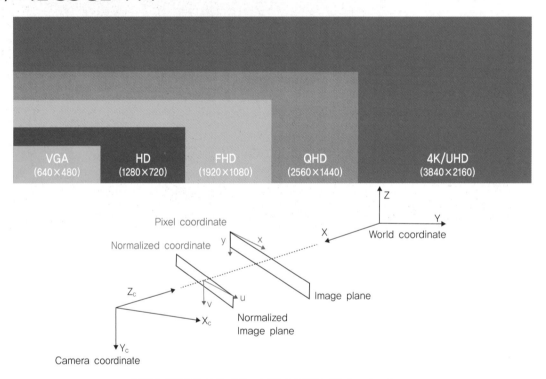

그림 6-1-6 영상 해상도 종류와 2차원 영상평면 좌표계

영상의 해상도(resolution)는 영상평면의 크기 정보를 가리키며 영상평면 좌표계의 상/하/좌/우 크기를 결정하는 데 사용된다. 위 그림과 같이, 영상의 가로/세로 방향 해상도는 각각 행과 열의 크기(length)이고, 각각의 픽셀(pixel)은 행렬의 성분(element)으로 표현된다. 즉 영상정보는 2차원 행렬(matrix)로 나타낼 수 있다. 이때 흑백(grayscale) 영상은 각 성분의 값이 0~255인 밝기값(intensity)을 갖는 1개의 2차원 행렬이고, 컬러(color) 영상은 각 성분의 값이 0~255 범위인 3개의 색상 모델(red/green/blue, hue/saturation/value, luminance/chrominance)을 갖는 2차원

행렬 3개로 표현된 텐서(tensor)이다. 즉 컬러영상은 정해진 색상 모델에 위치별 3개의 행렬 성분을 대입하여 색상을 정하여 표현한다. [5]

위와 같은 픽셀 정보는 영상처리(image processing)에서 중요하게 다뤄지는데, 영상 기하학(image geometry)에서는 2차원 영상평면 상의 픽셀 위치를 표현하고 활용하는 방법에 좀 더 집중하고 있다. 즉 픽셀의 정보가 결정되면 해당 정보를 갖는 픽셀의 위치를 좌표계 형태로 정의하여 센서 보정(calibration), 스테레오 매칭(stereo matching), 특징점 검출 및 추적(feature detection, matching and tracking) 분야에 사용해야 하고, 이를 위해 2차원 영상평면 좌표계가 필요하다.

일반적으로 카메라 렌즈의 중심이 3차원 공간상의 카메라 좌표계(camera coordinate)를 정의할 수 있고, 이것을 기준으로 3차원 공간상의 임의의 한 지점이 카메라의 초점을 지나서 영상평면 상의 픽셀로 투영(projection)되는데, 이렇게 투영될 때 사용할 수 있는 2차원 영상평면 좌표계는 각각 영상 좌표계(image coordinate), 정규화된 영상 좌표계(normalized image coordinate)로 나타낼 수 있다. 이때 영상 좌표계는 영상평면의 가로/세로 크기와 같고, 영상평면의 좌측 상단을 원점으로 하여 우측 가로 방향을 x축, 하단 세로 방향을 y축으로 정의한다. [5]

한편, 카메라 보정을 통해 카메라/렌즈 간의 관계를 수치상으로 알 수 있는데, 이것을 카메라 내부 파라미터(intrinsic parameter)라고 하고, 카메라/렌즈 세팅에 따라서 판이한 값을 갖는다. 영상 기하학에서는 이 영향을 제거하고 3차원 공간상의 임의의 한 지점이 일관적(deterministic)으로 표시될 필요가 있는데, 이를 위해 사용하는 가상의 좌표계를 정규화된 영상 좌표계라고 한다. 결과적으로 이 둘의 관계는 위 수식과 같이 정의된다. 이때 f는 초점거리이고, c는 영상평면 중심점의 위치를 각각 픽셀 위치로 표현한 값이며, 영상평면 상의 정중앙을 기준으로 우측 가로 방향을 u축, 하단 세로 방향을 v축으로 정의한다. [5]

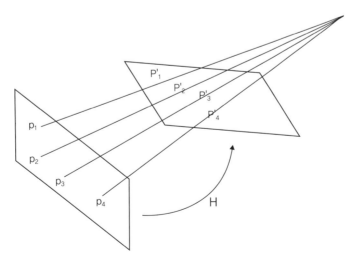

그림 6-1-7 2차원 영상평면 기하학 호모그래피

그리고 2차원 영상평면은 카메라의 포즈(i.e. pose, position and attitude)에 따라 서로 다른 시점(viewpoint)을 가질 수 있는데, 이것은 호모그래피(homography) 행렬로 나타낼 수 있다. 즉 서로 다른 2차원 영상평면 상에 투영된 4개 이상의 대응점 사이에는 일정한 변환 관계가 있는데, 이를 호모그래피라고 한다. 이것은 동차(homogeneous) 좌표계로 표현된 픽셀값에 대하여 성립하는 3×3 행렬이고 유일하게 존재한다. 이 정보를 활용하면 3차원 공간상의 평면형 객체의 위치를 결정할 수 있고, 서로 다른 영상 시점을 갖는 사진을 모아 하나의 파노라마(panorama) 영상을 생성하여 90도 수직 하방 시점을 갖는 컬러영상 지도로 사용하는 등 다양한 영상 기하학 측면의 정보를 산출할 수 있다.

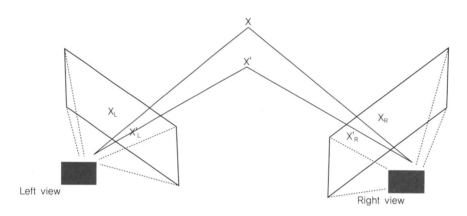

그림 6-1-8 2차원 영상평면 기하학 스테레오 카메라

특히 위 그림과 같이, 2개의 카메라를 일정한 거리(baseline)만큼 이격하여 설치하고 3차원 공간상의 객체가 2차원 영상평면으로 투영되었을 때, 이들 사이의 에피폴라(epipolar) 관계를 계산하여 기준이 되는 렌즈 중심점을 기준으로 3차원 공간상의 객체의 상대위치 정보를 계산할 수 있는데, 이것을 스테레오 영상 기하학이라고 한다. 기존의 스테레오 카메라는 복잡한 영상처리를 통해 계산되었지만, 최근에는 반도체 기술이 발전함에 따라 상대위치 정보를 포함한 다양한 메트릭 단위의 정보를 센서 드라이버에서 제공해 주고 있다.

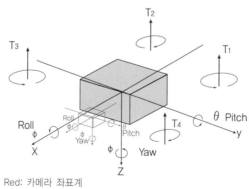

Red: 카메라 좌표계
Black: 드론 좌표계

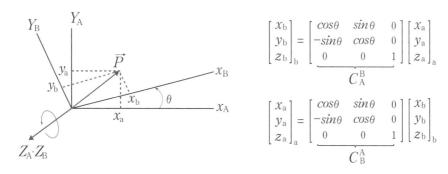

$$\begin{bmatrix} x_b \\ y_b \\ z_b \end{bmatrix}_b = \underbrace{\begin{bmatrix} cos\theta & sin\theta & 0 \\ -sin\theta & cos\theta & 0 \\ 0 & 0 & 1 \end{bmatrix}}_{C_A^B} \begin{bmatrix} x_a \\ y_a \\ z_a \end{bmatrix}_a$$

$$\begin{bmatrix} x_a \\ y_a \\ z_a \end{bmatrix}_a = \underbrace{\begin{bmatrix} cos\theta & sin\theta & 0 \\ -sin\theta & cos\theta & 0 \\ 0 & 0 & 1 \end{bmatrix}}_{C_B^A} \begin{bmatrix} x_b \\ y_b \\ z_b \end{bmatrix}_b$$

그림 6-1-9 카메라와 드론 좌표계와 3차원 카메라 좌표와 방향코사인 행렬

4) 2차원 영상정보의 3차원 변환

이전 절에서 정규화된 영상 좌표계를 결정하였고, 이것은 렌즈 중심을 기준으로 하는 카메라 좌표계와 위의 수식과 같은 관계로 정의될 수 있다. 이때 카메라 좌표계를 기준으로 하는 표적의 위치정보를 지표면에 고정된 NED 좌표계를 기준으로 변환할 필요가 있다. 이를 위해 방향코사인 행렬(direction cosine matrix)을 이용할 수 있다. 이것은 단위 벡터 간의 좌표계 변환을 표현할 때 사용하는 행렬이다. [6]

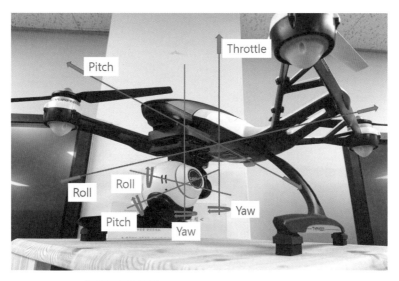

그림 6-1-10 드론과 짐벌 카메라의 종합 좌표계

(제품: Yuneec Typhoon Q 500), (제조사: Yuneec - 쿼드콥터&공중드론)

일반적으로 수직 하방 카메라와 수평 전방 카메라의 방향코사인 행렬 정보는 위 그림과 같다. 이것은 카메라 좌표계와 기체축 좌표계가 위 그림과 같이 배치되어 있다고 가정했을 때 성립한다. 또한, 짐벌이 적용된 상태라면 팬/틸트 각도를 적용하여 방향코사인 정보를 구할 수 있다. 이어서 기체축

좌표계는 NED 좌표계와 그림 6-1-10과 같은 관계를 갖는다. 이것은 일반적인 3-2-1 변환을 준수한다. 그 결과 카메라 좌표계를 기준으로 하는 표적의 위치는 기체축 좌표계를 거쳐 NED 좌표계로 변환된다.

결과적으로 이러한 좌표계 변환을 위한 방향코사인 행렬은 영상평면 좌표계에서의 표적의 2차원 픽셀좌표를 3차원 NED 좌표계 상의 위치정보로 변환할 때 사용한다. 이것은 표적 위치정보 계산/추정, 가상환경에서 표적 위치 재구성(reconstruction), 지상관제 시스템의 표적 추적을 위한 유도제어 명령값 생성 등에 활용될 수 있다.

이때 방향코사인 행렬을 정밀하게 계산하려면 카메라 센서 보정을 통해 카메라의 내부(intrinsic)/외부(extrinsic) 파라미터를 결정해야 하고, 짐벌의 각도를 정밀하게 측정해야 하며, 짐벌의 장착 위치를 기체축의 중심점인 무게중심으로부터 정밀하게 측정할 수 있어야 한다. 또한, 기체의 무게중심이 어디인지 정밀하게 측정해야 한다.

Chapter 02 영상 기반 표적 탐지/ 추적 및 상태 추정

1 영상 기반 표적 탐지/추적 및 상태 추정 개요

기존의 드론은 운영자가 사전에 또는 특정한 비행 중에 지정한 경로점 또는 경로를 비행하면서 운영자에게 원영상(source image frame)을 전달하고, 운영자는 해당 정보를 판독하여 관심 영역(region-of-interest, ROI), 또는 표적(target)을 결정한 다음 드론/짐벌 수동제어를 통해 결정된 목표를 지향하는 임무를 수행하였다. 즉 드론에 사람의 눈(eye) 역할을 하는 카메라와 짐벌을 장착했지만, 여전히 임무는 수동으로 수행되어 왔다. 최근에는 이러한 일련의 과정 중에 표적 탐지 및 추적 기능을 자동(automatic) 또는 자율(autonomous)적으로 수행할 수 있는 영상처리 기능들이 연구개발, 고도화, 상용화되어 드론 산업 발전에 기여하고 있다. 특히 머신러닝/딥러닝 기술의 발전과 함께 표적의 특징을 보다 복잡하게 표현할 수 있게 되어, 영상을 통한 영역/표적 인식 기술이 상대적으로 보편화되고 있다. 본 절에서는 영상 기반 표적 탐지/추적과 관련된 고전적인 기술부터 최신 기술까지 살펴보고, 이를 활용한 상태 추정 방법에 대하여 살펴본다.

1) 고전 영상처리 기법을 활용한 표적 탐지(target detection)

표적 탐지는 전체 영상에서 특징정보를 획득하여 특정한 표적까지의 정보 범위를 좁혀가는 것이므로, 일종의 조세단계(coarse-to-refinement) 기법에 따라 아래와 같이 정의할 수 있다.

㉠ 원영상 획득 및 크기 변환

㉡ 영상 전처리

㉢ 영상 특징 추출 및 벡터화

㉣ 추출된 특징 벡터 조합과 표적 탐지 판단

㉤ 표적/영역의 픽셀 위치 계산

㉥ 특징 벡터 정보 관리

먼저 영상센서로부터 원영상(source image frame)을 획득하고 컴퓨팅 자원의 성능을 고려하여 적절한 크기의 행렬 또는 텐서로 변환한다. 1장의 영상이 갖는 데이터의 양은 기본적으로 매우 많으므로 이 과정은 필수적으로 선행되어야 한다. 이때 비교적 높은 성능의 CPU/RAM/GPU를 사용할 수 있는 컴퓨터 또는 고성능 FPGA(Field Programmable Gate Array) 등을 사용한다면 입력받은 원영상을 비교적 높은 해상도의 크기로 처리할 수 있지만, 소형/경량화된 임베디드 시스템인 경우 적절한 크기의 해상도로 낮춰서 처리해야 한다. 일반적으로 소형/경량 드론에 탑재할 수 있는 임베디드 보드의 경우, VGA(640×480)급 해상도를 기준으로 처리하며, 최근에는 고성능 임베디드 보드가 개발된 덕분에 HD(1280×960) 또는 FHD(1920×1080)급 해상도를 사용할 수 있다.

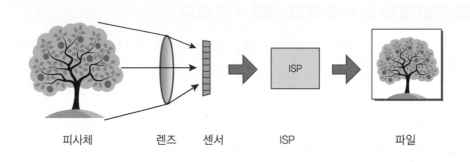

| 피사체 | 렌즈 | 센서 | ISP | 파일 |

※ ISP(Image Signal Processor): 화이트 밸런스 조정, 색 보정, 잡음 제거 등의 기본적인 처리를 도와줌.

그림 6-2-1 일반적인 영상처리 단계

이렇게 변환된 영상정보는 적절한 전처리를 통해 원하는 영상 특징이 두드러질(emphasis) 수 있도록 특정 영역에 대해 사전정보 처리를 적용한다. 이때 표적에 대한 사전정보(prior information)를 사용하면 영상 전체 또는 부분적인 밝기값 강조/억제 또는 관심 영역 축소 등을 의미 있게 수행할 수 있으므로 표적 탐지 성능을 극대화할 수 있다. 특히 상대운동벡터가 다른 표적의 경우, 차영상(difference image)을 통해 배경의 변화를 억제하는 전처리를 수행함으로써 영상 내 표적 위치를 탐지하는 데 불필요한 정보를 대폭 억제할 수 있다.

전처리가 완료된 영상은 표적 탐지를 위해 필요한 특징을 검출하는 용도로 사용된다. 대표적인 영상평면 내 특징은 점(vertex), 선(edge, line), 면(surface), 질감(texture, include the color information)으로 정의될 수 있다.

각 형태의 특징을 추출하는 방법은 아래와 같이 간략하게 정리될 수 있다.

㉠ 점: 영상평면 내 밝기값의 변화가 극대화되는 지점에서 추출

㉡ 선: 밝기값의 최대 변화율 검출 또는 점 특징을 조합(fitting)하여 추정

㉢ 면: 점, 선 형태의 특징이 집중된 영역을 조합(regression), 형태학적(morphology) 처리

㉣ 질감: 색상 모델 및 필터 적용, 특정 형태의 커널(kernel) 적용

그림 6-2-2 점, 선, 면, 질감(텍스처) 특징 예시

이러한 특징정보 추출 기법은 각각 독립적으로 연구 및 개발되고 있지만, 대표적인 점, 선 특징 추출 기법들은 OpenCV를 통해 제공되고 있다. [5]

선 특징의 경우, 점 특징정보를 활용하여 직선/곡선 적합(fitting)을 통해 생성하거나, 특정한 커널을 적용하여 엣지(edge) 형태로 추출할 수 있다. 이와 유사하게 면 특징도 점 또는 선 정보들을 데이터로 활용하여 평면/곡면 적합을 통해 생성하거나, OpenCV에서 제공하는 모폴로지 연산을 통해 생성할 수 있다. 질감 특징의 경우 색상을 기준으로 추출하거나, 일정 영역의 인접 픽셀 간 밝기값 정보 비교를 통해 특징량을 추출한다. 대표적으로 HoG(Histogram of oriented Gradient), Haar cascade, LBP(Local Binary Pattern), MCT(Modified Census Transform) 등이 질감 형태의 특징량 추출 기법에 해당한다.

그림 6-2-3 영상 내 특징 요소 벡터화 예시

위와 같이 영상 내에 존재하는 특징량을 추출하여 벡터화하고, 사전에 추출한 표적정보의 특징 벡터와 비교하거나, 스텝마다 계산된 특징 벡터에 특정한 조건을 적용하여 표적 탐지 여부를 판단한다. 이때 특징 벡터를 각각 활용할 수 있고, 표적의 사전정보를 대입하여 특징 벡터들을 조합하여 표적 탐지 결과를 판단한다. 이어서, 표적에 대한 픽셀 위치를 영역 또는 경계상자(bounding box) 형태로 표현하고, 표적 추적 또는 상대운동 정보 추정 기능에 전달한다.

마지막으로 추출한 특징 벡터를 메모리에 저장하여 다음 스텝의 특징 벡터와 비교용으로 사용한다. 이것은 스텝마다 전체 영상평면을 사용하지 않더라도 표적 탐지를 가능하게 만들어줄 수 있으므로 표적 탐지 속도 성능 확보 측면에서 매우 유리하다. 결과적으로 고전적인 표적 탐지 기법은 전체 영상에서 특징정보를 추출하고, 이것을 표적의 사전정보와 결합하여 달성될 수 있는데, 복잡한 단일 특징 또는 단순한 다수 특징을 활용함에 따라 처리 속도를 포함한 탐지 성능이 일관적이지 않고 광원/광량 환경에 매우 민감할 수 있다. 즉 환경요소가 작용하면 파라미터 튜닝 문제가 발생할 수밖에 없고, 각각의 특징 벡터 생성에 걸리는 시간 차이가 나기 때문에 일관적인 성능을 기대하기 어렵다. 이러한 단점은 AR tag, QR code, color tag, 기본 도형 등 특징이 두드러지는 표적을 사용함으로써 해결할 수 있다.

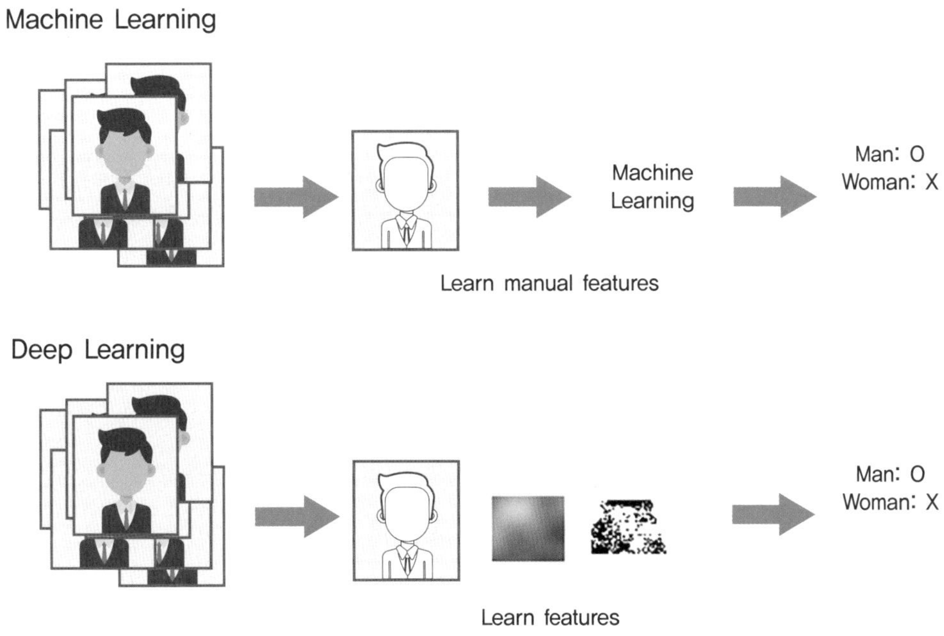

그림 6-2-4 머신러닝/딥러닝의 영상 기반 표적 탐지 개념

2) 머신러닝/딥러닝 모델 기반 표적 인식(target recognition)

일반적으로 기계학습(machine learning, 머신러닝)은 인공지능 기술을 만들기 위해 기계를 학습 시키는 학문으로써 데이터의 특성, 구축상태 및 원하는 결과 등을 기준으로 지도(supervised), 비 지도(unsupervised), 준지도(semi-supervised), 강화(reinforcement) 학습기법이 대표적이다. 기계학습의 목표는 주어진 특징을 활용하여 목표로 하는 출력값을 산출하는 모델(model)을 학습 과정을 통해 만들어내는 것인데, 아래와 같은 요소가 중요하다.

㉠ 주어진 또는 입력된 데이터를 특징화하는 기술

㉡ 특징을 잘 표현할 수 있는 모델을 학습하는 기술

㉢ 학습된 모델을 활용하여 학습에 사용하지 않은 입력값의 출력을 예측하는 기술

지도학습은 레이블이 있는 데이터를 활용하여 학습하는 것이다. 즉 학습용 데이터에 입력-출력이 잘 정의되어 있고, 학습 알고리즘을 통해 이들의 특징 관계에 매핑(mapping) 하는 모델을 찾는 것 을 목표로 한다. 반면에 비지도 학습은 레이블이 없는 데이터들을 대상으로 패턴(pattern)을 찾아서 군집화(clustering) 또는 차원 축소(dimension reduction)하는 것을 목표로 한다. 이것은 지도학 습에 필요한 데이터에서 새로운 특징을 찾아내기 위한 전처리 방법으로도 사용한다. 한편, 준지도

학습은 학습용 데이터에 입력-출력이 정의된 것과 그렇지 않은 것을 혼용할 때 사용하는데, 레이블 된 데이터를 필요한 만큼 마련하기가 어려울 때 비교적 높은 정확도를 달성할 수 있는 장점이 있다.

지도학습 (Supervised Learning)	비지도 학습 (Unsupervised Learning)	반/준지도 학습 (Semisupervised Learning)	강화 학습 (Reinforcement Learning)
• 답이 있는 데이터(Label)가 포함되어 있는 데이터 세트로 학습 • 분류(Classification) • 회귀(Regression) • 시계열 분석	• 답이 있는 데이터(Label)가 포함되어 있지 않은 데이터 세트로 학습 • 군집합(Clustering) • 차원 축소(Dim. Reduction) • 연관규칙(Asso. Rule)	• 답이 없는 다량의 데이터에 답이 있는 데이터(Label)를 일부 포함하여 학습 • Continuity Assumption • Cluster Assumption • Manifold Assumption	• Action을 실행하면 그 결과로 보상 (Reward) 또는 벌점(Penalty)을 받으면서 보상을 강화하는 학습 • Model-based 보상 • Model-free 보상

그림 6-2-5 지도학습, 비지도 학습, 준지도 학습 개념

이러한 머신러닝 기법은 영상 기반 표적 인식 기술에 다양한 측면으로 활용될 수 있다. 즉 목표한 표적이 들어 있는 사진을 다양하게 마련하고, 해당 사진에 있는 표적의 특징 벡터를 추출한 다음, 해당 특징 벡터 전체 또는 일부를 레이블링하여 지도학습 또는 준지도 학습으로 연계할 수 있고, 표적의 점/선/면/질감 특징량을 추출하여 새로운 형태의 벡터를 만들기 위해 비지도 학습을 연계할 수 있다.

한편, 딥러닝(deep learning)은 기계학습 분야의 모델 중에 신경망(neural network) 형태의 모델을 학습하는 학문 분야를 의미하는데, 해당 모델의 입력층-은닉층-출력층 사이에 다수의 은닉층 (hidden layer)을 적층하여 만든 깊은(deep) 층의 신경망 모델을 활용한다. 딥러닝 모델은 데이터에서 자동으로 특징량을 추출하고 벡터화할 수 있으므로 별도의 특징과 관련된 엔지니어링적 요소가 필요하지 않다는 장점이 있다.

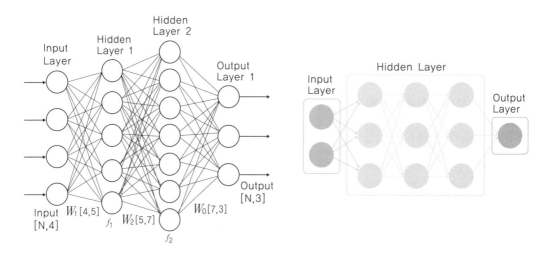

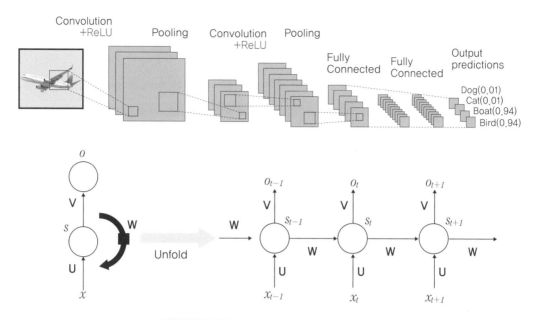

그림 6-2-6 ANN, DNN, CNN, RNN 개념

가장 기본적인 딥러닝 모델은 단일 인공신경망에서 발전한 다층 인공신경망(DNN; Deep Neural Network)으로써 기본적인 인공신경망의 입력층과 출력층 사이에 다수의 은닉층을 배치하여 비선형적인 특징 벡터를 학습하는 데 특화된 모델이다. 그러나 은닉층이 깊어질수록 최적의 파라미터를 찾기 어렵고, 과적합(overfitting) 문제가 있으며 학습이 느려지는 단점이 있다. 최근에는 이를 해결하기 위해 다양한 측면으로 연구가 수행되고 있다.

한편, 데이터 도메인의 특성을 반영하여 발전하고 있는 딥러닝 모델인 합성곱 신경망(CNN; Convolution Neural Network)과 순환신경망(RNN: Recurrent Neural Network)이 있다.

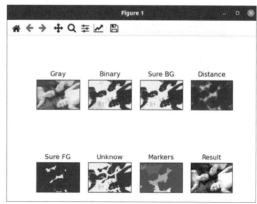

그림 6-2-7 bbox 기반 객체 인식, segmentation 기반 영역 인식 개념

합성곱 신경망의 경우, 영상정보를 입력받아 각 픽셀의 인접한 성분들을 특정한 크기의 필터를 적용하여 조합하는 콘볼루션(convolution) 연산과 이들을 압축하는 풀링(pooling) 연산을 수행하는 레이어를 일정한 개수만큼 적층하여 특징 벡터를 추출하고, 이를 활용하여 출력값을 결정하는 모델이다. 이것은 점/선/면 등과 같은 저수준의 특징을 조합하여 질감 형태의 고수준의 특징을 표현할 수 있으므로 복잡한 특징 벡터 엔지니어링이 필요하지 않고, 탐지와 인식을 한 번에 해결할 수 있는 장점이 있다.

순환신경망의 경우, 반복되는 순차(sequential) 데이터 학습에 특화된 인공신경망으로서, 모델 내부에 특정한 순환구조가 구현되어 있다. 순환신경망은 이러한 순환구조를 이용하여 이전 스텝에 학습된 가중치를 현재 스텝의 학습에 반영하는데, 음성, 텍스트 또는 시간적 특성을 갖는 표적 추적 데이터 등 시간 특성을 가진 데이터의 특성을 학습하는 데 적합하다.

위와 같이 영상 기반 표적 인식을 위한 합성곱 신경망 모델은 고전 영상처리를 통해 만든 낮은 차원의 특징 벡터보다 더 높은 차원의 특징 벡터를 자동으로 생성하여 실제 표적에 근접한 질감(texture) 특징 벡터를 생성할 수 있고, 이를 토대로 데이터만 입력하면 자동으로 탐지 및 인식을 한 번에 해결할 수 있다. 특히 영상처리 시 통제하기 어려운 환경과 관련된 파라미터 관련 정보를 데이터에 반영하면, 해당 정보마저도 학습하여 실제 운용환경의 불확실성에 일정 수준 이상 대응 가능하다는 장점이 있다.

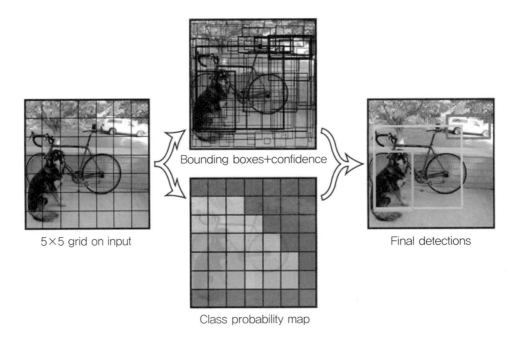

5×5 grid on input

Bounding boxes+confidence

Class probability map

Final detections

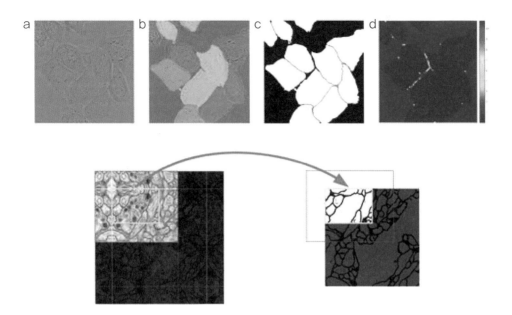

그림 6-2-8 bbox 기반 객체 인식, segmentation 기반 영역 인식 개념

이러한 합성곱 신경망의 출력층은 표적 또는 영역을 인식하는 형태로 변환하여 활용할 수 있는데, 표적의 경우 경계상자(bounding box, bbox) 형태로 변환하고, 영역의 경우 픽셀 단위의 레이블 링을 수행하는 의미론적 분할(semantic segmentation) 형태, 영역 단위의 레이블링을 수행하는 인스턴스 분할(instance segmentation) 형태로 변환하여 활용한다.

경계상자 형태로 표적 인식 결과를 산출하는 모델은 YOLO 모델이 대표적이고, 영상 분할 형태로 영역 인식 결과를 산출하는 모델은 UNet 모델이 대표적이다. 이때 YOLO는 경계상자 형태의 데이 터를 만들기 위해 텍스처 형태의 특징 벡터 추출 후 특수한 레이어를 이어서 학습시키고, UNet은 컬러영상 내부의 인접 픽셀 간 정보를 비교하여 압축된 특징을 만들고, 이를 지정한 레이블로 복원하는 엔코더-디코더를 학 습시킨다. 이러한 모델의 대표 적인 사용 예시는 착륙 패드 또 는 비상착륙 영역 인식이 있다.

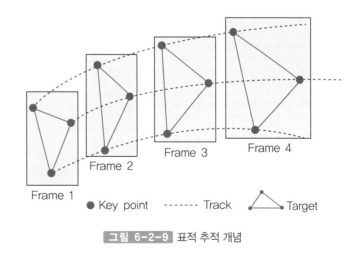

그림 6-2-9 표적 추적 개념

3) 다양한 영상 기반 표적 추적 기법

표적 탐지 및 인식은 한 장의 영상에서 스텝마다 특징 벡터를 추출하여 영상 내에 존재하는 표적을 추출하고 이것의 레이블을 지정하는 것을 의미한다. 즉 매번 해당 과정을 수행하기 때문에 고전 영상처리 기반 표적 탐지는 특징 벡터 구성에 따른 처리 속도 저하가 발생할 수 있고, 딥러닝 기반 표적 인식은 모델의 추론 속도 성능에 알고리즘이 종속될 수 있는 단점이 있다. 영상처리 분야에서는 이를 극복하기 위해 다양한 표적 추적(target tracking) 기법이 연구 개발되고 있다.

일반적으로 영상처리를 통한 표적 추적은 매번 특징 벡터를 추출하여 전체 영상에 표적이 존재하는 지를 찾는 것이 아니고, 지정된 표적이 일정 범위 내에 일정한 변위로 움직인다고 가정하여 해당 표적의 픽셀 이동 위치를 결정해 주는 것을 의미한다. 따라서 영상 기반 표적 추적 시, 사전에 표적의 위치를 결정해 주는 것이 중요하다. 이는 시스템 운용자가 마우스, 터치패드 등을 활용하여 사전에 결정할 수 있고, 일정 횟수의 표적 탐지 기능을 동작하여 누적된 경계상자를 통해 지정할 수 있다.

Tracker	지원 버전	단점	기타
Boosting	OpenCV 3.0.0	오래된 추적기로 성능이 떨어진다.	
MIL	OpenCV 3.0.0	Boosting에 비해 정확도가 높지만, 실패 보고 기능이 좋지 않다.	
KCF	OpenCV 3.1.0	Boosting 및 MIL보다 빠르지만, 가림 현상을 잘 처리하지 못한다.	
TLD	OpenCV 3.0.0	가림 현상에 잘 작동하지만, 오탐에 매우 취약하다.	
MedianFlow	OpenCV 3.0.0	실패 보고가 잘 작동하나 빠른 변화에 취약하다.	
GOTURN	OpenCV 3.2.0	OpenCV 유일한 딥러닝 기반으로 실행을 위해서는 추가 모델 파일이 필요하다.	
CSRT	OpenCV 3.4.2	KSF보다 정확하지만, 약간 느린 경향이 있다.	
MOSSE	OpenCV 3.4.1	CSRT와 KSF보다 정확성은 떨어지지만, 매우 빠르다.	

그림 6-2-10 OpenCV의 표적 추적 알고리즘 종류

이렇게 지정된 경계상자 정보를 활용하면 OpenCV 라이브러리에 있는 다양한 알고리즘으로 연계하여 표적 추적 기능을 구현할 수 있다.

적용 가능한 표적 추적 알고리즘은 아래와 같다.

㉠ TrackerBoosting: AdaBoost 알고리즘 기반

㉡ TrackerMIL: MIL(Multiple Instance Learning) 알고리즘 기반

㉢ TrackerKCF: KCF(Kernelized Correlation Filters) 알고리즘 기반

ⓔ TrackerTLD: TLD(Tracking, Learning and Detection) 알고리즘 기반

ⓜ TrackerMedianFlow: 객체의 전방향/역방향을 추적해서 불일치성을 측정

ⓗ TrackerGOTURN: CNN(Convolutional Neural Networks) 기반

ⓢ TrackerCSRT: CSRT(Channel and Spatial Reliability)

ⓞ TrackerMOSSE: 그레이 스케일의 상관성 필터 사용

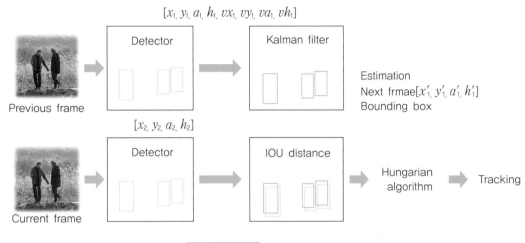

그림 6-2-11 표적 추적 개념

한편, 영상센서 입력 속도보다 낮아질 수밖에 없는 표적 탐지/인식 속도를 극복하기 위해 가용 정보로부터 미지의 정보를 추정하는 데 적합한 칼만필터(kalman filter) 기반의 표적 추적 알고리즘이 있다. 이것은 영상평면 내부에 존재하는 표적의 운동모델을 가정하고 측정값에 따라 해당 표적의 운동상태를 추적할 수 있다. 즉 상대적으로 낮은 속도로 표적 탐지/인식이 되더라도 표적의 운동모델 기반 추적상태는 높은 속도로 유지될 수 있다는 장점이 있다.

칼만필터를 활용한 영상 기반 표적 추적 기술의 장점은 과거부터 현재까지의 측정 데이터를 기반으로 현재 상태 또는 미래 특정 시점 표적의 픽셀 위치를 추정하는 데 있다. 이렇게 추정된 픽셀 위치는 표적 탐지/인식 성능보다 빠르게 표적의 위치를 시스템에 전달할 수 있도록 만들어서 표적을 놓치지 않도록 만들 수 있다. 일반적으로 영상평면 내 표적 운동은 비교적 선형이기 때문에 등속 또는 등가속 운동모델을 사용한다.

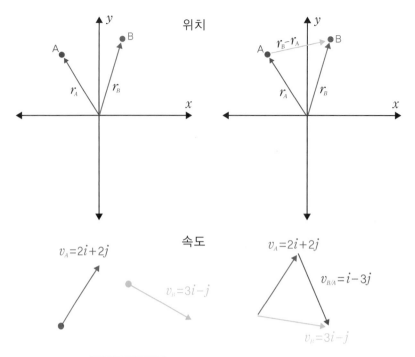

그림 6-2-12 OpenCV의 표적 추적 알고리즘 종류

4) 표적의 상대운동정보 추정

영상 기반 표적 탐지/인식/추적의 결과는 2차원 픽셀 위치정보이다. 이것은 드론 또는 짐벌이 표적을 상대적으로 지향하는 데 사용될 수 있지만, 표적이 탐지/인식/추적 실패 상황이 지속되거나, 실패−성공 상황이 빠른 속도로 반복되는 블링킹(blinking) 상황이 발생하면 드론의 자세 제어에 불필요한 불안정성이 발생하거나, 짐벌 구동기의 포화상태를 초래할 수 있다. 이러한 단점을 억제하기 위해 표적의 2차원 픽셀 위치정보를 3차원 운동 정보로 변환할 필요가 있다. 이를 표적의 상대운동정보 추정 기술이라고 하며, 일반적으로 칼만필터 알고리즘이 사용된다.

이때 상대운동정보는 표적의 위치, 속도, 가속도, 자세 등을 의미하고 표적의 특성에 따라 적절하게 조합하여 사용한다. 즉 상대운동을 나타내는 상태벡터를 표적의 특성에 따라 결정한다. 또한, 표적의 운동 특성을 반영한 시스템 모델을 사용해야 하고, 추정필터의 동작 상황에 따른 오차 요소를 모델링에 반영해야 한다. 자세히 설명하자면, 표적의 속도와 크기 및 사용할 영상 장비의 성능 등을 고려해야 하고, 추정필터를 운용하는 시간을 고려하여 자세오차, 항법오차 등을 고려해야 하며, 센서 특성에 적합한 측정모델과 가중치 행렬 조정이 필요하다.

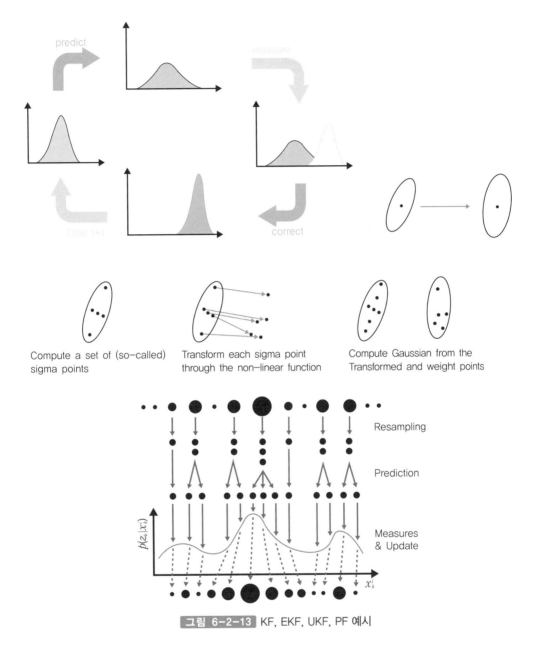

Compute a set of (so-called) sigma points

Transform each sigma point through the non-linear function

Compute Gaussian from the Transformed and weight points

Resampling

Prediction

Measures & Update

$p(z_i|x_k^i)$

x_k^i

그림 6-2-13 KF, EKF, UKF, PF 예시

위에서 언급했듯이 정규화된 영상평면 상의 표적 픽셀 위치는 비선형적인 특성이 있으므로 측정방정식의 선형화가 필요한데, 이에 따라 테일러 시리즈 근사법에 기반한 확장칼만필터(EKF; Extended Kalman Filter)가 사용된다. 또한, 표적의 픽셀 기준 움직임이 강한 비선형성을 갖는다면 보다 넓은 비선형성 수용을 위해 적은 수의 데이터 샘플링을 효율적으로 수행하는 언센티드 칼만필터(UKF; Unscented Kalman Filter) 또는 일정 수의 데이터 샘플링이 들어간 파티클 필터(PF; Particle Filter)를 적용한다.

Chapter 03 센서 융합 기반 지도 작성

Unmanned Multicopter

1 드론을 활용한 지도 작성

항공지도를 작성하는 데 드론을 활용하는 이유는 기존 항공기를 이용할 때 대비 가격이 저렴하기 때문이다. 기존 항공기는 운용하기 위한 비용도 많이 들지만, 지표면으로부터 먼 곳에서 사진을 촬영하기 때문에 정밀한 지도를 얻기 위해서는 고가의 촬영 장비가 필요하다. 반면, 드론의 경우 지표면과 가까운 곳에서 촬영하기 때문에 상대적으로 저렴한 촬영 장비를 활용하여도 정밀한 지도를 작성할 수 있다.

1) 드론 매핑의 응용 분야

드론 매핑의 기본적인 용도는 특정 지형이나 도시의 지도를 생성하는 것이다. 도시 전체의 고해상도 항공지도를 만들기 위해서 드론을 활용하는 사례가 증가하고 있다. 위성 사진이나 항공기를 이용한 항공사진의 경우, 넓은 지역을 촬영하기에 유용하나 고해상도 지도를 생성하기에는 고가의 촬영 장비가 필요하다. 하지만 드론 매핑 기술을 이용하면 이러한 고해상도 지도를 상대적으로 저렴한 장비로도 생성할 수 있다.

드론 매핑을 활용하는 다른 예로 농업 분야가 있다. 농업에서는 가시광선과 함께 다른 파장을 갖는 전자기파를 촬영하고 분석 소프트웨어를 활용하여 식물의 건강 상태를 알 수 있는 식생지수를 지도화한다. 식생지수 지도를 활용하여 어느 지역의 식물들이 건강한지 또는 질병에 걸렸는지 알 수 있고 과일의 성장 정도를 판별할 수 있다.

또한 건설업에서도 드론 매핑을 활용하고 있다. 드론을 활용해 건설 현장을 주기적으로 촬영하여 지도화하면 현재 작업의 진척도를 파악할 수 있다. 드론을 활용하여 실외는 물론 실내의 작업 현장까지 촬영하여 지도화하면 건물의 실내 작업 상황까지 파악할 수도 있다. 따라서 작업 진행의 의사결정자가 건설 현장을 일일이 둘러보지 않고도 전반적인 작업 상황을 파악하여 작업에 대한 의사결정을 내릴 수 있다.

2) 드론 매핑의 결과물

드론을 활용하여 지도를 생성한다고 할 때, 일반적으로 수치표면모델(DSM; Digital Surface Model), 수치지형모델(DTM; Digital Terrain Model), 정사영상(orthoimage), 3D 모델의 네 가지 결과물을 생각할 수 있다. 여기에서는 각 지도의 간단한 특징을 소개하고자 한다.

수치표면모델(DSM)과 수치지형모델(DTM)은 모두 수치표고모델(DEM; Digital Elevation Model)의 유형이지만, 그림 6-3-1과 같이 수치표면모델(DSM)이 지표면 위의 사물을 포함한 고도값을 자료화하는 반면, 수치지형모델(DTM)은 지표면 위의 사물을 무시하고 지표면 자체의 고도값을 자료화한다.

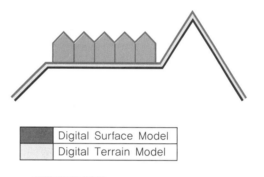

	Digital Surface Model
	Digital Terrain Model

그림 6-3-1 DSM과 DTM의 차이점

수치표면모델(DSM)은 지구의 지표면 상태를 보여주는 것으로 그림 6-3-2와 같이 도로, 건물, 숲 등의 정보가 시각적으로 나타난다. 주로 LiDAR 센서를 통하여 획득한 포인트 클라우드 정보를 활용하여 만드는데, 실제 지표면의 구조물과 물체가 보이므로 도시계획, 정보통신산업 또는 항공산업 등에서 많이 활용한다.

그림 6-3-2 DSM의 예

출처: https://en.wikipedia.org/wiki/Digital_elevation_model

수치지형모델(DTM)은 그림 6-3-3과 같이 순수하게 지구의 표면 형태만 보여주는 것으로 도로, 건물, 숲 등의 정보가 포함되지 않는다. 이 수치지형모델(DTM)은 토지 계획, 지형 연구 또는 도시 인프라 구축 관련 사업에서 활용한다.

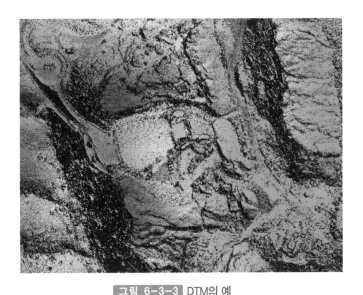

그림 6-3-3 DTM의 예

출처: https://en.wikipedia.org/wiki/Digital_elevation_model

정사영상(orthoimage)은 그림 6-3-4와 같이 원근 투영으로 촬영한 사진을 일반적인 지도와 같이 수직으로 내려다본 형태로 보정한 결과이다. 이 정사영상은 그림 6-3-5와 같이 여러 사진을 합성하여 결과를 도출할 때 활용 가치가 높다. 보정 작업 과정에서 사진의 정밀도가 다소 낮아지지만, 여전히 위성 사진과 기존 항공기의 항공 사진보다 정밀도가 높은 결과를 얻을 수 있다. 또한, 촬영한 사진에 좌푯값을 기록하는 지오태깅(geotagging)이 되어 있다면 실제 길이나 면적을 계산하는 데 활용할 수 있다.

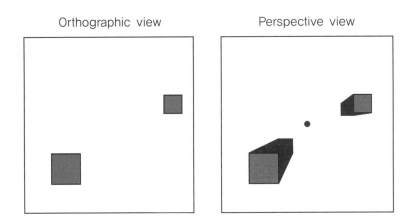

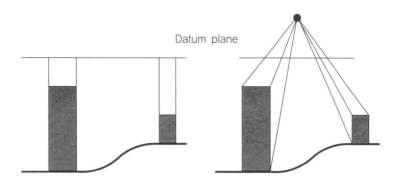

Datum plane

그림 6-3-4 Orthoimage의 특징

그림 6-3-5 Orthoimage의 예

출처: https://en.wikipedia.org/wiki/Orthophoto

마지막으로 3D 모델은 그림 6-3-6과 같이 촬영한 사진들을 합성하여 3차원 그래픽을 만들어준다. 3D 모델은 도시계획, 건설 또는 부동산 산업 등에 활용할 수 있다. 또한 3D 모델의 크기를 도시, 국가 단위로 확장하면 자율주행과 자율비행에 사용될 고정밀 내비게이션 지도로도 사용할 수 있다.

그림 6-3-6 3D 모델의 예

출처: https://en.wikipedia.org/wiki/Digital_elevation_model

② 동시적 위치 추정 및 지도 작성(SLAM; Simultaneous Localization and Mapping)

SLAM은 로봇의 자율제어를 위하여 로봇공학에서 제안된 기법으로, 그림 6-3-7과 같이 로봇의 주변 환경에 대한 정보를 주지 않은 상황에서 센서의 위치와 움직임의 정보를 얻는 동시에 주변 환경에 대한 지도를 작성한다. SLAM은 GPS 신호를 수신할 수 없는 실내에서 드론의 자율비행을 구현하기 위해 활용할 수 있는 기술 중 하나로써 지금도 활발히 연구되는 분야이다. SLAM의 본격적인 연구는 1990년 대 초부터 이루어졌으나 카메라를 주로 활용하는 Visual SLAM은 2000년대 초부터 많은 연구가 이루어졌다. 초기의 SLAM에서는 GPS, 관성측정장치(IMU; Inertial Measurement Unit), 거리 센서, 카메라 등의 다양한 센서들이 활용되었다. 여기에서는 현재 드론에 많이 사용되는 카메라를 기반으로 하는 Visual SLAM 분야의 발전 과정에서 중요한 역할을 했던 알고리즘들을 간단하게 소개하고자 한다.

그림 6-3-7 SLAM의 예

출처: https://en.wikipedia.org/wiki/Simultaneous_localization_and_mapping

1) Feature-based Methods

초기의 Visual SLAM은 입력되는 영상에서 특징점(Feature Point)을 추출하고 이를 기반으로 센서의 위치와 움직임을 추정하였다. 이를 위해 초기의 Visual SLAM 기술은 대부분 칼만필터, 파티클필터 등의 베이지안 필터링을 사용하였다. 이는 베이지안 필터링 기법이 시간에 따라 순차적으로 전달되는 시계열 데이터의 추정에 효과적인 방법이기 때문이다. 2003년에 발표된 MonoSLAM 알고리즘(그림 6-3-8)은 확장칼만필터를 사용하였는데, 이 필터는 특징점의 개수가 늘어나면 계산 시간이 급격히 늘어나는 단점이 있어 좁은 공간에서만 활용할 수 있었다.

2007년에 발표된 PTAM(Parallel Tracking and Mapping) 알고리즘(그림 6-3-9)은 센서의 위치를 추정하는 것과 지도를 작성하는 것을 별도의 모듈로 구현하고 병렬방식으로 실행하여 계산 시간을 줄였다. 또한 센서의 위치는 지속적으로 업데이트하지만, 지도를 작성하는 것은 특징점의 변화가 큰 키프레임에서만 업데이트하는 방식을 취하였다. 그리고 필터링 기법이 아닌 Bundle Adjustment(BA)라는 알고리즘으로 지도를 업데이트하였다. 현재 많이 활용하는 ORB-SLAM도 이 PTAM 알고리즘의 확장 버전 중 하나로 볼 수 있다.

그림 6-3-8 MonoSLAM 알고리즘

출처: [Davison2003] Real-time_simultaneous_localisation_and_mapping_with_a_single_camera.pdf(논문 그림 Figure 2(b))

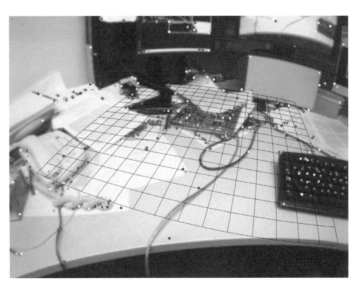

그림 6-3-9 PTAM 알고리즘

출처: [Klein2007] Parallel_Tracking_and_Mapping_for_Small_AR_Workspaces.pdf(논문 그림 Figure 1)

2) Direct Methods

2011년에 자세 추정(tracking)과 매핑에 모두 Direct Method를 적용한 DTAM(Dense Tracking and Mapping) 알고리즘(그림 6-3-10)이 개발되었다. Direct Method란 앞서 살펴본 Feature-based Method 같이 입력된 영상에서 특징점을 추출하여 이용하는 것이 아니라 입력된 영상 자체를 이용하는 알고리즘으로, 각 픽셀(pixel)이 가지는 광도의 동질성을 측정한다. 이 알고리즘은 모든 픽셀에 대한 Depth Map을 작성하므로 GPU에서 효과적으로 동작하도록 설계되었다. 이후 Direct Method 분야에서는 자세 추정에 초점을 맞추고 Depth Map의 픽셀 수를 감소시켜 CPU에서 실시간으로 동작할 수 있는 방향으로 알고리즘들이 개발되었다.

그림 6-3-10 DTAM 알고리즘

출처: [Newcombe2011] DTAM_Dense_tracking_and_mapping_in_real-time.pdf(논문 그림 Figure 5(b))

3) RGB-D Visual SLAM

2010년에 마이크로소프트에서 Xbox용 RGB-D 카메라인 키넥트(Kinect)를 발표한 이후 저가의 소형 RGB-D 카메라들이 많이 개발되었다. RGB-D 카메라의 등장이 중요한 이유는 RGB-D 카메라를 활용한 SLAM은 기존의 SLAM 방식과는 다른 접근법으로 SLAM을 구현할 수 있기 때문이다. RGB-D 카메라는 영상뿐 아니라 영상 속의 각 픽셀에 대한 거리 정보도 같이 제공한다. 따라서 주변 환경에 대한 정보를 정확한 스케일의 3차원 데이터로 획득할 수 있어서, 기능적으로는 기존의 Stereo 카메라와 LiDAR 센서를 합쳐놓은 것으로 볼 수 있다. 2011년에 개발된 KinectFution이라는 알고리즘은 입력값으로 그림 6-3-11의 왼쪽 그림처럼 불완전하고 노이즈가 포함된 Kinect 센서의 출력값을 이용하여 오른쪽 그림으로 합성하는 기능을 실시간으로 동작하도록 구현하였다.

그림 6-3-11 KinectFusion 알고리즘

출처: [Newcombe2011] KinectFusion_Real-time_dense_surface_mapping_and_tracking.pdf(논문 그림 Figure 1의 일부분)

Chapter 04 드론을 활용한 매니퓰레이션

Unmanned Multicopter

최근 산업현장에 로봇팔(robot arm, manipulator)을 적용하여 소수의 작업 인원으로 효율적인 반복 업무를 수행하여 인건비를 절약함과 동시에 높은 작업 성과를 달성하고 있다. 이때 작업의 공간, 시간 및 물품 특성에 따라 다양한 형태의 매니퓰레이터와 그것의 끝단에 위치한 엔드 이펙터(end-effector)를 활용하고 있다. 본 절에서는 다양한 형태의 매니퓰레이터를 직렬형(serial)과 병렬형(parallel)으로 구분하여 그것의 활용과 기구학적 특성에 대해 알아보고, 이것을 드론에 적용하여 자율 비행을 통한 작업 수행을 연구하는 분야인 비행 매니퓰레이터(aerial manipulator)에 대해 알아보도록 한다.

1 직렬 매니퓰레이터의 활용과 기구학

인간의 팔(arm) 형상과 유사한 직렬형 매니퓰레이터는 관절에 해당하는 조인트(joint)와 각 조인트를 연결하는 링크(link)로 구성된다. 대표적인 조인트는 아래 그림과 같이 회전운동(rotation motion)을 하는 revolute joint(R)와 직선운동(linear motion)을 하는 prismatic joint(P)이다. 따라서 직렬형 매니퓰레이터는 조인트의 구성이 어떻게 되었는가에 따라 로봇의 세부 형태, 기구학, 동역학적 특성이 결정된다.

일반적으로 매니퓰레이터의 기구학은 로봇의 움직임과 관련된 힘, 토크, 관성 등을 고려하지 않고 오직 시간에 따른 기하학적인 움직임만 분석하는 것을 의미한다. 이때 직교좌표계를 기준으로 각 조인트의 각도와 링크의 길이를 통해 엔드이펙터의 포즈(pose, position+orientation) 정보를 나타내는 정방향 기구학(forward kinematics), 정해진 엔드이펙터의 포즈를 통해 각 조인트의 각도를 구하는 역방향 기구학(inverse kinematics)으로 구성된다. 직렬형 매니퓰레이터의 경우 정방향 기구학은 비교적 간단하지만, 역방향 기구학은 각 조인트의 각도 정보를 나타내는 해가 다수 존재할 수 있는 기구학적 특이성이 있다. 그러나 동역학적 특성은 비교적 잘 정립되어 있고 자유도에 따른 작업 영역 유연성이 높아서 다양한 산업현장에 많이 활용되고 있다. 이러한 특성을 갖는 직렬형 매니퓰레이터는 조인트 구성에 따라 대표적으로 아래와 같은 5개의 형태가 존재한다.

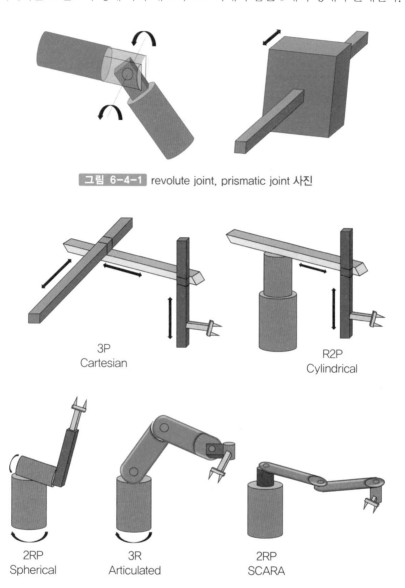

그림 6-4-1 revolute joint, prismatic joint 사진

3P
Cartesian

R2P
Cylindrical

2RP
Spherical

3R
Articulated

2RP
SCARA

그림 6-4-2 직렬형 매니퓰레이터 5개 예시

㉠ Articulated type(RRR): 각 조인트에 연결된 링크가 모두 회전하는 구조(예 PUMA 560)

㉡ Spherical type(RRP): 하나의 조인트에서 선운동, 회전운동을 동시에 하는 구조(예 Stanford Arm)

㉢ Selected Compliant Articulated Robot for Assembly(SCARA) type: 3번째 링크에 연결된 4번째 링크가 선운동을 하여 고도를 제어하고, 1번째 조인트에서 중력을 보상하는 구조(예 제조/조립공정 로봇)

ⓐ Cylindrical type(RPP): 하나의 조인트에서 회전운동과 2개 방향의 선운동을 동시에 수행하는 구조(예 반도체 공정 로봇)

ⓜ Cartesian(PPP): 모든 조인트가 선운동을 하는 구조(예 갠트리 로봇)

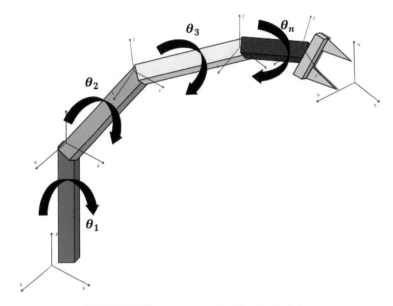

그림 6-4-3 매니퓰레이터 순방향 기구학 예시

직렬형 매니퓰레이터의 순방향 기구학은 여러 방법으로 수행되는데, 대표적으로 Denavit-Hartenberg(D-H) 표현방식으로 정의될 수 있다. 이것은 그림 6-4-3과 같은 표시법을 기준으로 아래와 같은 절차를 통해 정의된다.

㉠ 모든 관절은 Z축을 기준으로 표현

㉡ revolute joint의 경우 오른손 법칙에 의해 회전 방향은 Z축으로 표현

㉢ prismatic joint의 경우 Z축을 직선이동 방향으로 표현

㉣ n개의 관절에 대한 Z축의 첨자(subscript)는 n-1로 표현

㉤ revolute joint의 경우 상태변수는 회전 각도로 설정

㉥ prismatic joint의 경우 상태변수는 링크 길이로 설정

㉦ a는 공통법선 사이의 길이(관절 간의 오프셋)

㉧ 알파는 두 개의 연속적인 Z축 사이의 각도(관절 간의 비틀림)

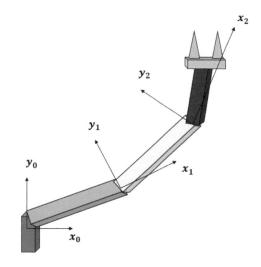

그림 6-4-4 직렬형 매니퓰레이터 역방향 기구학 예시

직렬형 매니퓰레이터의 역방향 기구학은 순방향 기구학에 비해 다수 해가 존재하므로 비교적 어려운 문제이다. 이것은 링크가 적은 매니퓰레이터의 경우 대수적 또는 기하학적인 방법으로 해결할수 있고, 링크가 많은 경우에는 변환행렬을 통해 계산할 수 있다. 이때 하나의 유일한 해를 선택할때는 수치적 연산 수행, 정해진 해석적 표현의 사용, 경로 간에 특정 포즈 지정 등의 방법을 적용할수 있다.

또한, 로봇의 위치를 더욱 정밀하게 제어하려면 엔드이펙터의 속도와 가속도 정보가 필요한데, 이것은위에서 언급한 방법으로 구할 수 없다. 이러한 필요성으로 인해 로봇의 직교좌표 변수와 조인트 변수간의 관계를 표현하는 자코비안(Jacobian) 행렬을 스텝마다 정의하여 사용한다. 즉 엔드이펙터의 선속도를 통해 각 관절의 각속도 정보를 구하게 되고, 이것을 적분하여 각도를 구할 수 있다.

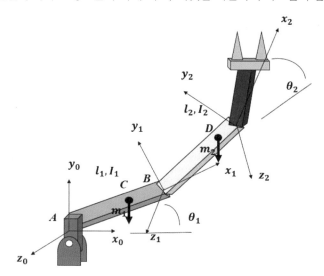

그림 6-4-5 직렬형 매니퓰레이터 동역학

Newton's approach의 장점

힘의 크기와 방향을 이용,
즉 벡터(Vector)

힘의 방향을 고려하여 대상에
작용하는 힘을 전부 계산

비교적 쉽게 운동을 설명 가능

정확하게 예측 가능

Newton's approach의 단점

물체 간의 상호작용이
복잡해지면 계산하기 어려움

복잡한 시스템에서 수식이
길어져 파악하기 어려움

그림 6-4-6 뉴턴의 제2 법칙의 장/단점

Lagrange's approach의 장점

좌표 변환에 따른 불변량을 이용

즉 물체-물체 상호작용을 전부 계산하지 않고
시스템 전체의 좌표 변환 불변량을 이용함

역학에 있어 새로운 관점을 도입하여
쉽게 문제를 해결할 수 있게 함

Lagrange's approach의 단점

단순한 시스템에서는 오히려 뉴턴역학에
비해 수학적으로 복잡하다.

그림 6-4-7 라그랑지안 방식의 장/단점

직렬형 매니퓰레이터의 동역학은 뉴턴의 제2 법칙을 활용하거나, 오일러-라그랑지안 방정식을 정의하여 구할 수 있다. 이들의 장/단점은 그림 6-4-6과 그림 6-4-7과 같다. 뉴턴의 제2 법칙을 사용하려면 모든 성분이 벡터(vector) 형태로 표현되어야 하므로, 매니퓰레이터의 조인트와 링크가 적으면 비교적 쉽게 적용할 수 있지만, 그것들이 많아질수록 수식을 표현하는 데 매우 복잡한 연산이 필요하다. 따라서 일반적으로 매니퓰레이터의 동역학은 시스템의 상태변수를 포함한 물리적인 요소들을 각각 운동에너지와 포텐셜(potential) 에너지로 표현하고, 이것을 라그랑지안으로 변환하여 오일러-라그랑지안 방정식을 통해 계산한다.

그림 6-4-8 병렬형 매니퓰레이터 사진

② 병렬 매니퓰레이터의 활용과 기구학

병렬형 매니퓰레이터는 그림 6-4-8과 같이 2개 이상의 직렬 기구부에 의해 연결된 상태로 이동할 수 있는 엔드이펙터가 작업을 수행하는 매니퓰레이터를 의미한다. 이것은 2개 이상의 구동기와 여러 개의 링크에 의해 엔드이펙터의 부하가 분산될 수 있고, 각 구동기에는 엔드이펙터의 작업에 따른 축 방향 하중만 작용하므로 직렬형 매니퓰레이터에 비해 큰 부하를 감당할 수 있다. 또한, 직렬형 매니퓰레이터보다 높은 강성을 가질 수 있고, 각 조인트에서 발생하는 상태변수 오차가 엔드이펙터에서 서로 상쇄되므로 상대적으로 높은 정밀도가 필요한 작업에 적합하다. 특히 구동기의 속도가 매우 빠르다면 작업속도 또한 매우 빠르게 만들 수 있어 고속 성능이 필요한 작업에 매우 유리하다.

그러나 서로 구속된 병렬형 구조로 인해 직렬형 매니퓰레이터보다 협소한 작업 영역을 가지므로, 주로 컨베이어 벨트를 기준으로 주변 공간에 물건을 옮기고 전달하는 역할로 사용하며, 최근 교육용 3차원 프린터, 고속 표면가공, 레저/오락/스포츠용 실감형 탑승 플랫폼에 적용되고 있다.

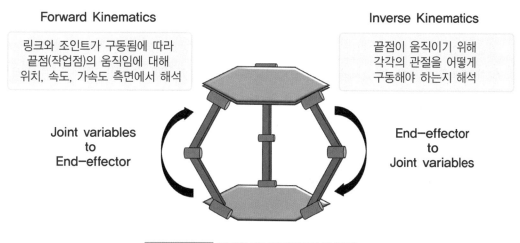

Parallel Robot Manipulator의 장점

높은 정확도(Higher accuracy)

높은 강직성(Higher stiffness)

Parallel Robot Manipulator의 단점

작은 작업 공간(Smaller Workspace)

운동역학 계산의 어려움(Difficult to analyze kinematics)

Forward Kinematics

링크와 조인트가 구동됨에 따라 끝점(작업점)의 움직임에 대해 위치, 속도, 가속도 측면에서 해석

Inverse Kinematics

끝점이 움직이기 위해 각각의 관절을 어떻게 구동해야 하는지 해석

Joint variables to End-effector

End-effector to Joint variables

그림 6-4-9 병렬형 매니퓰레이터의 장/단점

대표적인 병렬형 매니퓰레이터는 4개의 병렬구조를 갖는 델타(delta) 로봇과 3개의 병렬구조를 갖는 트라이셉트(tricept) 로봇이 있고, 구속조건이 적을수록 큰 작업 영역 확보가 가능하다.

병렬형 매니퓰레이터의 정방향 기구학은 직렬형에 비해 비교적 단순하게 정의될 수 있다. 즉 조인트의 개수가 직렬형에 비해 적고, 조인트의 이동 범위가 구조적인 구속조건에 의해 제한되기 때문에 대부분 기하학적인 분석으로 해결할 수 있다. 이때 직렬형 매니퓰레이터와 마찬가지로, 고속 제어를 위해 엔드이펙터의 속도 및 가속도 성분이 중요하여 자코비안을 통한 기구학 모델링이 매우 중요하게 고려되어야 한다.

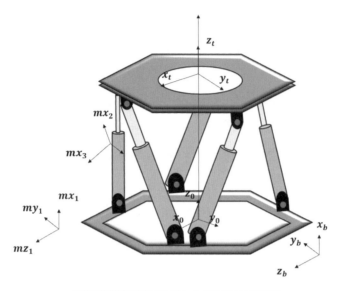

그림 6-4-10 병렬형 매니퓰레이터 동역학

병렬형 매니퓰레이터의 동역학은 주로 오일러-라그랑지안 방정식을 정의하여 구할 수 있다. 이때 단순화된 동역학 수식을 유도하기 위해 매니퓰레이터의 형상에 따라 질량과 회전관성에 대하여 적절한 가정이 추가되어야 한다. 또한, 오일러-라그랑지안 방정식과 뉴턴-오일러 방정식 모두 동일한 결과를 확보할 수 있지만, 병렬형 매니퓰레이터의 경우 뉴턴-오일러 방법에 따른 관성행렬, 원심력 행렬, 코리올리힘 행렬을 분할해서 계산하는 것이 비교적 용이하다.

그림 6-4-11 비행 매니퓰레이터 개념도

3 드론과 매니퓰레이터의 결합 및 제어

드론에 영상센서를 추가한 이후 사용자에게 새로운 시야를 제공함과 동시에, 이를 통해 새로운 연구개발 필요성과 상용화 기술이 다수 등장하였다. 이와 마찬가지로 드론에 매니퓰레이터를 장착하고자 한 이유는 "사람이 작업하기 어려운 공간에 드론을 통하여 원격작업을 수행할 수 있다."는 것이다. 이러한 연구 필요성에 의해 대두된 연구 분야를 "비행 매니퓰레이션(aerial manipulation)"이라고 정의한다.

실제로 산업현장에는 고도로 숙련된 작업자의 직관적인 경험에 의존하여 위험한 작업을 수행하는 경우가 다수 존재한다. 예를 들어, 풍력발전기의 블레이드 표면 검사/수리, 고층 철탑, 빌딩, 산업용 발전소 굴뚝 등의 상태 점검/수리/유지보수 등 작업자가 높은 고도에서 각종 안전 장비에 의존하여 이루어지는 작업 등이 여기에 속한다. 이러한 숙련자 의존성이 높은 작업은 작업 진척 속도가 비교적 느리고, 각종 인건비, 안전유지비 등 부대비용이 높아 물가상승률 등의 영향과 함께 날이 갈수록 비용이 증가하는 단점이 있다. 이런 산업현장에 비행 매니퓰레이터를 적용하여 드론의 정밀한 비행 중 매니퓰레이터를 이용한 원격작업을 수행할 수 있다면 작업자의 안전을 확보할 수 있고, 산업현장에 새로운 가치를 부여할 수 있다.

그림 6-4-12 비행 매니퓰레이터의 다양한 종류
출처: 좌측 상단부터 시계방향으로

Fig. 1. The Compact AeRial MAnipulator(CARMA)mounted on the ASCTEC NEO platform [8].

Fig. 2. Aerial manipulator, used in the experiments, consisting on a 3DRX8 coaxial multirotor platform with a custom-built 3 degrees-of-freedom serial arm attached below.

Fig. 3. https://news.cnrs.fr/print/1085LAAS-CNRS

Fig. 4 http://naira.mechse.illinois.edu/wp-content/uploads/2017/04/Aerial_Manipulation_-_Google_Docs-2-768x512.jpg

Fig. 5 The Design of a Lightweight Cable Aerial Manipulator with a CoG Compensation Mechanism for Construction Inspection Purposes Appl. Sci. 2022, 12(3) , 1173; https://doi.org/10.3390/app12031173 by Ayham AlAkhras

비행 매니퓰레이터는 크게 드론과 다자유도 로봇 매니퓰레이터로 구성된다. 드론의 경우, 매니퓰레이터의 무게를 들어올려야 하므로 최대 이륙중량이 큰 옥토로터 형태인 경우가 많다. 매니퓰레이터의 경우, 어떤 작업을 목표로 하는가에 따라 아래와 같이 다양한 형태로 연구 및 개발되고 있다.

ⓐ 단일 직렬형 매니퓰레이터: 다자유도 형태의 경우 모델링에 어려움이 있어 2–4자유도를 갖는 경우가 많다.

ⓑ 단일 병렬형 매니퓰레이터: 좁은 작업 범위에 대한 단점을 극복하기 위한 별도의 메커니즘을 적용하고 있다.

ⓒ 듀얼 직렬형 매니퓰레이터: 휴머노이드와 유사한 로봇팔 구조를 가진다.

ⓓ 다수 직렬형 매니퓰레이터: 3개 이상의 직렬형 매니퓰레이터를 통해 다양한 형태의 물체 운송 및 험지 이착륙에 사용

ⓔ 생체모방형 매니퓰레이터: 깨지고 변형하기 쉬운 물체를 다루기 위해 사용한다.

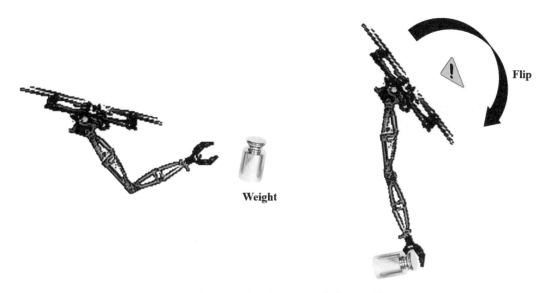

그림 6-4-13 비행 매니퓰레이터 작업 시 발생 가능한 현상

출처: https://news.cnrs.fr/print/1085LAAS-CNRS

비행 매니퓰레이터의 제어 측면에 대하여 가장 큰 문제는, 매니퓰레이터의 작업 상태에 따라 드론의 무게중심 및 관성모멘트 변화를 발생시켜 순간적인 비행 불안정성을 일으킬 수 있다는 점이다. 이는 그림 6-4-13과 같이 비행용 배터리를 움직여 무게중심 변화를 상쇄하는 하드웨어적인 관점으로 해결할 수 있고, 매니퓰레이터의 이동에 따라 발생하는 가속도 벡터를 드론의 추력 벡터에 적용하는 방식의 소프트웨어적인 관점으로 해결할 수 있다. 최근에는 매니퓰레이터의 자유도를 올려서

드론은 일정한 위치에서 정밀한 정지비행을 하고, 매니퓰레이터의 큰 움직임을 최소화하여 엔드이 펙터 부근에서의 정밀한 작업이 수행되도록 하는 연구가 수행되고 있다. 또한, 비행이 가능한 휴머노이드의 초기 원형이 연구되고 있어 다양한 장애물 극복과 사람에 근접한 작업을 수행하는 방향으로도 연구되고 있다.

비행 매니퓰레이터는 필수적으로 임베디드 기반 영상센서 시스템이 필요하다. 이때 엔드이펙터 부근에 장착하는 방법과 드론 동체에 장착하는 방법으로 구분될 수 있다. 엔드이펙터 부근에 장착하는 경우 직접적이고 능동적인 작업 수행이 가능하다는 장점이 있고, 드론 동체에 장착하는 경우 엔드이펙터의 움직임을 유도할 수 있는 장점이 있다.

Chapter 05 드론의 차세대 추진 시스템

Unmanned Multicopter

1 하이브리드 추진 시스템

드론 기술은 고성능 모터, 각종 센서 소형화, 제어 기술 등의 발전이 꾸준하게 이뤄져 왔으며, 이중 드론 임무 성능의 중요한 요소 기술로 고성능 전원 공급 기술이 있다. 현재까지 드론에 널리 쓰이는 기술은 이차 전지를 주로 사용하였고, 그 외에도 연료전지를 이용한 전기 공급, 내연기관을 이용하여 발전기를 구동하는 하이브리드 방식, 태양전지를 이용하는 전기 공급 방식이 있다.

일반적으로 배터리를 사용하는 소형 드론의 경우 체공시간이 최대 30분 내외로 짧기 때문에 운용 범위에서 제약사항이 많다. 이를 극복하기 위한 방법으로 여러 추진기관의 장점을 혼합하여 시스템을 구성하는 하이브리드 추진체계 방식이 적극 개발되고 있다. 하이브리드 방식 드론은 가솔린과 전기 배터리를 함께 동력원으로 사용하면서 이 한계를 극복할 수 있는 설계로 주목받고 있다. 운영 시간이 크게 는 것은 물론, 엔진 이상 시 배터리만으로도 비행할 수 있도록 동력원을 이중화해 생존성을 높일 수 있다. 이외에도 연료전지와 배터리와 함께 사용하는 방식도 있다.

표 6-5-1 드론 에너지원 구분

구분	배터리 드론	연료전지 드론	가솔린 드론
비행 시간 (페이로드 제외)	10~30분	2시간 이상	3시간
페이로드	~6kg(이상)	~5kg(이상)	~7kg(이상)
내구성	100회 이상 충/방전 시 성능 급속도로 하락	1,000시간 이상의 수명을 보증하며, 자체 대시보드 및 GCS로 실시간 모니터링 가능	가솔린 연소 과정에서 드론의 부품 손상
친환경성	페이로드 및 중량이 증가할수록 많은 양의 배터리 필요	웹사이트를 통한 손쉬운 수소 주문	엔진으로 인한 높은 소음으로 특수 목적으로만 사용

| 편의성 | 충전 시간 60~90분 소요 | 5분 이내 간편한 수소 용기 교체 | 드론의 충돌 및 사고로 인한 폭발 위험 높음 |

출처: 두산모빌리티이노베이션

드론 비행시간을 늘리기 위해 다양한 에너지원을 조합하는 방식으로 진화하고 있다. 대표적으로 배터리와 엔진을 조합, 배터리와 연료전지조합 방식이 있다. 특히 출력 10kW급 이하 영역에서 하이브리드 시스템을 적용한 드론이 많이 개발되고 있다. 하이브리드 방식은 드론 체공시간을 2배 이상 연장하여 드론의 운용 범위를 확장하고 에너지 효율을 높여준다. 하이브리드 추진 드론으로 경제적이며, 실질적인 면에서 다양한 임무 영역을 운용할 수 있기에 다방면에서 많은 활용이 기대된다. 최근 연료전지를 적용하여 체공시간을 증대시키는 드론이 출시되고 있으며, 기술 성숙도와 신뢰성 향상, 가격 경쟁력 등 개선이 요구되고 있다. 당분간 배터리-엔진 하이브리드 방식은 장기 체공 또는 장거리 운항을 필요로 하는 드론 시장에 적극 활용될 것으로 보인다.

드론용 하이브리드 동력 시스템은 기본적으로 엔진과 발전기, 배터리 그리고 제어기로 구성된다.

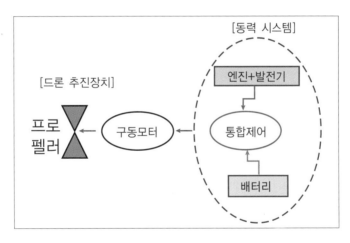

그림 6-5-1 드론용 하이브리드 추진 시스템 구성

고정익 드론은 엔진으로 구동할 수 있다. 이륙, 순항 등 비행 조건에 따른 추력 사용은 하나의 엔진으로 운용해야 하므로 엔진 성능에 비효율적인 영역이 존재한다. 이에 반해 하이브리드 방식은 다양한 비행 조건에서도 엔진을 효율적으로 작동하여 운용할 수 있다. 하지만 자동차용 하이브리드 시스템은 감속 조건에서 회생동력에 의한 충전이 가능하지만, 드론에서는 회생동력을 사용하기 어려운 단점이 있다. 그러나 하이브리드 방식은 엔진의 복잡한 기계적인 구동 방식을 단순한 전기동력

공급 방식으로 전환해줄 수 있기 때문에 멀티콥터 방식의 드론은 물론 미래형 분산추진 방식 비행체에 적합하다고 볼 수 있다. 현재 대부분의 소형 드론은 멀티콥터 형식을 적용하기 때문에 하이브리드 전기동력 방식을 적용할 경우 중량 대비 체공시간 및 동력 운용 효율 면에서 기존 배터리 또는 엔진만 사용하는 방식보다 유리하다.[4]

드론용 하이브리드 추진 시스템은 높은 에너지 밀도의 내연기관 동력을 전기동력으로 변환하여 드론 전기 추진기에 제공한다. 하이브리드 추진 시스템의 구성은 드론의 임무와 형식에 따라 추진체계 방식을 직렬 방식과 병렬 방식으로 구분할 수 있다.

① 직렬-하이브리드 구성 방식

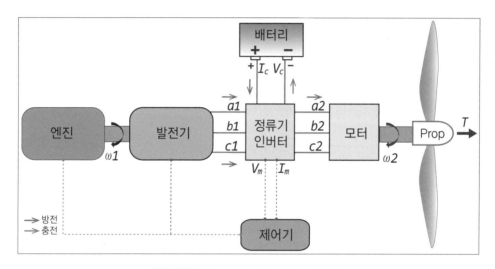

그림 6-5-2 직렬-하이브리드 구성 방식

직렬-하이브리드 방식은 내연기관(엔진)을 통해 발전된 전기와 배터리에 저장된 전기에너지를 통합하여 구동모터에 전력을 공급한다. 필요에 따라 배터리 위주로 사용할 수 있고, 엔진-발전기는 배터리를 충전 용도로 사용할 수 있다. 엔진-발전기는 연료 소모율의 최적화된 구동 조건에서 정속 운용하며 전기를 발전시킬 수 있다. 이 방식은 요구동력에 따라 발전기와 배터리의 출력 조절이 가능하며 시스템 구성이 단순한 반면, 동력 전달 과정에서 손실이 큰 편이다.

4) 김근배, 드론용 하이브리드 동력시스템 설계 특성 및 개발 동향, 항공우주산업기술동향 18권 1호(2020)

② 병렬–하이브리드 구성 방식

병렬–하이브리드 방식은 전기동력과 엔진의 기계적 동력을 병행 또는 복합 운용하는 방식이다. 병렬 방식은 시스템 설계가 복잡하고 무거워지는 반면, 엔진의 기계적 동력을 직접 사용할 수 있어서 직렬–하이브리드 방식보다 효율을 높일 수 있다. 대부분의 멀티콥터 방식 드론에는 시스템이 단순하고 경량화에서 유리한 직렬–하이브리드 방식이 적용되며, 고정익 또는 헬리콥터 추진 방식의 드론에는 병렬–하이브리드 방식의 적용도 가능하다. 또한 고정익 드론과 회전익 드론의 요구동력 특성이 다르기 때문에 하이브리드 시스템의 운용 방식도 달라질 수 있다. 높은 양항비를 갖는 고정익 드론의 경우 순항비행 시 에너지 효율을 높이는 방향으로 접근할 수 있으며, 이륙출력과 순항출력 비율을 고려하여 하이브리드 시스템 최적 설계를 수행해야 한다. 여기서 드론의 순항비행 요구동력과 배터리가 낼 수 있는 연속적 출력에너지(연속방전 조건)를 일치시킬 경우, 순항비행에 필요한 에너지는 기본적으로 배터리가 제공하며 엔진–발전기는 배터리 충전 및 이륙할 때 필요한 부가 출력을 제공할 수 있다. 이때 엔진은 연료 소모율을 최소화할 수 있도록 대개 스로틀 60~75% 영역에서 정속으로 작동함으로써 드론의 비행시간을 효율적으로 증대시킨다.[5]

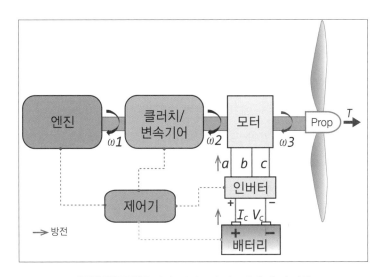

그림 6-5-3 병렬–하이브리드(고정익) 추진 방식

---

5) 김근배, 드론용 하이브리드 동력시스템 설계 특성 및 개발 동향, 항공우주산업기술동향 18권 1호(2020)

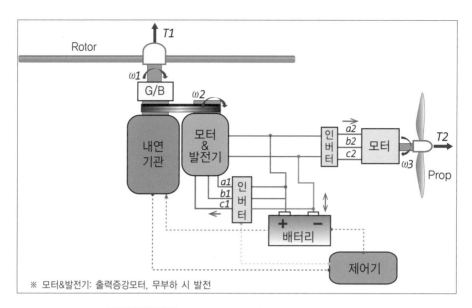

그림 6-5-4 병렬-하이브리드(회전익) 추진 방식

멀티콥터 방식의 회전익 드론은 고정익 드론과 달리 제자리 비행(호버링) 또는 저속의 임무 비행에 적합한 형식으로써, 이륙출력과 제자리 비행 시 요구동력의 차이가 크지 않기 때문에 하이브리드 추진 시스템의 운용 방식도 고정익 드론과 달라져야 한다. 이때 엔진-발전기의 정격출력은 제자리 비행 시 요구되는 동력에 맞출 필요가 있으며, 배터리는 임무 형상에 따라 변화되는 동력을 보완하고 아울러 엔진-발전기 고장 등의 비상시에 드론을 안전하게 착륙시키는 용도로 사용될 수 있다. 고정익 드론과 멀티콥터 드론의 비행 시나리오에 따른 직렬-하이브리드 추진 시스템 동력운용 방식을 개념적으로 나타낸 것이다. 비행 모드는 드론 형상에 따라 시동, 이륙/상승, 순항 또는 호버(제자리 비행) 모드로 구분할 수 있다. 고정익 드론에서는 배터리가 우선하여 동력을 공급하고 발전기는 주기적으로 배터리를 충전한다. 반면에 멀티콥터 드론에서는 발전기 출력을 위주로 사용하고 배터리가 보조적으로 사용된다. 그림 6-5-5는 고정익 드론과 멀티콥터 드론의 비행 시나리오에 따른 직렬-하이브리드 추진 시스템 동력 운용 방식을 개념적으로 나타낸 것이다.

구분	동력 운용 방식
시동모드	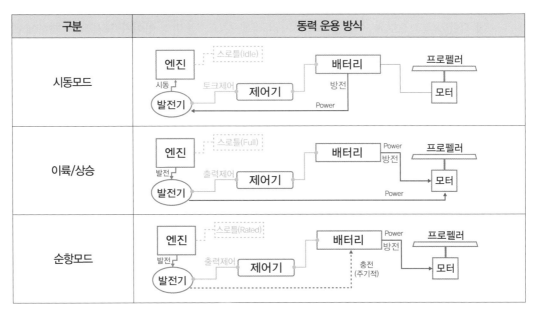
이륙/상승	
순항모드	

그림 6-5-5 고정익 드론-동력 운용 방식

구분	동력 운용 방식
시동모드	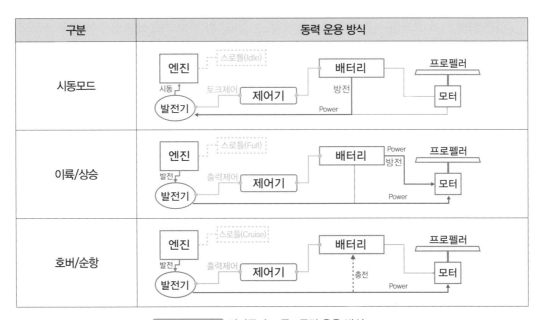
이륙/상승	
호버/순항	

그림 6-5-6 멀티콥터 드론-동력 운용 방식

멀티콥터 방식의 회전익 드론은 고정익 드론과 달리 제자리 비행(호버링) 또는 저속의 임무 비행에 적합한 형식으로써, 이륙출력과 제자리 비행 시 요구동력의 차이가 크지 않기 때문에 하이브리드 추진 시스템의 운용 방식도 고정익 드론과 달라져야 한다. 이때 엔진−발전기의 정격출력은 제자리 비행 시 요구되는 동력에 맞출 필요가 있으며, 배터리는 임무 형상에 따라 변화되는 동력을 보완하고 아울러 엔진−발전기 고장 등의 비상시에 드론을 안전하게 착륙시키는 용도로 사용될 수 있다. 비행 모드는 드론 형상에 따라 시동, 이륙/상승, 순항 또는 호버(제자리 비행) 모드로 구분할 수 있다. 고정익 드론에서는 배터리가 우선적으로 동력을 공급하고 발전기는 주기적으로 배터리를 충전한다. 반면에 멀티콥터 드론에서는 발전기 출력을 위주로 사용하고 배터리가 보조적으로 사용된다.

2 친환경 추진 시스템

드론의 친환경 에너지원은 크게 배터리 형식과 연료전지 형식으로 분류할 수 있다. 먼저 배터리를 에너지원으로 활용할 경우 배터리 용량을 기준으로 운용시간이 결정되며, 순간적인 전류를 보낼 수 있는 양에 따라 모터의 순간 가속력을 결정할 수 있다. 한 번만 사용하고 용량이 모두 소모되면 폐기하는 전지를 '일차 전지'라고 한다. 흔히 '건전지(dry cell)'라고 부르는 것들이 일차 전지다. 반면에 스마트폰 배터리와 같이 사용한 후에도 계속 충/방전하여 재사용할 수 있는 전지를 '이차 전지'라고 한다. 일차 전지의 종류는 알카라인 전지와 망간계 전지가 있으며, 이차 전지는 1900년대 초부터 사용한 납축전지(storage cell)부터 1980년대 가정용 무선전화기에 사용되었던 니카드(Ni−Cd) 전지와 니켈수소 전지를 거쳐 최근 스마트폰 및 전기자동차 등의 주 배터리로 사용되는 리튬이온 전지까지 다양한 제품이 혼용되고 있다.

표 6-5-2 전지 종류별 특성 및 용도

전지 종류	일차 전지		이차 전지			
	알카라인 전지	망간전지	납축전지	니카드 전지	니켈수소 전지	리튬이온 전지
작동전압(V)	1.5	1.5	2	1.2	1.2	3.7
에너지 밀도 (MJ/kg)	0.4	0.13	0.14	0.14	0.36	0.46
수명(회)	1	1	200	1,000	1,000	1,200

용도	연속적으로 큰 전류를 필요로 하는 헤드폰, 카메라 플래시	트랜지스터 라디오, 전등	자동차, 모터사이클, 골프카 등	고가의 휴대 전자 제품 (카메라, 노트북, PC 등)	노트북 PC나 전기자동차 등	전기자동차, 휴대폰, 노트북, 디지털카메라 등
특징	긴 수명	저렴한 가격	경제적이지만 무거우며 중금속 유해 물질 (납) 포함	메모리 현상이 심하며, 중금속 유해 물질(카드뮴) 포함	니카드 전지 개량형으로 메모리 현상이나 중금속 오염 물질 없음	현재이차전지 시장의 대부분을 차지, 작고 가벼움

이외에도 리튬이온폴리머 전지가 있다. 리튬이온폴리머 전지는 작동전압이 3.7V이고, 에너지 밀도는 높으나 완전 방전 시 수명이 대폭 감소하는 경우가 있으며, 순간적인 고전류를 사용하는 시스템에 주로 사용되는 전지이다. 다만 배터리셀이 부풀어 오르거나 화재가 발생할 가능성이 크다. 또 다른 에너지원인 연료 전지는 수소와 산소의 화학반응으로 생기는 화학에너지를 직접 전기에너지로 변환시키는 기술이다.

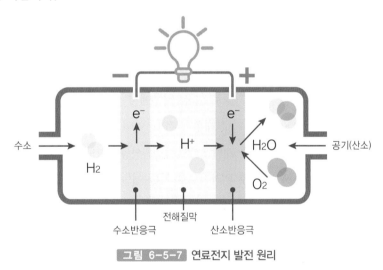

그림 6-5-7 연료전지 발전 원리

$$2H_2 + O_2 \rightarrow 2H_2O + 전기$$

생성물이 전기와 순수(純水)인 발전효율 30~40%, 열효율 40% 이상으로 총 70~80%의 효율을 갖는 신기술이다.

표 6-5-3 연료전지의 종류

구분	알칼리형 (AFC)	인산형 (PAFC)	용융탄산염형 (MCFC)	고체산화물형 (SOFC)	고분자전해질형 (PEMFC)	직접메탄올 (DMFC)
전해질	알칼리	인산염	탄산염	세라믹	이온교환막	이온교환막
동작온도(℃)	120 이하	250 이하	700 이하	1,200 이하	100 이하	100 이하
효율(%)	85	70	80	85	75	40
용도	우주발사체 전원	중형 건물 (200kW)	중·대형 건물 (100kW-MW급)	소·중·대용량 발전 (1kW-MW급)	가정·상업용 (1~10kW)	소형 이동 (1kW 이하)
특징	-	CO 내구성 큼, 열병합 대응 가능	발전효율 높음, 내부 개질 가능, 열병합 대응 가능	발전효율 높음, 내부 개질 가능, 복합발전 가능	저온 작동 고출력 밀도	저온 작동 고출력 밀도

알칼리형(AFC; Alkaline Fuel Cell), 인산형(PAFC; Phosphoric Acid FC), 용융탄산염형(MCFC; Molten Carbonate), 고체산화물형(SOFC; Solid Oxide), 고분자전해질형(PEMFC; Polymer Electrolyte Membrane), 직접메탄올(DMFC; Direct Methanol) 순서대로 기술이 발전했다. 알칼리형은 1960년대 군사용(아폴로 11호)으로 개발되었으며 순수소 및 순산소를 사용한다. 인산형은 1970년대 민간 차원에서 처음으로 기술 개발된 1세대 연료전지로 병원, 호텔, 건물 등 분산형 전원으로 이용하고 현재 가장 앞선 기술로 미국, 일본에서 실용화 단계에 있다. 용융탄산염형은 1980년대에 기술 개발된 2세대 연료전지로 대형 발전소, 아파트 단지, 대형 건물의 분산형 전원으로 이용하고 있다. 미국, 일본에서 기술 개발을 완료하고 성능 평가 진행 중(250kW 상용화, 2MW 실증)이다. 고체산화물형은 1980년대에 본격적으로 기술 개발된 3세대로서, 용융탄산염형보다 효율이 우수한 연료전지, 대형 발전소, 아파트 단지 및 대형 건물의 분산형 전원으로 이용하고 있다. 최근 선진국에서는 가정용, 자동차용 등으로도 연구를 진행하고 있으나 우리나라는 다른 연료전지에 비해 기술력이 가장 낮다. 고분자전해질형은 1990년대에 기술 개발된 4세대 연료전지로 가정용, 자동차용, 이동용 전원으로 이용하고 있다. 가장 활발하게 연구되는 분야이며, 실용화 및 상용화도 타 연료전지보다 빠르게 진행되고 있다. 직접메탄올 연료전지는 1990년대 말부터 기술 개발된 연료전지로 이동용(핸드폰, 노트북 등) 전원으로 이용하고 있다. 고분자전해질형 연료전지와 함께 가장 활발하게 연구되는 분야이다.

연료전지 시스템 구성은 다음과 같다.

㉠ 개질기(Reformer): 화석연료(천연가스, 메탄올, 석유 등)로부터 수소를 발생시키는 장치이며, 시스템에 악영향을 주는 황(10ppb 이하), 일산화탄소(10ppm 이하) 제어 및 시스템 효율 향상을 위한 compact가 핵심 기술이다.

㉡ 스택(Stack): 원하는 전기 출력을 얻기 위해 단위 전지를 수십 장, 수백 장 직렬로 쌓아 올린 본체이다. 단위 전지 제조, 단위 전지 적층 및 밀봉, 수소 공급과 열 회수를 위한 분리판 설계/제작 등이 핵심 기술이다.

㉢ 전력변환기(Inverter): 연료전지에서 나오는 직류전기(DC)를 우리가 사용하는 교류(AC)로 변환시키는 장치이다.

㉣ 주변보조기기(BOP; Balance of Plant): 연료, 공기, 열 회수 등을 위한 펌프류, Blower, 센서 등을 말하며, 연료전지의 특성에 맞는 기술이 미비하다.

법규

학습목표

드론 법규는 드론 운용에 따른 안전과 개인의 사생활 보호를 위해 제정되었다.
드론 법규 학습을 통해 항공 관련 법의 종류 및 구성을 이해하고 드론 법규의
개념과 역할, 드론 운용 시 고려해야 할 안전 및 법적 책임 요건을 배우게 된다.
아울러 국내·외 드론 관련 법규 등에 대한 전반적인 내용을 학습한다.

Unmanned Multicopter

Chapter 01 항공법규 일반

Unmanned Multicopter

1 항공법의 개념

① 드론은 하늘 공간을 비행하는 기체로써 항공에 관한 법률의 적용을 받는다.

② 드론을 비행하기 위해서는 항공 관련 법률, 시행령(대통령령), 시행규칙(국토교통부령) 및 관련 세부 규정에 대한 이해가 필요하다.

③ 비행 전·중·후에 지키고 준수해야 할 법과 관련된 사항을 준수하느냐, 준수하지 않느냐의 차이로 개인의 신상에 대한 처벌과 경제적인 불이익(벌금 또는 과태료)을 받을 수 있다.

2 항공법의 분류

① 2017년 기존 항공법을 폐지하고 항공안전법, 항공사업법, 항공시설법으로 분법하여 시행하고 있다.

  *2011년 항공법 분법 추진→2015년 국회 본회의 통과→2017.3.30부터 시행

② 제정 이유

  ㉠ 1961년 제정된 항공법은 항공사업, 항공안전, 공항시설 등 관련 분야가 통합되어 있어 국제 기준 변화에 신속히 대응하는 데 미흡하였으나 항공법의 분법을 통해 국제 기준 변화에 탄력적으로 대응할 수 있게 되었다.

  ㉡ 여러 차례의 개정으로 법체계가 복잡하여 국민이 이해하기 어려웠으나 제정된 분법은 국민이 이해하기 쉽도록 개선되었다.

  ㉢ 제정된 분법은 현행 제도의 운용상 나타난 일부 미비점을 개선·보완되었다.

③ 항공법의 분법

ㄱ 항공안전법: 항공기 기술 기준, 종사자, 초경량 비행장치 등

ㄴ 항공사업법: 항공운송사업, 사용사업, 교통이용자 보호 등

ㄷ 공항시설법: 공항 및 비행장의 개발, 항행안전시설 등

그림 7-1-1

출처: 국가법령정보센터 https://www.law.go.kr/

Chapter 02 국제민간항공기구(ICAO)와 국제민간항공협약

Unmanned Multicopter

1 국제민간항공협약(시카고 협약)

① 항공 관련 국내법을 이해하기 위해서 국내법 제정에 근간이 되는 시카고 협약과 ICAO에서 제정한 부속서에 대한 이해가 필요하다.

② 제정 목적: 안전하고 질서 있는 국제 항공서비스 체제를 구축한다.

③ 제정 시기: 제2차 세계대전 중인 1944년에 체결했다.

④ 국제 민간항공 협약으로, 시카고에서 협약을 진행하여 일반적으로 시카고 협약이라 부른다.

2 시카고 협약의 구성

4부, 22장, 96조항 및 항공 안전 기준과 관련하여 19개의 부속서(annex)로 구성된다.

① 부속서: 관련 회원국들이 준수해야 할 '표준(standards)'과 준수할 것을 권하는 '권고방식(recommended practices)'을 규정

② 우리나라도 부속서에서 제시하는 '표준 및 권고방식(SARPs)'에 따라 항공 관련 법령 제정

＊SARPs(Standards and Recommended Practices): 국제표준 및 권고사항

㉠ Standards: ICAO 협약 제37조에 따라 국제항공의 안전, 규칙성을 위하여 통일 적용이 필요한 사항이며, 체약국은 원칙적으로 준수해야 한다. 이에 따라 따를 수 없을 경우 차이점을 ICAO에 통보해야 한다.

㉡ Recommended Practices: 국제항공의 안전, 규칙성, 효율성을 위하여 통일적 적용이 바람직한 사항이다.

③ ICAO(International Civil Aviation Organization)

① '시카고 협약'에 대한 조치로 1947년 4월에 설립된 '국제민간항공기구'로서 국제 민간항공의 안전, 질서유지와 발전 등의 목적을 가진 UN 전문기관으로, 캐나다 몬트리올에 본부를 두고 있다.

② 우리나라는 1952년 12월에 가입하였다.

④ 국제민간항공협약(시카고 협약) 부속서

표 7-2-1 국토교통부

국제민간항공조약(시카고)의 부속서는 19개로 구성	
부속서1	항공종사자 자격증명(Personnel Licensing)
부속서2	항공규칙(Rules of the Air)
부속서3	국제항공항행기상업무(Meteorological Service for International Air Navigation)
부속서4	항공지도(Aeronautical Charts)
부속서5	공중 및 지상 운영에 사용되는 측정 단위(Units of Measurement to be Used in Air and Ground Operations)
부속서6	항공기 운항(Operation of Aircraft)
제1부	국제상업항공운송-비행기
제2부	국제일반항공-비행기
제3부	국제운항-회전익항공기
부속서7	항공기 국적 및 등록기호(Aircraft Nationality and Registration Marks)
부속서8	항공기 감항성(Airworthiness of Aircraft)
부속서9	출입국 간소화(Facilitation)
부속서10	항공통신(Aeronautical Telecommunications)
부속서11	항공교통업무(Air Traffic Services)
부속서12	수색 및 구조업무(Search and Rescue)
부속서13	항공기 사고조사(Aircraft Accident and Incident Investigation)
부속서14	비행장(Aerodromes)
부속서15	항공정보업무(Adronautical Information Services)
부속서16	환경보호(Environmental Protection)
부속서17	항공보안(Security)
부속서18	위험물 안전수송(The safe Transport of Dangerous Goods by Air)
부속서19	국가안전(Safety Management)

출처: http://www.molit.go.kr/USR/BORD0201/m_67/

Chapter 03 초경량 비행장치

Unmanned Multicopter

1 초경량 비행장치의 개념

① 항공안전법 제2조 3호 '초경량 비행장치'란 항공기와 경량항공기 외에 공기의 반작용으로 뜰 수 있는 장치로써 자체중량, 좌석 수 등 국토교통부령으로 정하는 기준에 해당하는 동력 비행장치, 행글라이더, 패러글라이더, 기구류, 무인 비행장치 등을 말한다.

② 초경량 비행장치의 기준은 법 제2조 제3호에서 자체중량, 좌석 수 등 국토교통부령으로 정하는 기준에 해당하는 동력장치, 행글라이더, 기구류 및 무인 비행장치 등이란 다음 각호의 기준을 충족하는 동력 비행장치, 행글라이더, 패러글라이더, 기구류, 무인 비행장치, 회전익 비행장치, 동력 패러글라이더 및 낙하산류 등을 말한다.

2 초경량 비행장치의 분류 및 종류

그림 7-3-1 초경량 비행장치의 분류 및 종류

표 7-3-1 초경량 비행장치의 분류: 드론 원스톱 서비스

장치 유형		초경량 비행장치 기준
동력 비행장치	조종형, 체중이동형	동력을 이용하는 것으로서 탑승자, 연료 및 비상용 장비의 중량을 제외한 자체중량이 115kg 이하이며, 좌석이 1개인 고정익 비행장치
행글라이더		탑승자 및 비상용 장비의 중량을 제외한 자체중량이 70kg 이하로서 체중 이동, 타면 조종 등의 방법으로 조종하는 비행장치
패러글라이더		탑승자 및 비상용 장비의 중량을 제외한 자체중량이 70kg 이하로서 날개에 부착된 줄을 이용하여 조종하는 비행장치
기구류	열기류, 가스기구	기체의 성질·온도차 등을 이용하는 유인 자유 기구, 무인 자유 기구(기구 외부에 2kg 이상의 물건을 매달고 비행하는 것만 해당), 계류식 기구
무인 비행장치	무인 동력 비행장치 (무인 비행기, 무인 멀티헬리콥터, 무인 멀티콥터)	사람이 탑승하지 아니하는 것으로서 연료의 중량을 제외한 자체중량이 150kg 이하인 무인 비행기, 무인 헬리콥터 또는 무인 멀티콥터
	무인 비행선	사람이 탑승하지 아니하는 것으로서 연료의 중량을 제외한 자체중량이 150kg 이하인 무인 비행기, 무인 헬리콥터 또는 무인 멀티콥터
회전익 비행장치	초경량 헬리콥터, 초경량 자이로플레인	탑승자, 연료 및 비상용 장비의 중량을 제외한 자체중량이 115kg 이하이며, 좌석이 1개인 헬리콥터 또는 자이로플레인
동력 패러글라이더		탑승자, 연료 및 비상용 장비의 중량을 제외한 자체중량이 115kg 이하이며, 좌석이 1개인 헬리콥터 또는 자이로플레인
낙하산류		항력(抗力)을 발생시켜 대기(大氣) 중을 낙하하는 사람 또는 물체의 속도를 느리게 하는 비행장치
기타		그 밖에 국토교통부장관이 종류, 크기, 중량, 용도 등을 고려하여 정하여 고시하는 비행장치

출처: https://drone.onestop.go.kr/introduce/systemintro2

Chapter 04 항공안전법(초경량 비행장치 항공안전법)

1 항공안전법의 목적 및 정의

① 제1조(목적)

이 법은 '국제민간항공협약' 및 같은 협약의 부속서에서 채택된 표준과 권고되는 방식에 따라 항공기 경량항공기 또는 초경량 비행장치의 안전하고 효율적인 항행을 위한 방법과 국가, 항공사업자 및 항공종사자 등의 의무 등에 관한 사항을 규정함을 목적으로 한다.

② 제2조(정의)

㉠ 항공기: 공기의 반작용(지표면 또는 수면에 대한 공기의 반작용)으로 뜰 수 있는 기기를 말한다.

 – 국토교통부령으로 정하는 기준(최대이륙중량, 좌석 수, 속도 또는 자체중량)에 해당하는 기기

 – 대통령령으로 정하는 기기: 국토교통부령으로 정하는 기준을 초과하는 기기, 지구 대기권 내외를 비행할 수 있는 항공 우주선

2 초경량 비행장치의 신고

① 항공안전법 제122조 소유 신고

㉠ 초경량 비행장치 소유자는 초경량 비행장치의 종류, 용도, 소유자의 성명, 개인정보 및 개인위치정보와 수집 가능 여부 등을 국토교통부장관에게 신고하여야 한다. 단, 대통령령으로 정하는 초경량 비행장치는 그러하지 아니 하다.

㉡ 국토교통부장관은 제1항 본문에 따른 신고를 받은 날부터 7일 이내에 신고수리 여부를 신고인에게 통지하여야 한다.

ⓒ 국토교통부장관은 초경량 비행장치의 신고를 받은 경우 그 초경량 비행장치 소유자 등에게 신고번호를 발급해야 한다.

ⓔ 신고번호를 발급받은 초경량 비행장치 소유자 등은 그 신고번호를 해당 초경량 비행장치에 표시하여야 한다.

② 항공안전법 시행규칙 제301조(초경량 비행장치 신고)

ⓐ 법 제122조 제1항 본문에 따라 초경량 비행장치 소유자 등은 법 제124조에 따른 안전성 인증을 받기 전(안전성 인증 대상이 아닌 초경량 비행장치인 경우, 초경량 비행장치를 소유하거나 사용할 수 있는 권리가 있는 날부터 30일 이내)까지 별지 제116호 서식의 초경량 비행장치 신고서(전자문서로 된 신고서를 포함한다)에 다음 각호의 서류를 첨부하여 지방항공청장에게 제출하여야 한다. 이 경우 신고서 및 첨부 서류는 팩스 또는 정보 통신을 이용하여 제출할 수 있다.

– 초경량 비행장치를 소유하거나 사용할 수 있는 권리가 있음을 증명하는 서류

– 초경량 비행장치의 제원 및 성능표

– 초경량 비행장치의 사진(가로 15센티미터, 세로 10센티미터의 측면 사진)

ⓑ 지방항공청장은 제1항에 따른 신고를 받은 날부터 7일 이내에 수리 여부 또는 수리 지연 사유를 통지하여야 한다. 이 경우 7일 이내에 수리 여부 또는 수리 지연 사유를 통지하지 아니하면 7일이 끝난 날의 다음 날에 신고가 수리된 것으로 본다.

③ 초경량 비행장치의 신고 대상

ⓐ 항공사업법에 따른 초경량 비행장치 사용사업에 사용하는 초경량 비행장치를 말한다.

표 7-4-1 초경량 비행장치 신고 대상

분류	종류	사업용	비사업용
동력 비행장치	타면조종형	신고	1인승, 자체중량 115kg 이하 신고
	체중이동형		
	헬리콥터		
	자이로플레인		
	동력 패러글라이더		
무인 비행장치	무인 비행기		최대이륙중량 2kg 초과 150kg 이하 신고
	무인 헬리콥터		
	무인 멀티콥터		
	무인 비행선		

- 영리: 항공사업법 제2조에 따른 항공기 대여업, 초경량 비행장치 사용사업, 항공레저스포츠사업에 사용되는 초경량 비행장치

④ 초경량 비행장치의 신고 업무 절차

　ㄱ 규정 서식에 맞추어 비행장치 및 소유자 정보 기입

　ㄴ 제출 필요 서류 첨부

　　– 신고접수 https://drone.onestop.go.kr 회원가입 및 로그인 후 이용
　　（Fax, e-mail, 우편, 방문 접수 가능）

　ㄷ 기입 정보 적정성 확인

　ㄹ 제출 서류 누락, 유효성 여부 확인

　ㅁ 보완 필요시 담당자는 보완 사유 명시 후 보완 요청

　ㅂ 보완 요청을 받은 민원인은 정보 수정, 서류 추가 첨부 등 보완사항 보완

　ㅅ 신고내용에 이상 없을 시 담당자는 규정된 양식에 맞춰 신고번호 · 신고 증명서 발급

　　– 변경 · 이전 신고는 기존 신고번호 유지

　　– 신고 수리 기간: 신규, 변경, 이전 신고(7일 이내)/말소 신고(신고서 도달 시점)

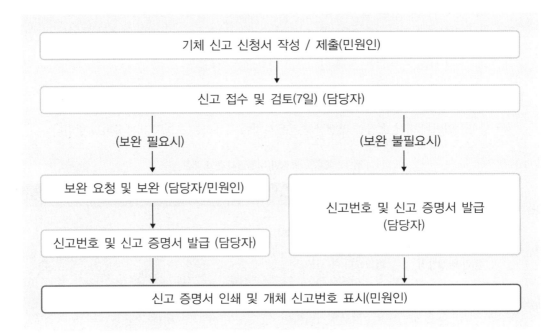

그림 7-4-1 초경량 비행장치의 신고업무 절차: 국토교통부, 교통안전공단

출처: https://www.kotsa.or.kr/portal/contents.domenuCode=02020100

ⓞ 발급된 신고 증명서 인쇄 후 비행 시 지참

ⓩ 발급된 신고번호는 규정 양식에 맞추어 기체에 표시

ⓩ 신고 증명서 지참/신고번호 표시는 항공안전법 시행규칙 제301조에 의한 의무사항

③ 초경량 비행장치 신고 제외 대상

① 항공안전법 시행령 제24조 신고를 필요로 하지 않는 초경량 비행장치의 범위는 다음과 같다.

ㄱ 행글라이더, 패러글라이더 등 동력을 이용하지 아니하는 비행장치

ㄴ 기구류(사람이 탑승하는 것은 제외한다)

ㄷ 계류식 무인 비행장치

ㄹ 낙하산류

ㅁ 무인 동력 비행장치 중에서 최대이륙중량이 2킬로그램 이하인 것

ㅂ 무인 비행선 중에서 연료의 무게를 제외한 자체무게가 12킬로그램 이하이고, 길이가 7미터 이하인 것

ㅅ 연구기관 등이 시험 · 조사 · 연구 또는 개발을 위하여 제작한 초경량 비행장치

ㅇ 제작자 등이 판매를 목적으로 제작하였으나 판매되지 아니한 것으로서 비행에 사용되지 아니하는 초경량 비행장치

ㅈ 군사 목적으로 사용되는 초경량 비행장치

④ 초경량 비행장치의 변경/말소 신고

① 항공안전법 시행규칙 제302조(초경량 비행장치 변경 신고)

ㄱ 법 제123조 제1항에서 "초경량 비행장치의 용도, 소유자의 성명 등 국토교통부령으로 정하는 사항"이란 다음 각호의 어느 하나를 말한다.

- 초경량 비행장치의 용도

- 초경량 비행장치 소유자 등의 성명, 명칭 또는 주소

- 초경량 비행장치의 보관 장소

ㄴ 초경량 비행장치 소유자 등은 제1항 각호의 사항을 변경하려는 경우에는 그 사유가 있는 날부터 30일 이내에 별지 제116호 서식의 초경량 비행장치 변경 · 이전신고서를 지방항공청장에게 제출하여야 한다.

② 항공안전법 제123조 말소 신고

ㄱ 초경량 비행장치 소유자 등은 신고한 초경량 비행장치가 멸실되었거나 그 초경량 비행장치를 해체(정비 등, 수송 또는 보관하기 위한 해체는 제외)한 경우에는 그 사유가 발생한 날부터 15일 이내에 국토교통부장관에게 말소 신고를 하여야 한다.

ㄴ 제1항에 따른 신고가 신고서의 기재사항 및 첨부서류에 흠이 없고, 법령 등에 규정된 형식상의 요건을 충족하는 경우에는 신고서가 접수기관에 도달된 때에 신고된 것으로 본다.

ㄷ 초경량 비행장치 소유자 등이 제1항에 따른 말소 신고를 하지 아니하면 국토교통부장관은 30일 이상의 기간을 정하여 말소 신고를 할 것을 해당 초경량 비행장치 소유자 등에게 최고하여야 한다.

ㄹ 제3항에 따른 최고를 한 후에도 해당 초경량 비행장치 소유자 등이 말소 신고를 하지 아니하면 국토교통부장관은 직권으로 그 신고번호를 말소할 수 있으며, 신고번호가 말소된 때에는 그 사실을 해당 초경량 비행장치 소유자 등 및 그 밖의 이해관계인에게 알려야 한다.

③ 항공안전법 시행규칙 제303조(초경량 비행장치 말소 신고)

ㄱ 말소 신고를 하려는 초경량 비행장치 소유자 등은 그 사유가 발생 날부터 15일 이내에 별지 제116호 서식의 초경량 비행장치 말소 신고서를 지방항공청장에게 제출하여야 한다.

ㄴ 지방항공청장은 제1항에 따른 신고가 신고서 및 첨부 서류에 흠이 없고 형식상 요건을 충족하는 경우 지체 없이 접수하여야 한다.

ㄷ 지방항공청장은 법 제123조 제3항에 따른 최고(催告)를 하는 경우, 해당 초경량 비행장치의 소유자 등의 주소 또는 거소를 알 수 없는 경우에는 말소 신고를 할 것을 관보에 고시하고, 국토교통부 홈페이지에 공고하여야 한다.

5 초경량 비행장치 안전성 인증

① 항공안전법 시행규칙 제305조(초경량 비행장치 안전성 인증 대상 등)

ㄱ 법 제124조 전단에서 "동력 비행장치 등 국토교통부령으로 정하는 초경량 비행장치"란 다음 각호의 어느 하나에 해당하는 초경량 비행장치를 말한다.

- 동력 비행장치
- 행글라이더, 패러글라이더 및 낙하산류(항공레저스포츠사업에 사용되는 것만 해당한다.)
- 기구류(사람이 탑승하는 것만 해당한다)
- 다음 각 목의 어느 하나에 해당하는 무인 비행장치

ⓐ 무인 비행기, 무인 헬리콥터 또는 무인 멀티콥터 중에서 최대이륙중량이 25kg을 초과하는 것

ⓑ 무인 비행선 중에서 연료의 중량을 제외한 자체중량이 12kg을 초과하거나 길이가 7m를 초과하는 것

ⓒ 회전익 비행장치

ⓓ 동력 패러글라이더

ⓛ 법 제124조에서 "국토교통부령으로 정하는 기관 또는 단체"란 교통안전공단, 기술원 또는 별표 43에 따른 시설기준을 충족하는 기관 또는 단체 중에서 국토교통부장관이 정하여 고시하는 기관 또는 단체(이하 "초경량 비행장치 안전성 인증기관"이라 한다)를 말한다.

② 안전성 인증 분류

㉠ 초도 인증: 국내에서 설계 제작하거나 외국에서 국내로 도입한 초경량 비행장치의 안전성 인증을 받기 위하여 최초로 실시하는 인증

㉡ 정기 인증: 안전성 인증의 유효기간 만료일이 도래되어 새로운 안전성 인증을 받기 위하여 실시하는 인증

㉢ 재인증: 초도, 정기 또는 수시 인증에서 기술 기준에 부족한 사항에 대하여 정비한 후 다시 실시하는 인증

③ 안전성 인증 제출 서류

㉠ 초경량 비행장치 설계서 또는 설계도면

㉡ 초경량 비행장치 부품표

㉢ 비행 및 주요 정비 현황

㉣ 초경량 비행장치 부품표

㉤ 기준 이행 완료 제출문

㉥ 작업 지시서(해외에서 완제기로 도입하거나 행글라이더, 패러글라이더 및 낙하산류는 제외)

그림 7-4-2 인증절차: 항공안전기술원 ASI-항공안전연구소

④ 초경량 비행장치 안전성 인증대상 기준

01 **동력비행장치**	02 **행글라이더, 패러글라이더 및 낙하산류**	03 **기구류**
• 연료 제외 자체중량 115kg 이하 • 연료 탑재량 19L 이하 • 1인승	• 항공레저스포츠사업에 사용되는 것만 해당 • 행글라이더와 패러글라이더는 자체중량 70kg 이하	• 사람이 탑승하는 것만 해당
04 **무인 비행장치 (둘 중 하나 해당)**	05 **회전익 비행장치**	06 **동력 패러글라이더**
• 무인 비행기, 무인 헬리콥터 또는 무인 멀티콥터 중에서 최대이륙중량이 25kg을 초과하는 것(연료 제외 자체중량 150kg 이하) • 무인 비행선 중에서 연료의 중량을 제외한 자체중량이 12kg을 초과하거나 길이가 70m를 초과하는 것(연료 제외 자체중량 180kg 이하, 길이 20m 이하)	• 연료 제외 자체중량 115kg 이하 • 연료 탑재량 19L 이하 • 1인승	• 착륙장치가 있는 경우 연료 제외 • 자체중량 115kg 이하 • 연료 탑재량 19L 이하 • 1인승

그림 7-4-3 인증 절차: 항공안전기술원 ASI-항공안전연구소
안전성 인증 유효기간 → 사업용: 발급일로부터 1년/비사업용: 발급일로부터 2년

6 초경량 비행장치 조종자 증명

① 법적 근거: 항공안전법 제125조 초경량 비행장치 조종자 증명 등 항공안전법 시행규칙 제306조 (초경량 비행장치의 조종자 증명 등)

　㉠ 동력 비행장치 등 국토교통부령으로 정하는 초경량 비행장치를 사용하여 비행하려는 사람은 국토교통부령으로 정하는 기관(한국교통안전공단)으로부터 초경량 비행장치 조종자 증명을 받아야 한다.

　㉡ 시험비행 등 국토교통부장관의 허가를 받은 경우 제외할 수 있다.

② 조종 자격이 필요한 비행장치

표 7-4-2 항공안전법 시행규칙 제306조 초경량 비행장치의 조종자 증명 등

종류	크기 중량
동력 비행장치, 회전익 비행장치, 동력 패러글라이더, 유인 자유 기구	신고 대상 모두

무인 동력 비행장치 공통 (무인 비행기, 무인 헬리콥터, 무인 멀티콥터)	최대이륙중량 250g 이상
무인 비행선	길이 7m 초과, 자체중량 12kg 초과
행글라이더, 패러글라이더, 낙하산류, 유인 계류식 기구류	항공레저스포츠사업 사용 시

③ 조종자 증명의 무인 동력 비행장치별 구분

　⊙ 항공안전법 시행규칙 제306조(초경량 비행장치의 조종자 증명 등) 초경량 비행장치 조종자 증명 규정 중 제1항 제4호 가목에 따른 무인 동력 비행장치에 대한 자격 기준, 시험실시 방법 및 절차 등은 다음 각호의 구분에 따른 무인 동력 비행장치별로 구분하여 달리 정해야 한다.

　　– 1종 무인 동력 비행장치: 최대이륙중량이 25킬로그램을 초과하고 연료의 중량을 제외한 자체중량이 150킬로그램 이하인 무인 동력 비행장치

　　– 2종 무인 동력 비행장치: 최대이륙중량이 7킬로그램을 초과하고 25킬로그램 이하인 무인 동력 비행장치

　　– 3종 무인 동력 비행장치: 최대이륙중량이 2킬로그램을 초과하고 7킬로그램 이하인 무인 동력 비행장치

　　– 4종 무인 동력 비행장치: 최대이륙중량이 250그램을 초과하고 2킬로그램 이하인 무인 동력 비행장치

④ 무인 동력 비행장치 조종 자격 차등화

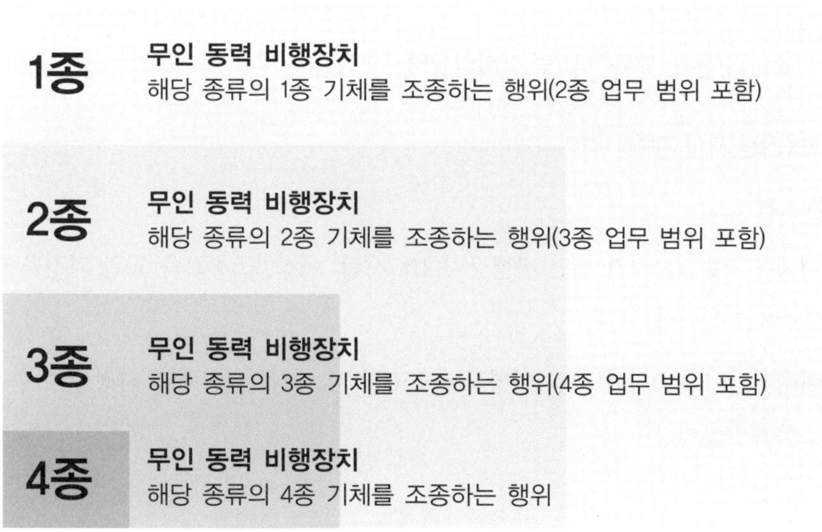

1종 **무인 동력 비행장치**
해당 종류의 1종 기체를 조종하는 행위(2종 업무 범위 포함)

2종 **무인 동력 비행장치**
해당 종류의 2종 기체를 조종하는 행위(3종 업무 범위 포함)

3종 **무인 동력 비행장치**
해당 종류의 3종 기체를 조종하는 행위(4종 업무 범위 포함)

4종 **무인 동력 비행장치**
해당 종류의 4종 기체를 조종하는 행위

그림 7-4-4 자격증명에 따른 업무 범위

표 7-4-3 자격 취득 기준

구분	비행경력	학과	실기	온라인 교육
1종	1종 기체를 조종한 시간 20시간 (2종 자격 취득자 5시간, 3종 자격 취득자 3시간 이내에서 인정)		○	
2종	1종 또는 2종 기체를 조종한 시간 10시간 (3종 자격 취득자 3시간 이내에서 인정)	○	○	×
3종	1종 또는 2종 또는 3종 기체를 조종한 시간 6시간		×	
4종	×	×	×	○

*학과시험의 경우 과목/범위/난이도 동일
*온라인 교육은 4종만 해당

출처: 항공교육훈련포털(https://www.kaa.atims.kr)

7 전문 교육기관

① 항공안전법 제126조(초경량 비행장치 전문 교육기관의 지정 등)

  ㉠ 국토교통부장관은 초경량 비행장치 조종자를 양성하기 위하여 국토교통부령으로 정하는 바에 따라 초경량 비행장치 전문 교육기관(이하 "초경량 비행장치 전문 교육기관"이라 한다)을 지정할 수 있다.

  ㉡ 경량비행장치 전문 교육기관의 교육 과목, 교육 방법, 인력, 시설 및 장비 등의 지정 기준은 국토교통부령으로 정한다.

② 전문 교육기관 신청 제출 서류

  ㉠ 전문 교관의 현황, 교육시설 및 장비의 현황, 교육훈련 계획 및 교육훈련 규정

③ 전문 교육기관 지정 기준

  ㉠ 전문교관

    – 비행시간이 200시간(무인 비행장치 100시간) 이상, 조종교육 교관 과정을 이수한 지도 조종자 1명 이상

    – 비행시간이 300시간(무인 비행장치 150시간) 이상, 실기평가 과정을 이수한 실기평가 조종자 1명 이상

ⓛ 시설 및 장비: 강의실 및 사무실 각 1개 이상, 이륙 · 착륙 시설, 훈련용 비행장치 1대 이상

ⓒ 교육훈련에 필요한 교육훈련 계획 및 교육훈련 규정을 갖출 것

④ 전문 교육기관 지정 취소 사유

ⓐ 거짓이나 그 밖의 부정한 방법으로 초경량 비행장치 전문 교육기관으로 지정받은 경우

ⓑ 초경량 비행장치 전문 교육기관의 지정 기준 중 국토교통부령으로 정하는 기준에 미달하는 경우

8 비행 승인 및 승인 절차

① 항공안전법 제127조(초경량 비행장치 비행 승인)

ⓐ 국토교통부장관은 초경량 비행장치의 비행안전을 위하여 필요하다고 인정하는 경우에는 초경량 비행장치의 비행을 제한하는 공역(이하 "초경량 비행장치비행제한공역"이라 한다)을 지정하여 고시할 수 있다.

ⓑ 동력 비행장치 등 국토교통부령으로 정하는 초경량 비행장치를 사용하여 국토교통부장관이 고시하는 초경량 비행장치 비행제한공역에서 비행하려는 사람은 국토교통부령으로 정하는 바에 따라 미리 국토교통부장관으로부터 비행 승인을 받아야 한다. 다만, 비행장 및 이착륙장의 주변 등 대통령령으로 정하는 제한된 범위에서 비행하려는 경우는 제외한다.

ⓒ 제2항 본문에 따른 비행 승인 대상이 아닌 경우라 하더라도 다음 각호의 어느 하나에 해당하는 경우에는 제2항의 절차에 따라 국토교통부장관의 비행 승인을 받아야 한다.

– 제68조 제1호에 따른 국토교통부령으로 정하는 고도 이상에서 비행하는 경우

– 제78조 제1항에 따른 관제공역 · 통제공역 · 주의공역 중 관제권 등 국토교통부령으로 정하는 구역에서 비행하는 경우

ⓓ 제2항 및 제3항 제2호에 따른 국토교통부장관의 비행 승인이 필요한 때에 제131조의2 제2항에 따라 무인 비행장치를 비행하려는 경우 해당 국가기관 등 의장이 국토교통부령으로 정하는 바에 따라 사전에 그 사실을 국토교통부장관에게 알리면 비행 승인을 받은 것으로 본다.

② 비행제한공역에서의 비행 승인 대상(비행 전 지방항공청장에게 비행 승인을 받아야 하는 초경량 비행장치)

표 7-4-4 비행제한공역 비행 승인 대상

종류	크기 중량
동력 비행장치, 회전익 비행장치, 동력 패러글라이더, 유인 자유 기구	모두 해당
무인 비행기	최대이륙중량 25kg 초과 자체중량 150kg 이하
무인 헬리콥터	
무인 멀티콥터	
무인 비행선	길이 7m 초과 20m 이하, 자체중량 12kg 초과 180kg 이하
사업용 행글라이더, 패러글라이더, 낙하산류, 계류식 기구류, 계류식 무인 비행장치	모두 해당

③ 비행제한공역에서의 비행 승인 예외 대상(비행 전 지방항공청장에게 비행 승인을 받지 않고 비행이 가능한 초경량 비행장치)

표 7-4-5 비행제한공역 비행 예외 대상

종류	크기 중량
농업용 무인 비행장치	관제권, 비행 금지구역 및 비행 제한구역 외 지역
긴급 소독 및 방역용 무인 비행장치	제한사항 없음
그 외 무인 비행장치	최대이륙중량 25kg 이하
무인 비행선	길이 7m 이하, 자체중량 12kg 이하
계류식 기구	150m 미만의 고도에서 운영 시
비사업용 행글라이더, 패러글라이더, 낙하산류, 계류식 기구류, 계류식 무인 비행장치	모두 해당

④ 비행 승인 절차

그림 7-4-5 드론 비행 승인 · 항공촬영 절차

표 7-4-6 비행 승인 절차

구분	비행금지구역 (P73, P65 등)	비행제한구역 (R-75)	민간관제권 (반경 9.3km)	군관제권 (반경 9.3km)	기타 지역 (고도 150m 이하)
촬영 허가 (국방부)	○	○	○	○ (공역 승인 포함)	△
비행 승인 (국방부)	○	○	×	○	×
비행 승인 (국토부)	○	×	○	×	×
공통사항	① 25kg 초과 기체로 비행 시 고도에 상관없이 비행 승인 필요 ② 공역이 2개 이상 겹칠 경우 각 기관 허가 사항 모두 적용 ③ 비행제한구역 및 기타 지역에서 150m 이상 고도에서 비행할 경우 비행 승인 필요 ④ △: 국가/군사 시설 유무에 따라 달라질 수 있어 국방부에 문의 필요				

비행금지구역
- P518: 휴전선 지역
- P73: 서울 강북 도심지역
- 원전 지역(5개소)
  P61(고리 발전소, 부산),
  P62(월성 발전소, 경주),
  P63(한빛 발전소, 영광),
  P64(한울 발전소, 울진),
  P65(원자력발전소, 대덕) 중앙
  기준 A지역 3.7km, B지역 18km 이내

*서울 시내 비행금지공역(P-73)은 수도방위사령부에서 비행 승인을 담당한다.
*서울 외각 비행금지공역(R-75) 비행제한 공역도 수도방위사령부의 규정에 의거하여 고도에 상관없이 사전에 비행 승인을 득해야 한다. / 비행 승인 one stop 서비스: http://www.onestop.go.kr

9 항공촬영 신청 및 허가

① 항공사진 촬영 허가권자는 국방부 장관이며 국방정보본부보안 암호정책과에서 업무를 담당하고 있다.

② 촬영 4일(근무일 기준) 전에 드론 원스톱 민원서비스(https://drone.onestop.go.kr)를 통하여 국방부로 항공사진 촬영 허가 신청을 하면 촬영 목적과 보안상 위해성 여부 등을 검토 후 허가한다.

③ 항공촬영 허가와 비행 승인은 별도이다. 항공사진 촬영 목적으로 무인 비행장치를 날리려면 국방부로부터 촬영 허가 및 공역별 관할기관에 비행 승인을 신청해야 하며, 드론 원스톱 서비스를 통하여 신청이 가능하다.

– 항공촬영 신청 및 허가

https://drone.onestop.go.kr/introduce/systemintro1

⑩ 드론 비행 / 항공촬영 승인 / 허가 민원서비스 및 관련 기관

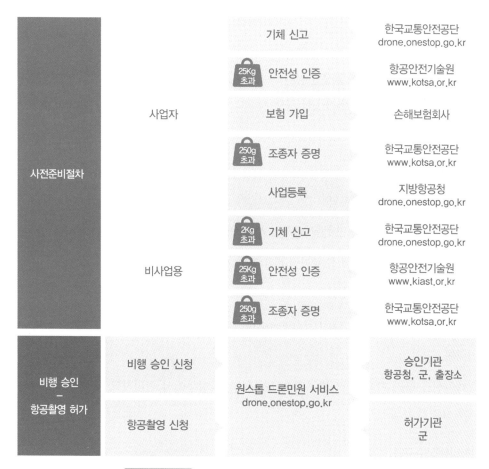

그림 7-4-6 드론 원스톱 민원서비스(onestop.go.kr)

⑪ 공역 · 비행구역(항공기/초경량 비행장치) 고도 제한

① 정의

육상 또는 해면을 포함하는 지구 표면상의 구역과 고도로 정해진 공중 영역을 의미하며 비행정보구역, 영공, 방공식별구역, 그리고 제한식별구역으로 구분된다.

② 비행정보구역

㉠ 항공기, 경량항공기 또는 초경량 비행장치의 안전하고 효율적인 비행과 수색 또는 구조에 필요한 정보를 제공하기 위한 공역으로서 「국제민간 항공협약」 및 같은 협약 부속서에 따라 국토교통부장관이 그 명칭 수직 및 수평 범위를 지정 · 공고한 공역

ⓛ 국가 간 경계선과는 관련이 없으며, 해당 국가의 항공교통관제 · 비행정보 제공업무 · 경보업무 능력 등을 고려해 ICAO 지역항공항행회의(Regional Air Navigation Meeting)에서 설정

③ 영공

㉠ 영토 및 영해의 상공에 설정된 공간으로, 국제민간항공협약 제1조에 의거하여 완전하고 배타적인 국가 주권의 행사가 가능한 공역

④ 방공식별구역

㉠ 영토 · 영공방위를 위하여 영공 외곽의 일정 지역 상공에서 항적 조기 탐지, 식별 및 전술항공통제 임무를 수행하는 공역

ⓛ 이 구역에 항적 침투가 포착될 때 반드시 식별하고 있으나, 배타적 주권 행사를 할 수 없으며 무력 사용도 불가능한 합동 참모의장에 의해 설정

⑤ 제한식별구역

㉠ 방공식별구역에서 평시 국내 운항을 용이하게 하고 방공작전 편의를 도모하기 위하여 설정한 구역

ⓛ 해안선을 따라 한국제한식별구역(KLIZ) 설정, 국방부에서 관리하고 항공기 식별이 안 될 경우 요격기 투입

⑥ 인천비행정보구역

- 면적: 약 43만km²
- 접근관제구역: 14개소
- 항공로: 25개(국제항공로 122, 국내항공로 13)
- 특수공역: 151개소

그림 7-4-7 비행정보구역: 인천항공교통관제소

출처: http://www.molit.go.kr/iatcro/USR/WPGE0201/m_16182/LST.jsp

⑦ 공역의 구분

㉠ 제공하는 항공교통 업무에 따른 구분

표 7-4-7 제공하는 항공교통 업무에 따른 구분

구분		내용
관제공역	A등급 공역	모든 항공기가 계기비행을 하여야 하는 공역
	B등급 공역	계기비행 및 시계비행을 하는 항공기가 비행 가능하고, 모든 항공기에 분리를 포함한 항공교통관제업무가 제공되는 공역
	C등급 공역	모든 항공기에 항공교통관제업무가 제공되나, 시계비행을 하는 항공기 간에는 비행정보업무만 제공되는 공역
	D등급 공역	모든 항공기에 항공교통관제업무가 제공되나, 계기비행을 하는 항공기와 시계비행을 하는 항공기 및 시계비행을 하는 항공기 간에는 비행정보업무만 제공되는 공역
	E등급 공역	계기비행을 하는 항공기에 항공교통관제업무가 제공되고, 시계비행을 하는 항공기에 비행정보업무가 제공되는 공역
비관제 공역	F등급 공역	계기비행을 하는 항공기에 비행정보업무와 항공교통조언업무가 제공되고, 시계비행항공기에 비행정보업무가 제공되는 공역
	G등급 공역	모든 항공기에 비행정보업무만 제공되는 공역

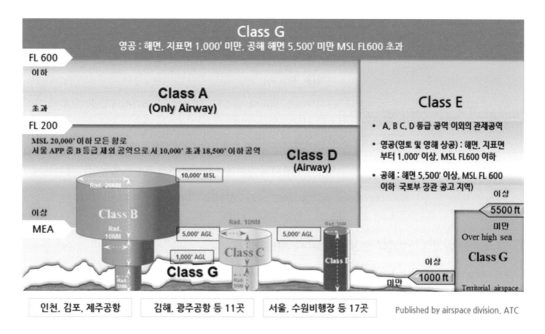

그림 7-4-8 공역의 구분: 국토교통부_항공교통본부

출처: http://www.molit.go.kr/atmo/USR/WPGE0201/m_37007/DTL.jsp

ⓛ 공역의 사용 목적에 따른 구분

– 항공교통관제서비스 제공 여부에 따른 관제공역과 비관제공역

– 특수한 목적을 위해 분류된 공역으로 구분

표 7-4-8 국토교통부_항공교통본부: 특수한 목적을 위한 공역

구분		내용
관제 공역	관제권	「항공안전법」 제2조 제25호에 따른 공역으로서 비행정보구역 내의 B, C 또는 D등급 공역 중에서 시계 및 계기비행을 하는 항공기에 대하여 항공 교통관제업무를 제공하는 공역
	관제구	「항공안전법」 제2조 제26호에 따른 공역(항공로 및 접근관제구역을 포함 한다)으로서 비행정보구역 내의 A, B, C, D 및 E등급 공역에서 시계 및 계기비행을 하는 항공기에 대하여 항공교통관제업무를 제공하는 공역
	비행장교통구역	「항공안전법」 제2조 제25호에 따른 공역 외의 공역으로서 비행정보구역 내의 D등급에서 시계비행을 하는 항공기 간에 교통정보를 제공하는 공역
비관제 공역	조언구역	항공교통조언업무가 제공되도록 지정된 비관제 공역
	정보구역	비행정보업무가 제공되도록 지정된 비관제 공역
통제 구역	비행금지구역	안전, 국방상, 그 밖의 이유로 항공기의 비행을 금지하는 공역
	비행제한구역	안전, 국방상, 그 밖의 이유로 항공기의 비행을 금지하는 공역
	초경량 비행장치 비행제한구역	초경량 비행장치의 비행안전을 확보하기 위하여 초경량 비행장치의 비행 활동에 대한 제한이 필요한 공역
주의 공역	훈련구역	민간항공기의 훈련공역으로서 계기비행항공기로부터 분리를 유지할 필요 가 있는 공역
	군작전구역	군사작전을 위하여 설정된 공역으로서 계기비행항공기로부터 분리를 유 지할 필요가 있는 공역
	위험구역	항공기의 비행 시 항공기 또는 지상 시설물에 대한 위험이 예상되는 공역
	경계구역	대규모 조종사의 훈련이나 비정상 형태의 항공 활동이 수행되는 공역

출처: http://www.molit.go.kr/atmo/USR/WPGE0201/m_37007/DTL.jsp

⑧ 초경량 비행장치 비행가능공역 및 금지, 제한 구역

ⓐ 초경량 비행장치 비행공역(UA) 32개 구역에서는 비행 승인 없이 비행이 가능하며, 기본적으
로 그 외 지역은 비행 승인 후 비행이 가능하다.

ⓑ 최대이륙중량 25kg 이하의 무인 동력 비행장치(드론)는 관제권 및 비행금지 공역을 제외한
지역에서는 150m 미만의 고도에서는 비행 승인 없이 비행 가능하다.

ⓒ 비행가능공역, 비행금지공역 및 관제권 현황은 국토교통부에서 제작한 스마트폰 앱 Ready To Fly, V월드(http://map.vworld.kr/map/ws3dmap.do) 지도서비스에서 확인 가능하다.

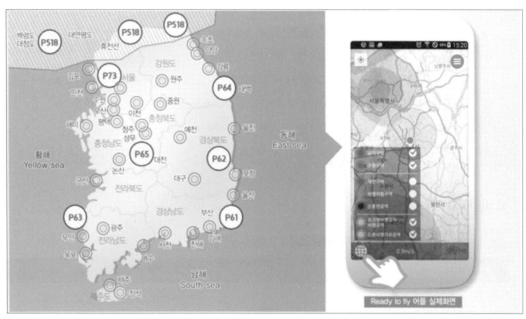

그림 7-4-9 초경량 비행장치 비행가능공역 및 금지, 제한 구역: 국토교통부

출처: https://www.molit.go.kr/USR/policyTarget/dtl.jsp?idx=584

⑨ 공역 운영 현황

표 7-4-9 공역 운영 현황

구분		식별부호 및 명칭
통제공역	비행금지구역	P-73 A/B(서울), P-518(휴전선 인근), P-61(고리), P-62(월성), P-63(한빛), P-64(한울), P-65(대전원자력연구소)
	비행제한구역	R-75(서울), R-17(여주) 등
주의공역	훈련구역	CATA-1, CATA-2 등 *CATA(Civil Aircraft Training Area)
	군작전구역	MOA-1, MOA-2 등 *MOA(Military Operation Area)
	위험구역	D5(완주), D6(영동), D9(영천) 등
	경계구역	A-2(아산), A-18(강릉) 등

⑩ 비행금지구역 관할기관

표 7-4-10 비행금지구역 관할기관

비행금지구역	비행금지구역 관할기관
R-73	수도방위사령부
P-518	합동참모본부
P61A~65A	합동참모본부
P61B~64B	부산지방항공청
P65B	서울지방항공청

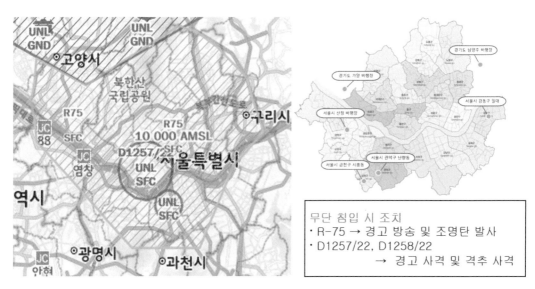

그림 7-4-10 드론 원스톱 민원 서비스(https://drone.onestop.go.kr/)

⓬ 장치 사고/조사 및 행정처분

① 항공안전법 시행규칙 제312조(초경량 비행장치 사고의 보고 등)

  ㉠ 항공안전법 제129조(초경량 비행장치 조종자 등의 준수사항) 제3항에 따라 초경량 비행장치 사고를 일으킨 조종자 또는 그 초경량 비행장치 소유자 등은 다음 각호의 사항을 지방항공청장에게 보고하여야 한다.

    – 조종자 및 그 초경량 비행장치 소유자 등의 성명 또는 명칭
    – 사고가 발생한 일시 및 장소
    – 초경량 비행장치의 종류 및 신고번호
    – 사고의 경위
    – 사람의 사상 또는 물건의 파손 개요
    – 사상자의 성명 등 사상자의 인적 사항 파악을 위하여 참고가 될 사항

② 항공 · 철도 사고 조사에 대한 법률, 시행규칙 제3조(통보 사항)

  초경량 비행장치 사고 발생 통보 의무자는 초경량 비행장치 사고가 발생한 사실을 알게 된 때에는 지체 없이 통보하여야 한다.

③ 항공 · 철도 사고 조사에 관한 법률, 시행규칙 제4조(통보 시기)

  초경량 비행장치 사고 발생 통보는 구두, 전화, 모사전송(FAX), 인터넷 홈페이지 등의 방법 중 가장 신속한 방법을 이용하여야 한다.

④ 항공 · 철도 사고 조사에 관한 법률

  ㉠ 제4조(항공 · 철도사고조사위원회의 설치)

    – 항공 · 철도사고 등의 원인 규명과 예방을 위한 사고 조사를 독립적으로 수행하기 위하여 국토교통부에 항공 · 철도사고조사위원회를 둔다.
    – 국토교통부장관은 일반적인 행정사항에 대해서는 위원회를 지휘 · 감독하되, 사고 조사에 대해서는 관여하지 못한다.

⑤ 사고 발생 통보

  ㉠ 초경량 비행장치 사고가 발생한 것을 알게 된 초경량 비행장치 조종자(조종자가 통보할 수 없는 경우에는 그 초경량 비행장치의 소유자)는 발생 사실을 항공 · 철도사고조사위원회에 통보하여야 한다.

ⓛ 항공·철도 사고 조사에 관한 법률 제17조(항공·철도사고 등의 발생 통보), 시행규칙 제2조(항공·철도종사자와 관계인의 범위)

ⓒ 초경량 비행장치 사고 발생 통보 시 포함되어야 할 사항은 다음과 같다.

- 초경량 비행장치 사고의 유형

- 발생 일시 및 장소

- 기종(통보자가 알고 있는 경우만 해당)

- 발생 경위(통보자가 알고 있는 경우만 해당)

- 사상자 등 피해상황(통보자가 알고 있는 경우만 해당)

- 통보자의 성명 및 연락처 및 기타 사고 조사에 필요한 사항

⑥ 행정처분

ⓐ 국토교통부장관은 초경량 비행장치 조종자 증명을 받은 사람이 행정처분 사유에 해당하는 경우에는 조종자 증명을 취소하거나 1년 이내의 기간을 정하여 조종자 증명의 효력 정지를 명할 수 있다.

- 초경량 비행장치 조종자 증명 취소·효력정지명령 권한은 지방항공청장에게 위임되어 있다.

ⓛ 초경량 비행장치 조종자 증명 취소 사유

- 거짓이나 그 밖의 부정한 방법으로 초경량 비행장치 조종자 증명을 받은 경우

- 초경량 비행장치 조종자 증명 효력 정지 기간에 초경량 비행장치를 사용하여 비행한 경우

ⓒ 초경량 비행장치 조종자 증명 취소 또는 효력 정지 사유

- 항공안전법을 위반하여 벌금 이상의 형을 선고받은 경우

ⓐ 벌금 100만 원 미만: 효력 정지 30일

ⓑ 벌금 100만 원 이상 200만 원 미만: 효력 정지 50일

ⓒ 벌금 200만 원 이상 :조종자 증명 취소

- 초경량 비행장치의 조종자로서 업무를 수행할 때, 고의 또는 중대한 과실로 초경량 비행장치 사고를 일으켜 인명피해를 발생시킨 경우

ⓐ 사망자 발생: 조종자 증명 취소

ⓑ 중상자 발생: 효력 정지 90일

ⓒ 중상자 외에 부상자 발생: 효력 정지 30일

– 초경량 비행장치의 조종자로서 업무를 수행할 때 고의 또는 중대한 과실로 초경량 비행장치 사고를 일으켜 재산 피해를 발생시킨 경우

  ⓐ 100억 원 이상: 효력 정지 180일

  ⓑ 10억 원 이상 100억 원 미만: 효력 정지 90일

  ⓒ 10억 원 미만: 효력 정지 30일

– 초경량 비행장치 조종자의 준수사항을 위반한 경우

  ⓐ 1차 위반: 효력 정지 30일

  ⓑ 2차 위반: 효력 정지 60일

  ⓒ 3차 이상 위반: 효력 정지 180일

– 주류, 마약류, 환각물질의 영향으로 초경량 비행장치를 사용하여 비행을 정상적으로 수행할 수 없는 상태에서 초경량 비행장치를 사용하여 비행한 경우

  ⓐ (주류) 0.02% 이상 0.06% 미만: 효력 정지 60일

  ⓑ (주류) 0.06% 이상 0.09% 미만: 효력 정지 120일

  ⓒ (주류) 0.09% 이상: 효력 정지 120일

  ⓓ (마약류 또는 환각물질) 1차 위반 :효력 정지 60일

  ⓔ (마약류 또는 환각물질) 2차 위반 :효력 정지 120일

  ⓕ (마약류 또는 환각물질) 3차 위반 :효력 정지 180일

🔢 무인 비행장치 특별비행 승인

① 항공안전법 제129조 제5항, 항공안전법 시행규칙 제312조에 따라 무인 비행장치의 특별비행을 위한 안전 기준과 승인 절차에 관한 세부적인 사항을 규정함을 목적으로 한다.

② 야간에 비행하거나 육안으로 확인할 수 없는 범위에서 비행하려는 자는 무인 비행장치 특별비행 승인신청서를 국토교통부장관에게 제출하여야 한다.

③ 국토교통부장관은 신청서를 제출받은 날부터 30일 이내에 무인 비행장치 특별비행 승인서를 발급한다. 국토교통부장관은 항공 안전의 확보 또는 인구밀집도, 사생활 침해 및 소음 발생 여부 등 주변 환경을 고려하여 필요하다고 인정되는 경우 비행일시, 장소, 방법 등을 정하여 승인할 수 있다.

④ 특별비행 승인 제출 서류

 ㉠ 무인 비행장치의 종류 · 형식 및 제원에 관한 서류

ⓛ 무인 비행장치의 성능 및 운용한계에 관한 서류

ⓒ 무인 비행장치의 조작 방법에 관한 서류

ⓔ 무인 비행장치의 비행절차, 비행지역, 운영인력 등이 포함된 비행계획서

ⓜ 안전성 인증서(해당하는 경우)

ⓑ 무인 비행장치의 안전한 비행을 위한 무인 비행장치 조종자의 조종 능력 및 경력 등을 증명하는 서류

ⓢ 해당 무인 비행장치 사고에 따른 제3자 손해 발생 시 손해배상 책임을 담보하기 위한 보험 또는 공제 등의 가입을 증명하는 서류('항공사업법 제70조 제4항에 따라 보험 또는 공제에 가입하여야 하는 자)로 한정한다.

ⓞ 그밖에 국토교통부장관이 정하여 고시하는 서류

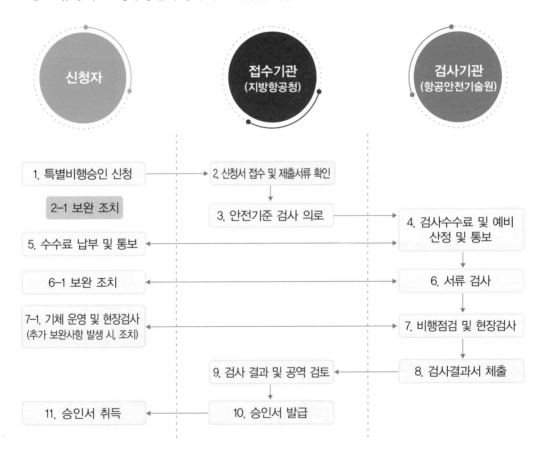

그림 7-4-11 항공안전기술원: 특별비행 승인 수행 절차

출처: https://www.kiast.or.kr/kr/sub06_06_01_01.do

Chapter 05 항공사업법(초경량 비행장치 항공사업법)

Unmanned Multicopter

1 항공사업법의 목적

① 제1조(목적)

이 법은 항공정책의 수립 및 항공사업에 관하여 필요한 사항을 정하여 대한민국 항공사업의 체계적인 성장과 경쟁력 강화 기반을 마련하는 한편, 항공사업의 질서유지 및 건전한 발전을 도모하고 이용자의 편의를 향상해 국민경제의 발전과 공공복리의 증진에 이바지함을 목적으로 한다.

2 초경량 비행장치 관련 항공사업법

① 제46조(항공기 대여업의 등록), 제48조(초경량 비행장치 사용사업의 등록), 제50조(항공레저스포츠산업의 등록)

㉠ 관련 사업을 등록하려는 자는 다음 각호의 요건을 갖추어야 한다.

– 자본금 또는 자산평가액이 3천만 원 이상으로서 대통령령으로 정하는 금액 이상일 것

– 항공기, 경량항공기 또는 초경량 비행장치 1대 이상 등 대통령령으로 정하는 기준에 적합할 것(단, 최대이륙중량이 25킬로그램 이하인 무인 비행장치만을 사용하여 초경량 비행장치 사용사업을 하려는 경우는 제외)

– 그밖에 사업 수행에 필요한 요건으로서 국토교통부령으로 정하는 요건을 갖출 것

③ 보험 가입 의무

① 제70조(항공보험 등의 가입 의무)

    ㉠ 다음 각호의 항공사업자는 국토교통부령으로 정하는 바에 따라 항공보험에 가입하지 아니하고는 항공기를 운항할 수 없다.

        – 항공운송사업자

        – 항공기사용 사업자

        – 항공기 대여업자

    ㉡ 제1항 각호의 자 외의 항공기 소유자 또는 항공기를 사용하여 비행하려는 자는 국토교통부령으로 정하는 바에 따라 항공보험에 가입하지 아니하고는 항공기를 운항할 수 없다.

Chapter 06 공항시설법

1 공항시설법의 목적

① 제1조(목적)

이 법은 공항·비행장 및 항행안전시설의 설치 및 운영 등에 관한 사항을 정함으로써 항공 산업의 발전과 공공복리의 증진에 이바지함을 목적으로 한다.

2 초경량 비행장치 관련 공항시설법

① 제56조 3항

㉠ 누구든지 항공기, 경량항공기 또는 초경량 비행장치를 향하여 물건을 던지거나 그밖에 항행에 위험을 일으킬 우려가 있는 행위를 해서는 아니 된다. 다만, 다음 각호의 어느 하나에 해당하는 자는 비행 승인을 받지 아니한 초경량 비행장치가 공항 또는 비행장에 접근하거나 침입한 경우 해당 비행장치를 퇴치·추락·포획하는 등 항공 안전에 필요한 조치를 할 수 있다.

– 국가 또는 지방자치단체

– 공항운영자

– 비행장 시설을 관리·운영하는 자

드론 활용의 촉진 및 기반 조성에 관한 법률(약칭: 드론법)

Unmanned Multicopter

1 드론법의 목적

① 제1조(목적)

이 법은 드론 활용의 촉진 및 기반 조성, 드론 시스템의 운영·관리 등에 관한 사항을 규정하여 드론산업의 발전 기반을 조성하고 드론산업의 진흥을 통한 국민편의 증진과 국민경제의 발전에 이바지함을 목적으로 한다.

2 드론법의 정의

① "드론"이란 조종자가 탑승하지 아니한 상태로 항행할 수 있는 비행체로서 국토교통부령으로 정하는 기준을 충족하는 다음 각 목의 어느 하나에 해당하는 기기를 말한다.

ㄱ 「항공안전법」 제2조 제3호에 따른 무인 비행장치

ㄴ 「항공안전법」 제2조 제6호에 따른 무인 항공기

ㄷ 그밖에 원격·자동·자율 등 국토교통부령으로 정하는 방식에 따라 항행하는 비행체

3 드론산업의 육성

① 제9조(드론 시스템의 연구·개발)

ㄱ 정부는 드론 시스템의 기술 개발을 촉진하고 기본계획을 효율적으로 추진하기 위하여 대통령령으로 정하는 바에 따라 드론 시스템의 기술 발전에 필요한 연구·개발 사업을 할 수 있다.

ㄴ 정부는 제1항에 따른 연구·개발 사업을 추진함에 있어 드론 시스템의 연구·개발자, 제작자 및 수요자 간의 연계 협력을 위하여 필요한 지원을 할 수 있다.

ⓒ 정부는 드론 시스템에 관한 연구 · 개발의 성과를 높이기 위하여 공공기관, 법인, 단체 및 대학 간의 공동연구를 촉진하는 데 필요한 지원을 할 수 있다.

ⓓ 제2항 및 제3항에 따른 지원에 필요한 사항은 대통령령으로 정한다.

④ 드론특별자유화구역의 지정 및 관리

① 제10조(드론특별자유화구역의 지정 및 관리)

㉠ 국토교통부장관은 드론 시스템의 실용화 및 사업화 등을 촉진하기 위하여 드론 특별자유화구역(이하 "드론특별자유화구역"이라 한다)을 지정 · 운영할 수 있다.

㉡ 국토교통부장관은 제1항의 드론특별자유화구역에서 행하는 드론 실용화 및 사업화 등을 위해 다음 각호에 따른 법률에 규정된 인증, 허가, 승인, 평가, 신고 등을 대통령령으로 정하는 바에 따라 유예 또는 면제하거나 간소화할 수 있다.

Chapter 08 국외 무인 항공기 관련 법

1 미국

① 용어 정의

미국의 연방항공규칙(CFR; The Code of Federal Regulations)을 비롯한 무인 항공기 관련 규정에서는 무인 항공기(unmanned aircraft)란 항공기상에서 사람의 직접적 개입 가능성 없이 운용되는 항공기를 의미한다고 명시하고 있다. CFR 및 2016년 6월 21일 미국 연방항공청이 발표한 '소형무인항공기 규정'에서는 '소형무인항공기'를 정의하고 있는데, 이 규정에 의하면 '소형무인기'란 탑재 또는 부착된 모든 모든 것을 포함한 이륙 중량이 55lbs(25kg) 미만의 무인 항공기를 의미한다.

② 미국 무인 항공기 규제

미국은 2012년 2월 14일 미국 내 국가 공역에서의 무인 항공기를 운용하도록 하는 법을 2015년 9월 30일까지 제정하도록 하는 법안에 서명하여 무인 항공기 운용에 관한 법제화 작업이 본격적으로 추진되었다. 무인 항공기의 국가공역체계 통합 계획 및 실행에 관한 제도적 지원을 위해 2012년 연방항공청 현대화 개혁법(FMRA; FAA Modernization and Reform Act)을 제정하였다. 최근 미국의 무인 항공기 관련 규제는 민간 소형 무인 항공기에 대한 규제를 대폭 완화하고 있는 연방항공규칙 14 CFR(The Code of Federal Regulations) Part 107의 제정으로 크게 변화하였다. Part 107 규정이 제정되기 전에는 취미용, 오락용 모형 항공기를 제외한 미국의 무인 항공기는 연방항공규칙 14 CFR의 적용을 받아 해당하는 조종자 자격 증명, 항공기 인증 및 운용 등과 관련된 규제를 받아야 했다. 그러나 연방항공규칙 Part 107에서 상업용을 비롯한 민간 소형 무인기에 대하여는 동법에서 정한 요건을 충족시킨 경우 기존의 연방항공규칙에 따른 규제를 받지 않도록 하였기 때문에, 일반적인 항공기 운용 및 인증 등과 관련된 기존의 연방항공규칙의 적용을 받지 않아도 되는 범위가 확대되었다.

③ 무인 항공기의 분류

미국 연방항공규칙 및 무인 항공기 관련 규정에서 무인 항공기를 용도 및 무게에 따라 '소형무인기', '모형항공기', '중량급민용무인기', '공용무인기'로 분류할 수 있다.

㉠ 소형 무인기: 연방항공규칙 Part 101의 규제를 받는 취미, 오락용 모형 항공기가 아니면서, 항공기에 탑재된 모든 부품을 포함한 최대이륙중량이 55lbs(25kg) 미만인 민용 무인기를 말한다.

㉡ 모형 비행기: 미국은 취미, 오락용 모형 항공기에 관하여 엄격한 규제를 하지 않는 것을 원칙으로 하고 있는데, 2012년 '연방항공청 현대화 및 개혁법' 및 연방항공규칙 Part 101에 따르면, 모형 항공기는 엄격히 취미 또는 오락용으로 비행하고, 지역 안전지침 및 전국적 기관의 프로그래밍에 따라 운용되며, 디자인·구조·검사·비행시험·지역기관에 의해 운영되는 운용 안전 프로그램이 인증되지 않는 한 55lbs(25kg) 미만이어야 한다.

㉢ 중량급 민용 무인기: 모든 종류의 공역에서 운용될 수 있으며, 관련 법규의 해석상 민간 무인기의 경우에는 레저용 모형 항공기 또는 민용 소형 항공기에 해당하지 않는 55lbs 이상이어야 한다. 항공규칙 Part 91의 내용을 비롯한 유인기 및 무인기에 동시에 적용되는 관련 제반 규칙의 적용을 받는다. 특별감항증명(Special Airworthiness Certificate)과 조종자 자격증명을 받은 후에 운용될 수 있으며, 시야선(LOS; Line-of-Sight)의 범위를 넘어서 운용 가능하다.

㉣ 공용 무인기: 연방, 주 및 지방정부 등에 의해 국가 안보, 법 집행, 응급구조 등의 공공 목적으로 활용되는 무인기로서 무게와 관계없으며, 연방항공규칙 Part 91에 따라 공용 항공기에 대한 특별비행허가(COA; Certificate of Waiver or Authorization)를 받아야 한다.

④ 미국 무인 항공기 운항체계 및 규제 확립

미국이 발표한 소형 무인 항공기 운항 규제인 Part 107 of the Federal Aviation Regulations에 의하면 다음과 같다.

㉠ 무게 25kg(55lbs) 미만의 소형 무인 항공기가 있는 경우 Part 107 지침에 따라 비행할 수 있다.

㉡ 상업적 목적으로 운용되는 무인기는 반드시 조종사의 시야 안에서(VLOS; Visual Line of Sight) 운용되어야 한다.

㉢ 유인 항공기 관제지역 내에서는 반드시 사전 허가를 받고 운용하여야 한다.

㉣ 운용시간은 해가 떠 있는 낮 시간과 해가 뜨고 지는 시간으로 제한한다. 충돌 방지를 위한 조명이 있는 경우는 일출 전 30분, 일몰 후 30분까지 운용이 가능하다.

ⓜ 무인기 운용에 관계되지 않은 사람들 머리 위로의 비행은 금지한다.

ⓗ 무게 0.25kg~25kg 사이의 드론은 반드시 미국 연방항공처(FAA)에 등록하여야 한다.

ⓢ 드론 조종사 자격증 시험을 보아야 하고 한 번 딴 드론 조종사 자격을 유지하기 위해서는 2년 마다 다시 시험을 보아야 한다.

ⓞ 유인 항공기 관제 지역 이외의 지역에서는 공역 허가 없이 비행이 가능하나 지상으로부터 122m(400feet) 아래에서 운용하여야 한다.

⑤ FAA Drone Zone

미국은 2015년부터 기체 무게 0.55lbs~55lbs(0.25kg~25kg)는 의무적으로 FAA 발행번호를 부여받아 기체에 붙이도록 했다. 2019년 2월 23일부터는 좀 더 강화된 규칙이 공표되어 드론 외부에 눈으로 확인할 수 있는 곳에 FAA 발행번호를 부착하도록 했다. FAA 발행번호를 부착하지 않고 비행 시 최대 3,000만 원의 벌금을 부과받을 수 있다. 기체 등록 및 운용 자격증 교육 및 발급을 FAADroneZone 사이트에서 할 수 있다. 미국에서 드론 비행을 위한 자격시험은 취미만을 위한 비행과 수익 창출을 위한 비행으로 나누어 시행하고 있다. 취미만을 위한 비행은 FAA Drone Zone 사이트에서 TRUST(The Recreational UAS Safety Test) 시험 통과 후 250g 이상 기체는 등록 후 운용할 수 있고, 수익 창출을 위한 비행을 위해서는 FAA의 인가된 비행 훈련 센터에서 Part 107 자격증 취득 후 운용할 수 있다.

그림 7-8-1 무인기 등록/조종 자격/비행 허가 신청 등

출처: FAA Drone Zone: https://faadronezone-access.faa.gov/#/

② EU

① 용어 정의

표 7-8-1 위험도에 따른 비행 규칙

위험도		위임규칙	최대이륙중량
저위험	A1	C0	250g 미만
		C1	900g 미만
	A2	C2	4kg 미만
	A3	C3	25kg 미만
		C4	

EU는 2020년 12월 31일부터 28개국의 EU 회원국과 영국, 노르웨이, 아이슬란드, 그리고 리히텐슈타인에서 동일하게 적용되는 드론 비행 규칙을 시행하였다. 이 규칙은 EU 내 드론 관리 체계를 일원화하기 위해 설계되었고, 전문성, 상업성 등에 따른 구분은 없애고, 위험도에 따라서만 규제를 적용하였다. 유럽 전역에서 동일한 규정으로 시행되기 때문에 유럽 내 드론 조종사들은 본국과 타국에서 동일 조건으로 비행할 수 있어 향후 드론 사용 확대와 사업 활성화를 불러올 것으로 예상된다. 새로운 비행 규칙은 드론을 위험도에 따라 3개의 범주(Open/Specific/Certified)로 구분한다. 위험도 범주 내에서도 최대이륙중량, 저속비행 기능, 소음 방출 표시, 직접 원격 식별 기능, 배터리 낮음 경고, 지형 식별 기능, 비행 종료 기능, 지오케이징 기능 등 여러 기능에 따라 C0~C6 등급으로 세분된다.

② 저위험 범주

저위험(open) 범주는 운영 위험도가 낮은 무인 항공기를 말한다. 취미용 무인기가 속하여 가장 보편적으로 사용되고 있는 범주이다.

- 최대이륙중량 25kg 미만
- 최대 고도 120m 이내로 비행
- 최대 속도 19m/s
- 위험물을 운송하면 불가
- 낙하물 투하 금지
- 가시권 내에서 비행을 진행
- 조종자는 최소 16세 이상, 16세 미만일 경우 조종자 자격이 되는 참관인 입회하에 비행 가능

- 저위험 범주는 최대이륙중량에 따라 A1~A3으로 나뉘며, 위임 규칙에 따라 C0~C4 등급으로 분류된다.

㉠ A1

비행과 관련이 없는 사람 머리 위로 비행이 가능하지만, 군중 위에서는 비행이 불가하다. 최대이륙중량에 따라 C0, C1으로 분류된다.

- C0: 최대이륙중량이 250g 미만인 무인 항공기를 말한다. 카메라가 장착되어 있지 않거나 장난감이라면 등록 없이 비행 가능하다.

- C1: 최대이륙중량이 900g 미만인 무인 항공기를 말한다. C1 등급부터는 원격 조종 기능, 소음 방출 표시, 지형 식별 기능이 탑재되어 있으며, 무인 항공기 RDW(도로교통공단)에 등록이 필수이다. 조종 자격을 위해 온라인 강의를 수행해야 하고 테스트를 통과해야 한다. 비행 전에 조종자는 매뉴얼을 숙지하여야 한다.

㉡ A2

- A2 항목에 해당하는 무인 항공기는 C2 등급으로도 표시된다.

- 4kg 미만의 무인 항공기이며, 사람으로부터 수평거리 30m 이상 이격하여 비행(저속 모드 기능이 탑재된 무인 항공기의 경우 기상 조건, 무인 항공기의 성능, 비행지역의 정책에 따라 수평 안전거리 5m까지 감소)

- 항공 당국이 인정하는 센터에서 이론 시험에 합격(UAS와 관련 없는 사람들 주변을 비행하고자 하는 경우)

㉢ A3

- 최대이륙중량 25kg 미만의 무인 항공기

- C3, C4의 등급이 속한다.

- 사람 주변에서 비행이 불가하며 주택, 상업용 건물, 공업지역, 레크리에이션 지역과 수평거리 150m 이상 이격하여 비행

③ 중위험 범주

㉠ 최대이륙중량이 25kg 이상

㉡ BVLOS 비행이 가능한 무인 항공기를 의미한다.

㉢ VLOS, BVLOS, 비행 지역에 따라 크기의 제한이 달라진다(최대 3m).

② 비행 전 관할 당국의 허가를 받아야 하며 조종자는 비행 규칙에 명시된 책임을 준수하여야 한다. 다만 Light UAS 운영 자격증을 소지하고 있는 경우 이 과정을 생략 가능하다.

④ 고위험 범주: 고위험(certified) 범주는 다음과 같은 조건을 가지고 있는 무인 항공기를 의미한다.

    ㉠ 최대 3m 이상이며 군중 위에서 운영하도록 설계된 것

    ㉡ 사람의 수송을 목적으로 설계된 것

    ㉢ 위험물 운송을 목적으로 설계되어 사고 발생 시 제3자의 위험을 완화하기 위해 높은 수준의 견고성을 가지도록 설계된 것

    ㉣ 관할 당국이 규칙에 명시된 위험 평가에 기반을 두어 비행의 위험성이 무인 항공기, 무인 항공기 조종사의 인증, 원격 조종사의 면허 없이는 완화되기 어렵다고 판단할 때

참고문헌

《 2파트 》

[1] Wikipedia, "Airfoil," https://en.wikipedia.org/wiki/Airfoil.

[2] Wikipedia, "Lift(force)," https://en.wikipedia.org/wiki/Lift_(force).

[3] Raymond W. Prouty, "Helicopter Performance, Stability, and Control," Krieger Pub Co.(ISBN: 978-1575242095), 1986

[4] Brooks, T., Pope, D. S., and Marcolini, M. A., "Airfoil Self-Noise and Prediction," NASA Referenc Publication 1218, Jul. 1989.

《 6파트 》

[1] 강경호, "드론을 이용한 항공촬영 기법", 방송과 미디어, Vol. 22, No.2, pp.18-30, 2017년

[2] 강명호, 김미정, 김병훈. "무인기용 EO/IR 장비 운용개념 및 시스템제어 설계." 한국항공우주학회 학술발표회 초록집, pp. 1229-1232, 2014년

[3] 전병조, 장성환, "열적외선 이미지를 이용한 영상처리", 한국산학기술학회논문지, Vol. 10, No. 7, pp. 1503-1508, 2009년

[4] Guillermo Gallego, Tobi Delbruck, Garrick Orchard, Chiara Bartolozzi, Brian Taba, Andrea Censi, Stefan Leutenegger, Andrew J. Davison, Jorg Conradt, Kostas Daniilidis, Davide Scaramuzza, "Event-based vision: A survey." IEEE transactions on pattern analysis and machine intelligence, Vol. 44, No. 1, pp. 154-180, 2020

[5] Bradski, Gary. "The openCV library." Dr. Dobb's Journal: Software Tools for the Professional Programmer, Vol. 25, No. 11, pp. 120-123, 2000

[6] 정성욱, 구정모, 정광익, 김형진, 명현, "무인 항공기의 이동체 상부로의 영상 기반 자동 착륙 시스템", 한국로봇학회 논문지, Vol. 11, No. 4, pp. 262-269, 2016년

On the Design, Modeling and Control of a Novel Compact Aerial Manipulator - Scientific Figure on ResearchGate. Available from: https://www.researchgate.net/figure/The-Compact-AeRial-MAnipulator-CARMA-mounted-on-the-ASCTEC-NEO-platform-8_ fig1_301479248 [accessed 6 Jan, 2023]

–Fig. 1. The Compact AeRial MAnipulator(CARMA)mounted on the ASCTEC NEO platform [8].

Nonlinear model predictive control for aerial manipulation – Scientific Figure on ResearchGate. Available from: https://www.researchgate.net/figure/Aerial-manipulator-used-in-the-experiments-consisting-on-a-3DRX8-coaxial-multirotor_fig1_319028094 [accessed 6 Jan, 2023]

Fig. 1. Aerial manipulator, used in the experiments, consisting on a 3DRX8 coaxial multirotor platform with a custom-built 3 degrees-of-freedom serial arm attached below.

Small aerial manipulation system developed at LAAS-CNRS for the implementation and evaluation of motion planning and control methods. It consists of a quadrotor equipped with a lightweight two-joint arm.

LAAS-CNRS

The Design of a Lightweight Cable Aerial Manipulator with a CoG Compensation Mechanism for Construction Inspection Purposes Appl. Sci. 2022, 12(3) , 1173; https://doi.org/10.3390/app12031173 by Ayham AlAkhras

드론공학

2023. 5. 10. 초판 1쇄 발행
2024. 2. 7. 초판 2쇄 발행

지은이 │ 김병규, 김중관, 문정호, 박현철, 오경원, 이동규, 이동헌, 조성욱, 조영민, 최영훈
펴낸이 │ 이종춘
펴낸곳 │ **BM** ㈜도서출판 **성안당**

주소 │ 04032 서울시 마포구 양화로 127 첨단빌딩 3층(출판기획 R&D 센터)
　　　 10881 경기도 파주시 문발로 112 파주 출판 문화도시(제작 및 물류)
전화 │ 02) 3142-0036
　　　 031) 950-6300
팩스 │ 031) 955-0510
등록 │ 1973. 2. 1. 제406-2005-000046호
출판사 홈페이지 │ www.cyber.co.kr
ISBN │ 978-89-315-5908-8 (93550)
정가 │ 29,000원

이 책을 만든 사람들
책임 │ 최옥현
진행 │ 최창동
본문 디자인 │ 인투
표지 디자인 │ 임흥순, 박원석
홍보 │ 김계향, 유미나, 정단비, 김주승
국제부 │ 이선민, 조혜란
마케팅 │ 구본철, 차정욱, 오영일, 나진호, 강호묵
마케팅 지원 │ 장상범
제작 │ 김유석